烟叶基地技术服务

YANYE JIDI JISHU FUWU

任 杰 蔡宪杰 程 森等◎著

中国农业出版社
北 京

《烟叶基地技术服务》编委会

主　著： 任　杰　蔡宪杰　程　森　闫　鼎　杜兴华

著　者： 丁明石　丁朋辉　马　哲　云　龙　王爱华　王　驰
王　玥　王　萌　王松峰　王　涛　王志刚　王智慧
文俊明　田　雷　左伟标　代英鹏　付秋娟　申国明
朱艳梅　朱　峰　刘自畅　张　斌　张义志　张世杰
张洪博　李　军　李　炜　李鹏飞　沈　毅　杨　楠
杨　照　陈　健　林　波　孟　霖　孟令峰　岳绪海
周家新　段　昶　柯美福　赵　鹏　荐从辉　高　远
高明博　高琦豆　徐秀红　徐天养　郭　文　耿　伟
党军政　袁　威　曹亚凡　龚鹏飞　黄金辉　虞　沁
窦玉青　谭效磊　薛　峰

前　言

FOREWORD

为贯彻落实国家烟草专卖局关于开展现代烟草农业建设的发展战略，积极适应烟草行业改革和烟区自身发展的需要，按照“一基四化”的总体要求和“以基地单元为单位，整体规划，分步实施”的规划思路，各烟草工业和商业企业相继建立了以品牌为导向的基地单元，确保了现代烟草农业规划和建设工作取得实效，促进了传统烟叶生产向现代烟草农业生产方式的转变，实现了烟叶产业可持续发展。

基地单元坚持品牌导向，完善烟草工业企业、商业企业、科研单位（简称工、商、研）合作机制，提升烟叶基地化供应能力。按照“满足品牌需求、加强工商合作、强化研究应用、提升质量水平、保障稳定供应”的总体要求，工商协同，注重实效，扎实开展烟叶基地单元建设。一是围绕品牌导向，择优布局建设基地。工业企业根据品牌发展规划和原料配方需求，定位不同风格烟叶的配方功能，研究分析原料需求，提出烟叶数量、品种、产地、品质指标和等级结构需求计划，优化烟叶生产布局，落实品牌原料生产的各项技术要求。商业企业根据品牌导向，坚持好中选优，加大老区布局调整和新区开发力度，选择生态条件优越，光、温、水、土、风良好的优势产区或潜力新区，集中建设了一批特色优质烟叶产区。二是完善合作机制，提高基地建设水平。工、商、研深化合作，落实基地人员，完善工作机制，联合技术攻关，共同制订工作方案和技术方案，共建“人员稳定、职责明确、合作紧密、运行高效”的制度化、常态化基地建设工作机制。工业企业派驻农艺师、质检师和工艺师队伍主动参与烟叶生产、收购、加工全过程，全面开展质量评价，及时反馈烟叶质量改进意见，完善需求传导通道，健全烟叶供应链。商业企业根据质量评价意见，调整基地单元烟叶生产技术方案，围绕品牌导向组织烟叶生产收购工作，协同工业企业、科研单位在基地单元建立烟叶联合试验场，重点解决特色品种筛选、烟叶等级结构优化、密集烘烤工艺等影响烟叶质量风格的技术难题，深入挖掘基地烟叶质量和风格潜力，不断提高基地烟叶品牌贡献率。

坚持单元推进，转变了烟叶生产方式，提高了特色烟叶生产现代化水平。一是开展烟叶生产基础设施建设。在基地单元开展烟田、烟水、烟路、农机具、育苗工场、烘烤工场、基层站点、防灾减灾设施“八配套”建设，认真开展土地整治和重点水源工程建设试点，抓好育苗工场、烘烤工场“两个工场”建设，健全完善基础设施管护长效机制，积极探索设施综合利用，特色烟叶开发烟区综合生产能力有效提高。二是烟叶生产组织形式创新。在家庭承包经营的基础地位和统分结合的双层经营体制基础上，按照“种植在户、服务在社”的总体要求，基地单元因地制宜地发展种植专业户、家庭农场、农民专业合作社三种种植主体，促进了烟叶规模化生产、专业化分工和集约化经营。三是专业化服务水平有效提高。依托育苗工场和烘烤工场，按照“服务烟农、进退自由、权利平等、管理民主”的总体要求，基地单元引导烟农规范组建综合性专业合作社。以烟农综合性专业合作社作为提高专业化服务水平的重要载体，开展育苗、机耕、植保、烘烤、分级等主要环节的专业化服务，全面提升了专业化服务水平。

科技引领，加大先进适用技术集成推广，突出烟叶风格特色。工、商、研紧密合作，根据品牌发展定位，解读烟叶品质需求，实施“良区、良种、良法”配套，集成推广保障特色优质烟叶批量稳定生产的先进适用技术，发挥了基地烟叶在知名品牌配方中的核心作用。一是发挥生态优势，建立良好种植制度。充分重视生态环境的基础作用，根据海拔、土壤质地，以及光、温、水、气、风等生态条件，挖潜、提升生态优势，选择适宜品种，科学确定育苗、移栽生长、成熟、采收加工四个关键生长阶段，科学轮作，建立以烟叶为主的良好种植制度，保障烟叶充分生长发育。二是坚持良法配套，加大先进适用技术集成推广。以烟叶生命周期管理为抓手，优化集成推广“育苗期、生长期、成熟期、烘烤期”四个时期的关键技术。育苗设施化水平有效提高，解决低温制约因素，强化剪叶、炼苗和水肥管理，完善育苗技术规程，培育高茎壮苗促深栽，保障烟株适时早栽、早生快发；全面推行烟草测土配方施肥技术，推进烟草施肥科学化、标准化、精准化进程，保障烟株营养平衡，提高田间整齐度；围绕工业质量需求确定成熟采收标准，全面推行准采证制度和上部烟叶4～6片一次性成熟采烤技术，保证烟叶充分成熟；加强烘烤工作管理，推广叠层加密装烟技术，优化烘烤工艺，合理延长烘烤时间，提高烟叶烘烤质量。

为了系统梳理基地单元建设的来龙去脉，总结烟叶基地工、商、研密切合作的经验与科技成果，介绍烟叶基地技术服务模式，指导基地单元烟叶生产提质增效、彰显特色，进一步提高烟叶原料在卷烟品牌中的质量符合度和稳定性，烟草科研单位联合卷烟工业企业和烟草商业企业共同合作，立足基地单元烟叶生产应用，编写了此书，以期从技术支撑和管理方面推动我国基地单元烟叶高质量发展。

本书既可为烟草行业烟叶基地技术服务人员提供参考，又可为以农作物产品为原料的龙头企业建立原料基地提供借鉴。

全书共分六章，第一章烟叶基地单元概述；第二章基地单元技术服务模式；第三章基地单元烟叶生产微课堂；第四章基地单元个性化烟叶生产技术；第五章基地单元烟叶生产的理论基础；第六章基地单元新型职业烟农队伍培育。

本书在编写过程中得到了上海烟草集团有限责任公司、中国烟草总公司陕西省公司、陕西省烟草公司安康市公司和中国农业科学院烟草研究所领导、专家和技术人员的大力支持和配合，在此借本书的出版向他们表示衷心的感谢！

由于编写人员水平有限，书中不当和错误之处在所难免，敬请各位专家和读者批评指正。

著 者

2024 年 2 月

目　录

CONTENTS

| 第一章　烟叶基地单元概述 |

2007年，国家烟草专卖局印发《关于发展现代烟草农业的指导意见》，提出了全面推进烟叶生产基础设施建设，规模化种植、集约化经营、专业化分工、信息化管理（即“一基四化”）的现代烟草农业发展战略，并在云南楚雄、山东诸城、贵州黔西和四川会理等地开展现代烟草农业项目试点。2009年国家烟草专卖局为改革烟叶原料资源配置方式，开始在全国实施特色优质烟叶开发，并陆续批准建设了一批特色优质烟叶基地单元。经过十余年的发展，建设了一批“风格表现突出、特色方向清晰、品质特征明显、配方作用独特、资源优势巩固”的特色烟叶优势产区，基本实现了原料供应基地化、烟叶品质特色化和生产方式现代化，有效提升了中式卷烟原料保障能力。本章主要介绍了基地单元的概念、建设标准，以及烟叶基地原料质量评价体系。

第一节　基地单元的概念与建设标准

一、基地单元的概念

根据烟草行业标准《烟叶基地单元工作规范》（YC/T 506—2014），基地单元是指自然条件、管理水平、烟叶风格特色相近，人为划定的烟叶生产区域；是烟叶资源配置、烟叶生产基础设施建设、烟叶生产收购、运行管理的基本单位。

一般来讲，基地单元是地市级烟草公司与工业企业共同协商，根据卷烟品牌原料需求，将生态条件、烟叶风格特色与质量水平、烟叶生产水平和管理基础基本一致的区域，划分为烟叶工作的基本单位。基地单元是原料供应基地化、烟叶品质特色化和生产方式现代化的有效载体。

二、基地单元建设的总体要求

（一）坚持全面规划，稳步实施

根据产区烟叶工作实际，与烟叶生产基础设施建设和卷烟品牌发展相结合，整合资源、全面规划，注重实效、稳步推进。

（二）坚持统筹"三化"，全面推进

加强工商合作，优化资源配置，集成推广先进适用技术，加快特色优质烟叶开发，高标准、高水平推进现代烟草农业建设，全面实现原料供应基地化、烟叶品质特色化和生产方式现代化。

（三）坚持软硬同步，综合配套

按照"一基四化"的总体要求，以基础设施综合配套为基础，以生产方式进步和管理模式创新为重点，实现软件硬件综合配套，全面推进设施装备现代化、生产方式现代化和管理方式现代化。

（四）坚持工商协同，共同推进

充分发挥工业主导、商业主体的作用，按照满足品牌需求、加强工商合作、优化等级结构、提升烟叶质量、保障稳定供应的总体要求，工商协同，共同推进，实现高水平的订单生产，不断提高资源配置效率。

（五）坚持规范建设，创新发展

制定工作标准，建立工作规范，构建和完善基地单元现代烟草农业模式，注重在建设中规范；更新发展观念，吸收最新成果，丰富建设内容，优化建设模式，提升建设水平，注重在发展中创新。

三、基地单元建设标准

一个基地单元，一般需配套 5 万亩* 左右基本烟田，种植面积 1.7 万亩左右，烟叶产能 5 万担左右，服务一家卷烟工业企业、对口一个卷烟品牌，原则上设 1 个基层站，配套 4 条左右收购线。设施装备完善，烟水工程、机耕路、防灾减灾设施全面配套，建设约 800 座的密集烤房，38 000 m^2 左右的育苗设施，播种育苗、整地起垄、中耕植保等环节基本实现机械化作业。户均种植面积 14 亩以上，育苗、机耕、植保等环节的专业化服务达到 100%，移栽、烘烤、分级环节的专业化服务达到 60%以上，烟农亩均用工 15 人左右。执行一套生产技术方案和技术标准，烟田布局优化，连片规模种植，种植制度一致，田间管理同步进行，采收标准统一，先进适用技术全面推广，烟叶生产科技贡献率高。执行一套业务流程和工作标准，烟叶业务流程优化、管理服务效率高；信息化设备配套完善，信息化管理全流程、全覆盖。烟叶质量与风格特色

---

* 亩为非法定计量单位，1 亩≈666.7 m^2。

满足品牌原料质量与风格特色需求；烟叶等级结构优化，等级合格率和工业利用率高；烟叶外观质量好，化学成分协调，烟叶安全性符合工业企业要求。

四、基地单元运作模式

基地单元按“统分结合、双层经营，种植在户、服务在社，规模种植、专业分工，一站四线、片区管理，标准生产、特色开发，动态评估、持续发展”的模式运作。坚持以家庭承包经营为基础、统分结合的双层经营体制，构建适度规模种植和全过程专业化分工的现代烟叶生产方式；坚持土地归户、种植在户，因地制宜选择种烟专业户、家庭农场等种植主体，实现适度规模种植；坚持组织在社、服务在社，依托育苗工场、烘烤工场和烟草农机具，组建烟农专业合作社，统一实施专业化服务；整合建设一个基层站，负责基地单元组织管理，安排 4 条左右收购线，组织烟叶收购，划分片区，开展烟叶生产；执行一套业务流程和工作标准，完善“两头工场化、中间专业化”业务模式，规范烟叶业务管理；确定一个主栽品种，推进标准化生产，构建特色优质烟叶生产技术体系；建立动态评估机制，推动后续建设，加强管理维护，促进可持续发展。

五、基地单元规划

基地单元规划按照“整县推进、单元实施”的工作思路，统筹“三化”建设总体要求，工商协同、共同规划，实地勘查、科学设计，整合资源、系统集成，逐级评审、严格把关，保障高水平规划、高标准实施。主要规划内容如下：

（一）基本烟田规划

按照三年轮作的要求，连片规划基本烟田，统一规划基本烟田的种植制度和轮作制度，收集基本烟田所属农户、土壤质量及地理信息等。

（二）基础设施建设规划

摸清存量，系统规划烟水工程、机耕路、育苗工场、集群烤房、烟草农机具等总量和新增量，落实项目地点。

（三）生产组织形式规划

因地制宜规划种植专业户、家庭农场等烟叶种植主体。规划烟农专业合作社，统一专业化服务，做好合作社运作模式、产权关系、定价机制、分配机制设计。

（四）生产技术体系规划

按照“一个基地单元，实行一套轮作制度，执行一套生产技术方案，原则上种植一个品种”的要求，做好品种及生产技术体系规划，确定种植品种及种植制度，明确关键生产技术指标，做好先进适用技术推广应用规划，形成基地单元标准化生产技术体系。

（五）业务模式规划

按照片区（网格）管理要求，设计烟叶生产收购、工商交接、烟叶调拨、配方打叶业务流程，形成统一的烟叶业务模式。按照“一站四线”的要求，规划基层站点机构设置、基层队伍建设、烟叶业务流程和信息化管理体系。统一基层站管理岗位和技术岗位设置，明确岗位职责。规划基层队伍教育培训、技能鉴定，建立考核激励机制。

第二节 烟叶基地原料质量评价体系

烤烟烟叶质量主要包括外观质量、物理特性、化学成分及感官质量四大部分，每部分又由多个指标构成，从不同方面反映烟叶的品质特征。烟叶的外观质量是烟叶分级和收购的主要依据，在烟叶实际生产和质量评价中发挥着重要作用。烟叶的物理特性主要反映烟叶的耐加工性、工业可用性等性状，也能在一定程度上体现烟叶的内在品质。烟叶化学成分的含量及其协调性是烟叶内在质量的基础，化学成分含量及其比例是否适宜直接决定了烟叶的感官质量。感官质量直接反映烟叶的内在质量，是烟叶品质评价中最重要的指标。烟叶质量是多个因素的综合概念，评价烟叶品质不能单纯地强调某一方面而忽视其他方面，既要分项目进行，又要综合评定；既要定性评价，又要定量评价，以客观评价烟叶的总体品质。

一、评价指标及标准

（一）外观质量

烟叶外观质量是指人们感官可以感触和识别的烟叶外部特征，即人们常说的手摸、眼观。烟叶的外观特征和烟叶质量有密切关系，一般认为优质烟叶的外观特征是烟叶成熟度好、叶片结构疏松、身份适中、颜色橘黄、油分足、色度浓。

1. 评价指标 一般认为，与烤烟内在质量密切相关的外观因素主要有部位、颜色、成熟度、叶片结构、身份、油分、色度、残伤与破损等。

（1）部位。不同部位烟叶质量具有明显差异。一般而言，中部和上二棚烟叶质量最好，其次为下二棚烟叶和顶叶，脚叶质量最差。

（2）颜色。烟叶的颜色与内在质量关系相关，一般分为橘黄色、柠檬黄色和红棕色。烟叶的颜色比较明显，容易识别。

（3）成熟度。成熟度是判断烟叶质量的主要因素，是调制后烟叶的成熟程度，包括田间和调制成熟度。成熟度一般划分为完熟、成熟、尚熟、欠熟、假熟 5 个档次。

（4）叶片结构。指烟叶发育过程中，其叶片细胞排列的疏松程度，一般分为疏松、尚疏松、稍密、紧密 4 个档次。疏松的烟叶弹性好，燃烧性强，是优质烟叶必须具备的特征之一。

（5）身份。烟叶身份主要指烟叶厚度，一般分为中等、稍薄、稍厚、薄、厚 5 个档次。厚度适中的烟叶弹性强、油分多，烟叶质量好。

（6）油分。油分是烟叶内含有的一种柔软液体或半液体物质，一般分为多、有、稍有、少 4 个档次。油分可在一定程度上通过烟叶的韧性和弹性进行判断，韧性好、弹性强的烟叶油分较多，而韧性差、弹性弱的烟叶油分少。

（7）色度。色度是指烟叶表面颜色的饱和程度、均匀程度和光泽强度，是烟叶内色素外在表现的综合状态。饱和状态是指单位体积内烟叶色素含量的多少；均匀程度是指色素在烟叶上分布的均匀程度；光泽强度是指烟叶颜色的鲜亮程度。色度一般分为浓、强、中、弱、淡 5 个档次。

（8）残伤与破损。烟叶的残伤与破损是由田间生产期间的病虫害及采收、烘烤、分级过程中不科学的操作所致。烟叶生产后期的赤星病和蛙眼病等斑点，也会对烟叶质量造成一定影响。

当前阶段，烟草行业均采用中国烟草种植区划确定的烟叶颜色、成熟度、叶片结构、身份、油分、色度 6 项指标作为烤烟外观质量评价指标。

2. 评价标准 烤烟的外观质量一般为按照划定的档次定性描述。也有学者提出了外观质量量化评价方法，主要是以《烤烟》（GB 2635—1992）分级标准为基础，对烟叶外观质量的颜色、成熟度、叶片结构、身份、油分、色度等各档次赋以不同分值，质量越高，分值越高，烤烟外观质量赋分标准见表 1-1。

表 1-1 烤烟外观质量赋分标准

颜色	分数	成熟度	分数	叶片结构	分数	身份	分数	油分	分数	色度	分数
橘黄	7～10	成熟	7～10	疏松	8～10	中等	7～10	多	8～10	浓	8～10
柠檬黄	6～9	完熟	6～9	尚疏松	5～8	稍薄	4～7	有	5～8	强	6～8
红棕	3～7	尚熟	4～7	稍密	3～5	稍厚	4～7	稍有	3～5	中	4～6

（续）

颜色	分数	成熟度	分数	叶片结构	分数	身份	分数	油分	分数	色度	分数
微带青	3～6	欠熟	0～4	紧密	0～3	薄	0～4	少	0～3	弱	2～4
青黄	1～4	假熟	3～5			厚	0～4			淡	0～2
杂色	0～3										

烤烟外观质量指标的权重见表1-2。采用指数和法计算烟叶外观质量评价总分：

$$S = \sum C_i S_i$$

式中，S 为烤烟外观质量总得分；C_i 为第 i 个外观质量指标的量化分值；S_i 为第 i 个外观质量指标的权重。

表1-2 烤烟外观质量指标的权重

指标	颜色	成熟度	叶片结构	身份	油分	色度
权重	0.30	0.25	0.15	0.12	0.10	0.08

（二）物理特性

烟叶的物理特性主要包括含梗率、单叶质量、叶面密度、烟叶拉力、烟叶厚度、填充值、平衡含水率等，是烟叶质量的重要组成部分。物理特性不仅与烟叶内在质量密切相关，而且是体现烟叶加工性能的重要指标，直接影响烟叶的复烤加工、卷烟制作过程、成本控制及其他经济因素。

1. 评价指标

（1）含梗率。

① 含梗率的概念。烟叶含梗率是指烟叶中烟梗所占的比例。含梗率越低，烟叶复烤时的出片率越高，烟叶经济性越高；含梗率越高，烟叶经济性越低。

② 测定方法。随机选取20～30片烟叶，在温度22℃±1℃、相对湿度60%±3%的恒温恒湿箱中平衡水分72 h，将烟叶抽梗，用精度为0.1 g以上的天平分别称取叶片和烟梗的质量，计算含梗率。

$$含梗率=\frac{烟梗质量}{烟叶质量}\times 100\%$$

（2）单叶质量。

① 单叶质量的概念。单叶质量即单片烟叶的质量，单叶质量是衡量烟叶经济性状的主要指标之一。烟叶质量过低或过高，均会对烟叶品质造成不利

影响。

② 测定方法。随机抽取 50 片烟叶，在恒温恒湿箱中平衡烟叶水分至含水率 16.0%～18.0%，用精度 0.1 g 以上的天平称取烟叶质量，计算单叶质量。

(3) 叶面密度。

① 叶面密度的概念。叶面密度是指单位面积叶面的质量，单位为 g/m^2。叶面密度以中等为宜，叶面密度太高或太低均会对烟叶品质造成不利影响。叶面密度与外观质量的身份、成熟度和叶片结构有一定相关性。

② 测定方法。随机抽取 10 片烟叶，在温度 22 ℃±1 ℃、相对湿度 60%±3% 的恒温恒湿箱中平衡水分 72 h，用圆形打孔器在每片烟叶主脉一侧平行于主脉的中线上均匀打取 5 片圆形小片，将 50 片圆形小片放入水分盒中，在 100 ℃的烘箱中烘干 2 h，放入干燥皿中冷却 30 min，然后用精度 0.1 g 以上的天平称取质量，计算烟叶叶面密度。

$$\text{烟叶叶面密度（}g/m^2\text{）}=\frac{\text{烘干后小片总质量}}{50\pi R^2}$$

式中，R 为圆形小片的半径（m）；π 为圆周率，取值 3.141 6。

(4) 烟叶拉力。

① 烟叶拉力的概念。烟叶拉力是指烟叶承受外部拉力作用下，烟叶发生断裂时的极限应力值，是反映烟叶抗张强度的指标。烟叶拉力与烟叶的加工性能密切相关，与外观质量指标中的身份和油分有一定的相关性。

② 测定方法。随机抽取 10 片烟叶，在每片烟叶主脉一侧且平行主脉的中线中间位置裁剪 1.5 cm×15 cm 的小长条，在温度 22 ℃±1 ℃、相对湿度 70%±3%的恒温恒湿箱中平衡水分 72 h，用拉力试验机测定拉力。

(5) 烟叶厚度。

① 烟叶厚度的概念。烟叶厚度是指烟叶的厚薄程度，与外观质量中的身份和叶片结构具有一定相关性。烟叶过薄或过厚均影响烟叶质量。烟叶过薄，产量和质量均较低，烟叶内含物质不丰富；烟叶过厚，烟叶组织粗糙，烟碱等含氮化合物含量较高，质量下降。

② 测定方法。随机抽取 10 片烟叶，在温度 22 ℃±1 ℃、相对湿度 60%±3% 的恒温恒湿箱中平衡水分 72 h，用厚度仪分别测量每片烟叶主脉一侧且平行主脉中线的 1/4、2/4、3/4 位置处的叶片厚度，以 10 片烟叶 30 个测量点的平均厚度作为该样品的厚度。

(6) 填充值。

① 填充值的概念。烟叶填充值是指单位质量的烟丝在一定压力下，经过一定时间后所保持的体积，以比容表示，单位为 cm^3/g。填充值与卷烟单箱耗烟丝量密切相关，在一定程度上能够反映烟叶的使用价值。

② 测定方法。随机抽取20～30片烟叶，在温度22 ℃±1 ℃、相对湿度60%±3%的恒温恒湿箱中平衡水分72 h，抽梗后切成0.8 mm±0.1 mm的烟丝，再次在温度22 ℃±1 ℃、相对湿度55%±3%的恒温恒湿箱中平衡水分72 h以上，使其含水率达到12%～13%，用填充值测试仪测定填充值。

（7）平衡含水率。

① 平衡含水率的概念。烟叶平衡含水率是指在温度22 ℃±1 ℃、相对湿度60%±3%的标准空气状态下的烟叶的含水率。烟叶平衡含水率表征烟叶的吸湿性，吸湿性好的烟叶，其加工性能较好。烟叶平衡含水率与烟叶质量也有一定的相关性，质量好的烟叶一般具有良好的吸湿性。

② 测定方法。随机抽取20～30片烟叶，在温度22 ℃±1 ℃、相对湿度60%±3%的恒温恒湿箱中平衡水分72 h，抽梗后切成0.8 mm±0.1 mm的烟丝，再次在温度22 ℃±1 ℃、相对湿度60%±3%的恒温恒湿箱中平衡水分72 h以上，用烘箱法测定。

$$\text{烟叶平衡含水率}=\frac{\text{平衡水分后样品质量}-\text{烘后样品质量}}{\text{样品质量}}\times 100\%$$

2. 评价标准 烟叶物理特性指标均为定量指标，不同指标均有一定的适宜范围，处于适宜范围的烟叶往往物理特性较好。一般将物理特性指标赋分满分值定为100分，高于或低于最适范围则依次降低分值，最低分为60分。物理特性评价指标一般为叶面密度、拉力、平衡含水率和含梗率4项。烟叶物理特性指标赋分方法见表1-3。烤烟各物理指标权重见表1-4。

表1-3 烟叶物理特性指标赋分方法

项目	指标赋分					
	100	100～90	90～80	80～70	70～60	＜60
叶面密度/（g/m²）	75.0～80.0	80.0～85.0	85.0～90.0	90.0～95.0	95.0～100.0	＞100.0
		75.0～70.0	70.0～65.0	65.0～60.0	60.0～50.0	＜50.0
拉力/N	1.80～2.00	2.00～2.20	2.20～2.40	2.40～2.60	＞2.60	
		1.80～1.60	1.60～1.40	1.40～1.20	1.20～1.00	＜1.00
平衡含水率/%	＞13.5	13.5～13.0	13.0～12.0	12.0～11.0	11.0～10.0	＜10.0
含梗率/%	＜22	22.0～25.0	25.0～28.0	28.0～31.0	31.0～35.0	＞35.0

表1-4 烤烟各物理指标权重

指标	叶面密度	拉力	平衡含水率	含梗率
权重	0.16	0.35	0.14	0.35

采用指数和法计算烟叶物理特性的评价总分：

$$S = \sum C_i S_i$$

式中，S 为烤烟物理特性总得分；C_i 为第 i 个物理特性指标的量化分值；S_i 为第 i 个物理特性指标的权重。

（三）主要化学成分

影响烟叶内在质量的化学成分主要包括总糖、还原糖、蛋白质、烟碱、总氮、淀粉、钾、氯等。总糖和还原糖与总氮、烟碱等含氮化合物需要有适当的比例，以维持适度的酸碱平衡。糖类物质一般包括葡萄糖、果糖、蔗糖、麦芽糖等，是影响烟叶质量的有益成分。烟叶中的含氮化合物一般包括蛋白质、氨基酸、烟碱和其他挥发性碱等，一般认为含氮化合物为烟叶内在质量的不利因素，但又是不可或缺的因素。氯、硫、磷、硅等元素对烟叶的燃烧性具有不利影响，特别是氯含量过高将严重影响烟叶的燃烧性。钾、钙、镁能促进烟叶燃烧性能，使烟灰呈白色。除单项指标外，各化学成分间的比值也非常重要。一般认为两糖比、糖碱比、氮碱比、钾氯比对烟叶的内在质量具有重要影响。

1. 评价指标

（1）烟碱。

① 烟碱的概念。烟碱俗称尼古丁，是一种有机化合物，化学式 $C_{10}H_{14}N_2$，有剧毒，是一种存在于茄科植物（茄属）中的生物碱，也是烟草的重要成分，还是 N-胆碱受体激动药的代表，对 N1 和 N2 受体及中枢神经系统均有作用，无临床应用价值。

② 测定方法。烟碱的检测一般用水或 5%乙酸溶液作为萃取剂萃取烟叶样品，萃取液中的烟碱与对氨基苯磺酸和氯化氰反应，氯化氰由硫氰酸钾和二氯异氰尿酸钠反应产生，反应产物用比色计在 460 nm 测定。具体测定方法参照行业标准《烟草及烟草制品　总植物碱的测定　连续流动（硫氰酸钾）法》（YC/T 468—2013）。

（2）总糖和还原糖。

① 糖类物质的概念。根据糖类物质对烟草品质影响的不同，烟草中的糖类分为还原糖、水溶性总糖、总糖和细胞壁物质 4 类。还原糖分子中含有半缩醛羟基，具有还原性的单糖和低聚糖，主要有葡萄糖、果糖、麦芽糖等。水溶性总糖是能够溶于水的单糖和低聚糖，主要包括还原糖和蔗糖。总糖包括水溶性总糖、淀粉，以及糊精在内的糖类化合物。细胞壁物质是构成细胞壁的多糖物质，主要包括纤维素、半纤维素、果胶等。

多数研究认为烤烟中水溶性糖的主体成分为葡萄糖、果糖，其次为蔗糖和麦芽糖，再次为鼠李糖和木糖。不同产区糖组分绝对含量和相对含量存在差异。水溶性糖类物质对烟叶感官质量的影响一方面是糖类物质自身热裂解产生香气物质，另一方面是糖热裂解产物与烟叶中的物质发生反应，产生香气物质。具体到某种糖组分对烟叶品质的贡献现在的研究结论不一致。但多数研究表明葡萄糖对烟叶品质影响较大。淀粉含量低于一定阈值，对烟叶质量无影响；淀粉含量高于一定阈值，烟叶质量会下降。细胞壁物质包括木质素、果胶、半纤维素、纤维素。细胞壁物质与烟叶质量是负相关关系。

② 测定方法。总糖和还原糖的检测一般用5%乙酸水溶液萃取烟叶样品，萃取液中的糖（总糖测定时水解）与对羟基苯甲酸酰肼反应，在85 ℃的碱性介质中产生黄色的偶氮化合物，其最大吸收波长为410 nm，用比色计测定。具体参照行业标准《烟草及烟草制品　水溶性糖的测定　连续流动法》（YC/T 159—2019）。

（3）总氮。

① 总氮的概念。总氮是指烟叶中各种形态无机氮和有机氮的总量。烟草及烟草制品中总氮含量是对卷烟劲头和吃味有重要影响的指标。烟草中含氮化合物包括蛋白质、游离氨基酸、生物碱、硝酸盐和其他含氮杂环化合物等。氮化合物成分在烟草加工过程中发生复杂的化学反应，直接影响到烟叶品质。总氮含量较高的烟叶，燃吸时所产生的烟气往往刺激性强，香气质较差，余味欠佳；总氮含量过低的烟叶，其劲头往往不足。

② 测定方法。有机含氮物质在浓硫酸及催化剂的作用下，经过强热消化分解，其中的氮被转化为氨。在碱性条件下，氨被次氯酸钠氧化为氯化铵，进而与水杨酸钠反应产生靛蓝染料，在波长660 nm处进行比色测定。具体参照行业标准《烟草及烟草制品　总氮的测定　连续流动法》（YC/T 161—2002）。

（4）淀粉。

① 淀粉的概念。淀粉是高分子糖类，是由葡萄糖分子聚合而成的多糖。其基本构成单位为α-D-吡喃葡萄糖，分子式为$(C_6H_{10}O_5)_n$。淀粉是较易水解的糖类。以淀粉形态存在的糖类在烟支燃吸时对烟草质量产生不良影响：一是影响燃烧速率和燃烧完全性；二是燃烧时产生焦煳气味，使烟草的香味变坏。淀粉含量对香气量、香气质影响并不显著；当淀粉含量低于3.58%时，随着淀粉含量升高，余味变差，而其他指标并无影响；当淀粉含量高于3.58%时，随着淀粉含量升高，杂气增多，刺激性变强，同时余味变差；燃烧性只有在淀粉含量高于8.27%时会随着淀粉含量升高而变差。

② 测定方法。用80%乙醇-饱和氯化钠溶液超声30 min，去除烟草样品中的干扰物质，弃去萃取溶液，再用40%高氯酸超声提取10 min，淀粉在酸性条件下与碘发生显色反应，在波长570 nm处进行比色测定。具体参照行业标准《烟草与烟草制品　淀粉的测定　连续流动法》（YC/T 216—2013）。

（5）钾。

① 钾的概念。钾属于碱金属元素。钾单质是一种银白色的软质金属，蜡状，可用小刀切割，熔点、沸点低，密度比水小，化学性质极度活泼。钾在自然界没有单质形态存在。钾是植物不可缺少的营养成分，烟草是喜钾植物，烟叶钾含量高，有利于改善烟叶的品质。钾能提高所有类型烟草的品质，使烟叶色泽呈深橘黄色，香气足，吸味好，富有弹性和韧性，填充性强，阴燃持火力和燃烧性好。烟叶含钾量高可降低烟叶中烟碱的含量。

② 测定方法。样品采用5%的乙酸溶液提取或经干法灰化后用盐酸处理，将滤液稀释至适宜的浓度范围，用火焰光度计测定钾的吸收值。具体参照行业标准《烟草及烟草制品　钾的测定　连续流动法》（YC/T 217—2007）。

（6）氯。

① 氯的概念。氯是一种非金属元素，以化合态的形式广泛存在于自然界当中。烟草对氯离子极为敏感，烟草极易吸收土壤中的氯而使其在叶片中积累。尽管少量的氯对烟草生长和烟叶质量都有一定的好处，但氯是降低烟叶燃烧性的最主要因素。土壤含氯量与烟叶的含氯量呈显著正相关。含氯量常被用来作为判别土壤是否适宜种植烟草的标志之一。国内外关于烟叶含氯量和燃烧性关系的研究结论比较一致：若氯离子含量在1%以下，可使烟叶柔软、较少破碎；烟叶含氯量大于1%，便对燃烧产生不利影响；烟叶含氯量大于2%，则严重熄火。

② 测定方法。用水萃取样品中的氯，氯与硫氰酸汞反应，释放出硫氰酸根，进而与三价铁反应生成络合物，反应产物在波长460 nm处进行比色测定。具体参照行业标准《烟草及烟草制品　氯的测定　连续流动法》（YC/T 162—2011）。

2. 评价标准　品质较好的烟叶其主要化学成分指标和相关指标的比值一般维持在一定范围，一般认为中部烟叶烟碱含量在2.5%左右、还原糖含量18%～24%、钾离子含量1.5%以上、氯离子含量0.8%以下、淀粉含量3.5%以下、糖碱比10左右、氮碱比1.0左右、钾氯比4.0以上较为适宜。烟叶化学成分指标均为定量指标，可以对各指标进行赋分。以各指标公认的最适范围为100分，高于或低于该最适宜范围依次降低分值，60分为可以接受的最低范围。烤烟化学成分指标赋分标准见表1-5。烤烟主要化学成分指标权重见表1-6。

采用指数和法计算烟叶化学成分评价总分：

$$S = \sum C_i S_i$$

式中，S为烤烟物理特性总得分；C_i为第i个化学成分指标的量化分值；

S_i 为第 i 个化学成分指标的权重。

表 1-5　烤烟化学成分指标赋分标准

项目	指标赋分					
	100	100～90	90～80	80～70	70～60	<60
烟碱/%	2.20～2.80	2.20～2.00	2.00～1.80	1.80～1.70	1.70～1.60	<1.60
		2.80～2.90	2.90～3.00	3.00～3.10	3.10～3.20	>3.20
总氮/%	2.00～2.50	2.50～2.60	2.60～2.70	2.70～2.80	2.80～2.90	>2.80
		2.00～1.90	1.90～1.80	1.80～1.70	1.70～1.60	<1.60
还原糖/%	18.00～22.00	18.00～16.00	16.00～14.00	14.00～13.00	13.00～12.00	<12.00
		22.00～24.00	24.00～26.00	26.00～27.00	27.00～28.00	>28.00
钾/%	≥2.50	2.50～2.00	2.00～1.50	1.50～1.20	1.20～1.00	<1.00
淀粉/%	≤3.50	3.50～4.50	4.50～5.00	5.00～5.50	5.50～6.00	>6.00
糖碱比	8.50～9.50	8.50～7.00	7.00～6.00	6.00～5.50	5.50～5.00	<5.00
		9.50～12.00	12.00～13.00	13.00～14.00	14.00～15.00	>15.00
氮碱比	0.95～1.05	0.95～0.80	0.80～0.70	0.70～0.65	0.65～0.60	<0.60
		1.05～1.20	1.20～1.30	1.30～1.35	1.35～1.40	>1.40
钾氯比	≥8.00	8.00～6.00	6.00～5.00	5.00～4.50	4.50～4.00	<4.00

表 1-6　烤烟主要化学成分指标权重

指标	烟碱	总氮	还原糖	钾	淀粉	糖碱比	氮碱比	钾氯比
权重	0.17	0.09	0.14	0.08	0.07	0.25	0.11	0.09

（四）感官质量

感官质量是指烟叶燃吸过程中人体感觉器官所感受到的烟气特征。感官质量评价是以人体嗅觉、味觉、视觉等感官器官为手段，对烟叶的吸食品质进行评定。烟叶感官评吸质量的测评项目包括香气、杂气、余味刺激性、劲头。

1. 评价指标

（1）香气。香气指评吸过程中感官感觉到的令人愉悦的气息，包括香气质和香气量两个方面。香气质的鉴定通过嗅觉感受和味觉感受完成，香气量的多少通过口腔和鼻腔衡量。

（2）杂气。杂气指烟气中含有的令人不愉快的气息，用鼻腔来鉴别。杂气的产生来自两个方面：一方面是烟叶本身固有的，如木质气、生青气、枯焦气等；另一方面是烟叶以外的，如不良加香产生的化妆品气息，环境产生的汽油类、药草等气息。杂气一般分为以下几种。

① 青杂气。青杂气是指采割的青草或绿色植物所散发出的令人不愉快的气息。

② 生青气。生青气是指未成熟绿色植物所散发出的令人不愉快的气息。

③ 枯焦气。枯焦气是指干枯或焦灼的令人不愉快的气息。

④ 木质气。木质气是指烟梗（梗丝）燃烧后所产生的令人不愉快的气息。

⑤ 土腥气。土腥气是指湿润土壤所散发出的令人不愉快的气息。

⑥ 松脂气。松脂气是指松香所散发出的令人不愉快的气息。

⑦ 花粉气。花粉气是指类似化妆品、花粉类等物质所散发出的令人不愉快的气息。

⑧ 药草气。药草气是指药草植物所散发出的令人不愉快的气息。

⑨ 金属气。金属气是指类似金属氧化后散发出的令人不愉快的气息。

（3）余味。余味指烟气离开口腔和鼻腔后产生的感觉。余味鉴定靠口腔和舌头的感受来判断，如对酸、甜、苦、辣、涩的味觉，对加香加料残余物的反应程度。

（4）刺激性。刺激性指烟气吸入后对感觉器官产生的不舒适感受。烟气对口腔、喉部、鼻腔都可能产生刺激，所以有口腔刺激、喉部刺激、鼻腔刺激之分。

（5）劲头。劲头也称为生理强度，与烟气浓度和香气量有关。就烟叶来讲，劲头体现出烟碱含量的多少。劲头与刺激性的区别：烟气下咽通过喉部时，劲头就像个“有弹性的球”，顶在喉部。劲头大的样品，下咽很困难，会有一种“撑、胀”的感觉；劲头小的样品，则表现为下咽很顺畅，整个过程有一种“平滑”的感觉。而刺激性表现为对喉部的“点撞”，烟气通过喉部时对喉部产生的点刺、叮刺等。

（6）燃烧性。燃烧性是单料烟常用的评吸术语，指烟叶的燃烧程度，用于评价原料的化学成分协调性（主要为钾氯比），而对于成品烟，其燃烧性与卷烟纸成分、烟支松紧度等有关，故通常不作为评价指标。

（7）灰色。指烟叶燃烧后烟灰的颜色，是单料烟常用的评吸术语。成品烟的灰色因与卷烟纸、外加助剂、烟支状态有关，故不作为评价指标。

（8）烟气浓度。一般指烟气刚吸入时口腔的感受。烟气浓度不等同于香气浓度，烟气浓度好的样品，其香气浓度不一定就好。

（9）香型。香型可以理解为主体香气的类型。一般分为清香型、中间香型和浓香型三大类。

① 清香型。在烤烟本香（干草香）的基础上，具有以清甜香、青香、木香等为主体香韵的烤烟香气特征；清甜香韵突出；香气清雅而飘逸。

② 中间香型。在烤烟本香（干草香）的基础上，具有以正甜香、木香、辛香等为主体香韵的烤烟香气特征；正甜香香韵突出；香气丰富而悬浮。

③ 浓香型。在烤烟本香（干草香）的基础上，具有以焦甜香、木香、焦香为主体香韵的烤烟香气特征；焦甜香韵突出；香气浓郁而沉溢。

（10）香气状态。香气状态指香气运动的表现形态。一般分为飘逸、悬浮、沉溢三种。

① 飘逸。指香气轻扬而飘散，一般与清香型相对应。

② 悬浮。指香气平稳而悠长，一般与中间香型相对应。

③ 沉溢。指香气厚重而成团，一般与浓香型相对应。

（11）香韵。用来描述某一香料或香精或加香制品的香气中带有某种香气韵调而不是整体香气的特征，这种特征，常引用有代表性的客观具体实物来表达或比拟，如干草香、坚果香等。

① 干草香。干草香是指稻草割下晒干后所具有的类似烟草的特征芳香气息。

② 清甜香。清甜香是指烟草中所具有的清新自然甜的特征芳香气息。

③ 正甜香。正甜香是指烟草中所具有的类似玫瑰或蜂蜜样甜的特征芳香气息。

④ 焦甜香。焦甜香是指烟草中所具有的类似焦糖样甜的特征芳香气息。

⑤ 青香。青香是指采割的青草或绿色植物所具有的特征芳香气息。

⑥ 坚果香。坚果香是指坚果类果实焙烤后所具有的特征芳香气息。

⑦ 焦香。焦香是指糖类加热碳化后所具有的浓郁、温暖的特征芳香气息。

⑧ 树脂香。树脂香是指植物组织代谢或分泌物所具有的特征芳香气息。

⑨ 酒香。酒香是指粮食或水果类发酵过程中所产生的特征芳香气息。

2. 评价标准 每项指标的最高分为 9 分，烟叶感官评吸质量的分值标度见表 1-7。除劲头外，分值越高，表示烟叶的感官评吸质量越好。劲头的分值仅代表大小，不表示质量的好坏，一般认为劲头以适中为宜。

表 1-7 烟叶感官评吸质量的分值标度

分值	香气质	香气量	杂气	刺激性	余味	劲头
9	很好	很足	无	很小	干净、舒适	很大
8	好	充足	少	小	较干净、较舒适	大
7	较好	较充足	较少	较小	略干净、略舒适	较大
6	稍好	尚充足	微有	稍小	尚干净、尚舒适	稍大
5	中	有	有	中	微滞舌	中
4	稍差	稍少	稍重	稍大	较滞舌	稍小
3	较差	较少	较重	较大	滞舌	较小

（续）

分值	香气质	香气量	杂气	刺激性	余味	劲头
2	差	少	重	大	涩口	小
1	很差	很少	很重	很大	苦味	很小

2015年国家烟草专卖局发布了行业标准《烤烟 烟叶质量风格特色感官评价方法》（YC/T 530—2015），将烤烟烟叶质量风格特色分为风格特征和品质特征，其中风格特征包括香韵、香气状态、香型、烟气浓度和劲头，品质特征包括香气特性、烟气特性和口感特性。香韵包括干草香、清甜香、正甜香、焦甜香、青香、木香、豆香、坚果香、焦香、辛香、果香、药草香、花香、树脂香、酒香等。香气状态包括飘逸、悬浮和沉溢。香型包括清香型、中间香型和浓香型。香气特性包括香气质、香气量、透发性和杂气，其中杂气又包括青杂气、生青气、枯焦气、木质气、土腥气、松脂气、花粉气、药草气和金属气。烟气特性包括细腻程度、柔和程度和圆润感。口感特性包括刺激性、干燥感和余味。每项评价指标均采用5分制。风格特征指标评分标度见表1-8，品质特征指标评分标度见表1-9。

表1-8 风格特征指标评分标度

指标	评分标度		
	0　1	2　3	4　5
香韵	无至微显	稍明显至尚明显	较明显至明显
香型	无至微显	稍显著至尚显著	较显著至显著
香气状态	欠飘逸	较飘逸	飘逸
	欠悬浮	较悬浮	悬浮
	欠沉溢	较沉溢	沉溢
烟气浓度	小至较小	中等至稍大	较大至大
劲头	小至较小	中等至稍大	较大至大

表1-9 品质特征指标评分标度

指标		评分标度		
		0　1	2　3	4　5
香气特性	香气质	差至较差	稍好至尚好	较好至好
	香气量	少至微有	稍有至尚足	较充足至充足
	透发性	沉闷至较沉闷	稍透发至尚透发	较透发至透发
	杂气	无至微有	稍有至有	较重至重

（续）

指标		评分标度					
		0	1	2	3	4	5
烟气特性	细腻程度	粗糙至较粗糙		稍细腻至尚细腻		较细腻至细腻	
	柔和程度	生硬至较生硬		稍柔和至尚柔和		较柔和至柔和	
	圆润感	毛糙至较毛糙		稍圆润至尚圆润		较圆润至圆润	
口感特性	刺激性	无至微有		稍有至有		较大至大	
	干燥感	无至弱		稍有至有		较强至强	
	余味	不净、不舒适至欠净、欠舒适		稍净、稍舒适至尚净、尚舒适		较净、较舒适至纯净、舒适	

（五）安全性

烟叶安全性是烟叶质量的重要组成部分，在诸多烟草制品有害成分中，重金属和农药残留等有害成分主要来源于烟叶生产过程，本书所指的烟叶安全性目标主要指烟叶农药残留和重金属。农药残留指标主要包括杀虫剂、杀菌剂、除草剂、抑芽剂等类别，重金属指标包括砷、铅、汞、镉等。

1. 评价指标

（1）重金属。重金属一般指密度大于 5 g/cm^3 的金属，不能被生物降解，被生物摄取后往往在体内聚集，且会在食物链中逐步富集放大，进而危害人体健康。过量的重金属不仅会影响烟株的正常生长和烟叶品质，而且烟叶中的重金属可能会随着烟气进入人体，因而引发人们对烟草重金属安全性的担忧。世界卫生组织烟草制品管制研究组要求披露砷、镉、铬、铅、汞、镍和硒 7 种重金属元素，我国烟草行业也将这 7 种元素作为烟草及烟草制品的限制指标。

（2）农药残留。烟草上使用的农药有杀虫剂、杀菌剂、除草剂、抑芽剂等，主要种类有有机氯、有机磷、菊酯类、代森类等。烟草行业 1999—2016 年每年均发布烟草农药使用推荐意见指导烟叶生产，还同时发布禁止在烟草上使用的农药品种名单。

农药残留是指由于农药的应用而残存于生物体、农产品和环境中的农药亲体及其具有毒理学意义的杂质、代谢转化产物和反应物等所有衍生物的总称。农药施用于农作物上，10%～20%附着在作物体上，其他 80%～90%散落到土壤、水中或飘逸到大气中。

烟草的农药残留来源主要有两个：一是由于烟叶病虫害防控和打顶后的抑芽而直接施用农药而造成的残留；二是烟草生长环境中的土壤、灌溉水中的农药残留污染烟叶，从而造成烟叶的农药残留，这类农药残留主要有有机氯杀虫剂、涕灭威等。我国烟叶农药残留量相对较高的农药种类有二硫代、霜霉威、异菌脲、多菌灵等，它们是当前我国烟叶农药残留控制的主要内容。

2. 评价标准

（1）重金属。烟叶重金属主要来源于土壤，也受大气沉降的影响。截至目前，我国尚未制定烟叶重金属限量标准，烟叶重金属的安全性评价主要通过环境评价和过程控制来实现。农业推荐标准《烟草产地环境技术条件》（NY/T 852—2004）规定了烟草产地环境空气质量、灌溉水质量和土壤环境质量的要求，分别见表1-10、表1-11和表1-12。

表1-10 烟草产地环境空气质量要求

指标	标准
标准状态下的总悬浮颗粒物/（mg/m^3）	≤0.30
标准状态下的SO_2/（mg/m^3）	≤0.15
标准状态下的氮氧化物/（mg/m^3）	≤0.10
标准状态下的氟化物/［$\mu g/(dm^2 \cdot d)$］	≤5.0

表1-11 烟草产地灌溉水质量要求

指标	标准
pH	5.5～7.5
总汞/（mg/L）	≤0.001
镉/（mg/L）	≤0.005
砷/（mg/L）	≤0.1
铅/（mg/L）	≤0.1
铬（六价）/（mg/L）	≤0.1
氯化物/（mg/L）	≤200
氟化物/（mg/L）	≤3.0
石油类/（mg/L）	≤10

表1-12 烟草产地土壤环境质量要求

指标	标准
pH	5.5～7.5
镉/（mg/kg）	≤0.3
汞/（mg/kg）	≤0.5

（续）

指标	标准
砷/（mg/kg）	≤30
铅/（mg/kg）	≤300
铬/（mg/kg）	≤250
氯化物/（mg/kg）	≤30
六六六/（mg/kg）	≤0.5
滴滴涕/（mg/kg）	≤0.5

为了控制生产过程对烟叶重金属积累的影响，烟草行业相继制定了《烟用肥料重金属限量》（YQ 23—2013）、《烟草包衣种子重金属限量》（YQ 25—2013）、《烟农农药重金属限量》（YQ 24—2013）和《烟草育苗基质重金属限量要求》（YQ 56—2015）等企业标准，以规范烟用肥料、农药和育苗基质等物资的使用，减少烟田重金属的输入风险。

（2）农药残留。控制农药残留主要通过制定农药残留限量的方式来保证烟叶安全性。烟草行业于 2014 年颁布实施了《烟叶农药最大残留限量》（YQ 50—2014）强制性标准，该标准规定了我国初烤烟叶 123 种农药的最大残留限量（表 1-13）。其中，一般烟叶生产中重点监控指标限量标准见表 1-14。

表 1-13　烟叶农药的最大残留限量

序号	中文通用名称	最大残留限量/（mg/kg）	残留物	主要用途
1	2,4,5-涕	0.05	2,4,5-涕	除草
2	2,4-滴	0.2	2,4-滴	除草
3	阿拉酸式苯-S-甲基	5	阿拉酸式苯-S-甲基	杀菌
4	艾氏剂+狄氏剂	0.05	艾氏剂、狄氏剂	杀虫
5	安硫磷	0.1	安硫磷	杀虫/杀螨
6	百菌清	2	百菌清	杀菌
7	保棉磷	0.3	保棉磷	杀虫
8	倍硫磷	0.1	倍硫磷、倍硫磷砜、倍硫磷亚砜	杀虫
9	苯菌灵	2	以多菌灵计	杀菌
10	苯霜灵	2	苯霜灵	杀菌
11	苯线磷	0.5	苯线磷、苯线磷砜、苯线磷亚砜	杀线虫

（续）

序号	中文通用名称	最大残留限量/(mg/kg)	残留物	主要用途
12	吡虫啉	5	吡虫啉	杀虫
13	吡氟禾草灵	1	吡氟禾草灵	除草
14	吡蚜酮	1	吡蚜酮	杀虫
15	残杀威	0.2	残杀威	杀虫
16	虫线磷	0.05	虫线磷	杀虫/杀线虫
17	除草醚	0.02	除草醚	除草
18	除虫脲	0.1	除虫脲	杀虫
19	稻瘟灵	2	稻瘟灵	杀菌
20	滴滴涕	0.2	o，p′- DDT、p，p′- DDT、o,p′- DDD、p,p′- DDD、o,p′- DDE、p,p′- DDE	杀虫
21	敌百虫	0.1	以敌敌畏计	杀虫
22	敌草胺	0.1	敌草胺	除草
23	敌敌畏	0.1	敌敌畏	杀虫
24	敌螨普	0.1	敌螨普	杀菌/杀螨
25	丁硫克百威	0.2	丁硫克百威	杀虫
26	啶虫脒	5	啶虫脒	杀虫
27	毒虫畏	0.05	(E)-毒虫畏、(Z)-毒虫畏	杀虫/杀螨
28	毒杀芬	0.1	毒杀芬	杀虫
29	毒死蜱	0.5	毒死蜱	杀虫
30	对硫磷	0.1	对硫磷	杀虫
31	多菌灵	2	多菌灵	杀菌
32	噁毒灵	0.5	噁毒灵	杀菌
33	噁霜灵	0.1	噁霜灵	杀菌
34	噁唑菌酮	5	噁唑菌酮	杀菌
35	二甲戊灵	5	二甲戊灵	除草
36	二硫代氨基甲酸酯	10	以二硫化碳计	杀菌
37	二嗪磷	0.1	二嗪磷	杀虫/杀螨
38	二溴磷	0.1	敌敌畏、二溴磷，以敌敌畏计	杀虫
39	伏杀硫磷	0.1	伏杀硫磷	杀虫/杀螨
40	氟节胺	5	氟节胺	植物生长调节
41	氟乐灵	0.1	氟乐灵	除草

（续）

序号	中文通用名称	最大残留限量/(mg/kg)	残留物	主要用途
42	氟氯氰菊酯	0.5	氟氯氰菊酯	杀虫
43	氟吗啉	2	氟吗啉	杀菌
44	氯氰戊菊酯	0.5	氯氰戊菊酯	杀虫
45	甲胺磷	1	甲胺磷	杀虫/杀螨
46	甲拌磷	0.1	甲拌磷	杀虫/杀螨
47	甲草胺	0.1	甲草胺	除草
48	甲氰磷	0.01	甲氰磷	杀虫/杀螨
49	甲基毒死蜱	0.2	甲基毒死蜱	杀虫
50	甲基对硫磷	0.1	甲基对硫磷	杀虫
51	甲基硫菌灵	2	甲基硫菌灵、多菌灵，以多菌灵计	杀菌
52	甲基嘧啶磷	0.1	甲基嘧啶磷	杀虫
53	甲基内吸磷	0.1	甲基内吸磷、甲基内吸磷砜、甲基内吸磷亚砜	杀虫/杀螨
54	甲硫威	0.2	甲硫威、甲硫威砜、甲硫威亚砜	杀虫
55	甲萘威	0.5	甲萘威	杀虫
56	甲霜灵	2	甲霜灵	杀菌
57	甲氧滴滴涕	0.05	甲氧滴滴涕	杀虫
58	腈菌唑	5	腈菌唑	杀菌
59	久效磷	0.3	久效磷	杀虫
60	菌核净	40	菌核净	杀菌
61	抗蚜威	0.5	抗蚜威	杀虫
62	克百威	0.5	克百威、3-羟基克百威	杀虫
63	克草敌	0.5	克草敌	除草
64	克菌丹	0.7	克菌丹	杀菌
65	喹禾灵	0.2	喹禾灵	除草
66	乐果	0.5	乐果、氧乐果，以氧乐果计	杀虫/杀螨
67	联苯菊酯	2.5	联苯菊酯	杀虫
68	林丹	0.05	γ-HCH	杀虫
69	磷胺	0.1	(E)-磷胺、(Z)-磷胺	杀虫
70	硫丹	1	α-硫丹、β-硫丹、硫丹硫酸酯	杀虫/杀螨
71	硫双威	1	硫双威、灭多威，以灭多威计	杀虫

（续）

序号	中文通用名称	最大残留限量/(mg/kg)	残留物	主要用途
72	六六六	0.07	α-HCH、β-HCH、δ-HCH	杀虫
73	六氯苯	0.03	六氯苯	杀虫
74	氯丹	0.1	顺-氯丹、反-氯丹	杀虫
75	氯氟氰菊酯	1	氯氟氰菊酯	杀虫
76	氯菊酯	0.5	顺-氯菊酯、反-氯菊酯	杀虫
77	氯氰菊酯	1	氯氰菊酯	杀虫
78	氯酞酸甲酯	0.5	氯酞酸甲酯	除草
79	氯硝胺	1	氯硝胺	杀菌
80	马拉硫磷	0.5	马拉硫磷	杀虫
81	麦草畏	0.2	麦草畏	除草
82	咪鲜胺和咪鲜胺锰盐	0.5	咪鲜胺和咪鲜胺锰盐	杀菌
83	灭多威	1	灭多威	杀虫
84	灭菌丹	0.2	灭菌丹	杀菌
85	灭螨猛	0.2	灭螨猛	杀菌/杀螨
86	灭线磷	0.1	灭线磷	杀线虫
87	灭蚁灵	0.1	灭蚁灵	杀虫
88	七氟菊酯	0.1	七氟菊酯	杀虫
89	七氯	0.05	七氯、顺-环氧七氯、反-环氧七氯	杀虫
90	氯戊菊酯	1	氯戊菊酯	杀虫
91	噻虫嗪	5	噻虫嗪	杀虫
92	三唑酮	5	三唑酮、三唑醇，以三唑酮计	杀菌
93	三唑醇	5	三唑醇，以三唑酮计	杀菌
94	杀虫畏	0.1	杀虫畏	杀虫
95	杀螟硫磷	0.1	杀螟硫磷	杀虫
96	杀线威	0.5	杀线威	杀虫/杀线虫
97	双苯酰草胺	0.25	双苯酰草胺	除草
98	霜霉威	10	霜霉威	杀菌
99	霜脲氰	0.1	霜脲氰	杀菌
100	四溴菊酯	1	溴氰菊酯	杀虫

（续）

序号	中文通用名称	最大残留限量/(mg/kg)	残留物	主要用途
101	速灭磷	0.1	(E)-速灭磷、(Z)-速灭磷	杀虫/杀螨
102	特丁硫磷	0.05	特丁硫磷、特丁硫磷砜、特丁硫磷亚砜	杀虫
103	涕灭威	0.5	涕灭威、涕灭威砜、涕灭威亚砜	杀虫/杀线虫
104	戊菌唑	2	戊菌唑	杀菌
105	烯虫酯	1	烯虫酯	杀虫
106	烯酰吗啉	2	(E)-烯酰吗啉、(Z)-烯酰吗啉	杀菌
107	辛硫磷	0.5	辛硫磷	杀虫
108	溴硫磷	0.2	溴硫磷	杀虫
109	溴氰菊酯	1	溴氰菊酯	杀虫
110	蚜灭磷	0.1	蚜灭磷、蚜灭磷砜、蚜灭磷亚砜	杀虫/杀螨
111	氧乐果	0.5	氧乐果，以乐果计	杀虫/杀螨
112	乙拌磷	0.1	乙拌磷、乙拌磷砜、乙拌磷亚砜	杀虫/杀螨
113	乙丁氟灵	0.06	乙丁氟灵	除草
114	乙酰甲胺磷	0.2	乙酰甲胺磷	杀虫
115	异丙甲草胺	0.5	异丙甲草胺	除草
116	异丙乐灵	0.1	异丙乐灵	除草
117	异狄氏剂	0.05	异狄氏剂	杀虫
118	异噁草酮	0.2	异噁草酮	除草
119	异菌脲	0.25	异菌脲	杀菌
120	抑芽丹	80	抑芽丹	植物生长调节/除草
121	益棉磷	0.3	益棉磷	杀虫/杀螨
122	增效醚	3	增效醚	杀虫
123	仲丁灵	5	仲丁灵	植物生长调节/除草

表 1-14 一般烟叶生产中重点监控指标限量标准（mg/kg）

序号	类别	中文通用名	指标
1	有机氯杀虫剂	六六六	≤0.07
2		滴滴涕	≤0.2
3	有机磷杀虫剂	甲胺磷	≤1.0
4		对硫磷	≤0.1
5		甲基对硫磷	≤0.1
6	氨基甲酸酯杀虫剂	涕灭威	≤0.5
7		克百威	≤0.5
8		灭多威	≤1.0
9	拟除虫菊酯杀虫剂	氯氟氰菊酯	≤1.0
10		氯氰菊酯	≤1.0
11		氰戊菊酯	≤1.0
12		溴氰菊酯	≤1.0
13	烟酰亚胺杀虫剂	吡虫啉	≤5.0
14	除草剂	双苯酰草胺	≤0.25
15		异丙甲草胺	≤0.5
16		敌草胺	≤0.1
17	杀菌剂	甲霜灵	≤2.0
18		菌核净	≤40
19		二硫代氨基甲酸酯	≤10
20		多菌灵	≤2.0
21		甲基硫菌灵	≤2.0
22		三唑酮	≤5.0
23		三唑醇	≤5.0
24	抑芽剂	二甲戊灵	≤5.0
25		仲丁灵	≤5.0
26		氟节胺	≤5.0

（六）典型案例

某品牌烟叶原料需求可概括为：风格特色彰显的中部上等烟，烟叶等级纯度高，化学成分协调，烟叶安全性高，质量稳定。根据卷烟品牌烟叶原料的需求特点，基地单元烟叶质量目标如下。

1. 外观质量目标 颜色金黄，色质纯正，叶片成熟度好，结构疏松，身份适中，油分有至多，色度强至浓，光泽较鲜亮；叶面与叶背颜色相近，叶尖部与叶基部色泽基本相似，叶面组织细致，质地柔软，弹性好；体现出陕西烟叶“金、正、亮、软”的外观质量特点。

2. 物理特性目标 主要监控叶长、叶宽、叶片厚度、叶面密度、单叶重、含梗率等部分物理特性指标。基地单元烟叶物理特性目标要求见表1-15。

表1-15 基地单元烟叶物理特性目标要求

部位	叶长/cm	叶宽/cm	叶片厚度/mm	叶面密度（g/m^2）	单叶重/g	含梗率/%
上部（B）	—	—	0.11±0.015	95±8.0	11.0±1.5	≤30
中部（C）	60±10.0	24±4.0	0.085±0.015	75±8.0	9.5±1.5	≤31
下部（X）	—	—	0.07±0.01	—	7.0±1.5	≤32

3. 化学成分目标 单元烟叶化学成分目标主要包括烟碱含量、烟碱合格率、烟碱均匀性、糖碱比、氮碱比、两糖比、钾氯比等，并且要求烟叶质量年度间稳定，同时关注烟叶淀粉含量。基地单元烟叶化学成分目标要求见表1-16。

表1-16 基地单元烟叶化学成分目标要求

部位	烟碱/%	还原糖/%	钾/%	氯/%	糖碱比	氮碱比	两糖比	钾氯比	烟碱合格率/%	变异系数（CV）/%
B	2.7±0.5	22±4.0	≥1.5	≤0.6	9±3.0	0.90±0.15	≥0.80	≥3.5	≥80	≤12
C	2.1±0.4	24±4.0	≥1.8	≤0.6	12±4.0	0.95±0.15	≥0.80	≥3.5	≥80	≤15
X	1.8±0.4	19±4.0	≥1.8	≤0.6	10±3.0	1.15±0.25	≥0.80	≥3.5	≥80	≤15

4. 评吸质量目标 基地单元烟叶（C2F）具有较典型的中间香型特征，香气风格突出，烤烟香气纯正。具体要求为：香气质较好，香气量较充足，余味较干净舒适，杂气少，刺激性小。基地单元烟叶感官质量要求见表1-17。

表1-17 基地单元烟叶感官质量要求

香型	香气质	香气量	杂气	刺激性	余味
中间型	较好	较充足	少	小	较干净、较舒适

5. 安全性目标 烟叶安全性目标主要包括烟叶农药残留和重金属。农药残留指标主要包括杀虫剂、杀菌剂、除草剂、抑芽剂等类别，重金属指标包括砷、铅、汞、镉等。基地单元原料安全性评价重点指标限量标准见表1-18，其他农药残留指标严格按照国家烟草专卖局123种烟叶农药最大残留限量执行。

表 1-18 基地单元原料安全性评价重点指标限量标准（mg/kg）

序号	类别	中文通用名	英文名称	指标
1	有机氯杀虫剂	六六六[a]	benzenehexachloride，BHC	≤0.07
2		滴滴涕[b]	dichlorodiphenyltrichloroethane，DDT	≤0.2
3	有机磷杀虫剂	甲胺磷	methamidophos	≤1.0
4		对硫磷	parathion	≤0.1
5		甲基对硫磷	parathion - methyl	≤0.1
6	氨基甲酸酯杀虫剂	涕灭威	aldicarb	≤0.5
7		克百威	carbofuran	≤0.5
8		灭多威	methomyl	≤1.0
9	拟除虫菊酯杀虫剂	氯氟氰菊酯	cyhalothrin	≤1.0
10		氯氰菊酯	cypermethrin	≤1.0
11		氰戊菊酯	fenvalerate	≤1.0
12		溴氰菊酯	deltamethrin	≤1.0
13	烟酰亚胺杀虫剂	吡虫啉	imidacloprid	≤5.0
14	除草剂	双苯酰草胺	diphenamide	≤0.25
15		异丙甲草胺	metolachlor	≤0.5
16		敌草胺	napropamide	≤0.1
17	杀菌剂	甲霜灵	metalaxyl	≤2.0
18		菌核净	dimethachlon	≤40
19		二硫代氨基甲酸酯[c]	dithiocarbamates	≤10
20		多菌灵	Carbendazim	≤2.0
21		甲基硫菌灵[d]	Thiophanate - methyl	≤2.0
22		三唑酮	Triadimefon	≤5.0
23		三唑醇[e]	Triadimenol	≤5.0
24	抑芽剂	二甲戊灵	pendimethalin	≤5.0
25		仲丁灵	butralin	≤5.0
26		氟节胺	flumetralin	≤5.0
27	重金属	砷（As）	arsenic	≤0.5
28		铅（Pb）	lead	≤5.0
29		镉（Cd）	cadmium	≤5.0
30		汞（Hg）	mercury	≤0.1
31	转基因	无任何可检测到的转基因成分		

a. 六六六的检测结果以总量计。b. 滴滴涕的检测结果以总量计。c. 二硫代氨基甲酸酯的检测结果以 CS_2 计。d. 甲基硫菌灵、多菌灵，以多菌灵计。e. 三唑酮、三唑醇，以三唑酮计。

6. 经济性状及烟叶调拨目标 基地单元亩产量 140～160 kg，做到优质适产。

所需烟叶以基地单元为主，不足部分由市公司调剂补充。工商交接等级合格率≥80%，烟叶本部位正组率>90%。烟叶水分符合国标要求，无压油，无霉变、无虫。

二、评价程序

烟叶基地原料质量体系的评价程序为：取样—评价—过程控制—检测结果的反馈。

（一）取样

取样管理包括对取样人员、取样地点、取样对象、取样方法、取样数量、样品标识卡的填写、样品的交接等的管理。

1. 采购前取样 取样人员：卷烟工业企业的业务员和产区的相关人员。

取样地点：烟叶挑选场或烟叶收购站。

取样对象：能代表当地大货整体质量水平的初烤把烟或散烟，具体等级为B2F或B1L、C3F或C2L、X2F或X1L。

取样数量：结合采购量和采购面的分散程度，每个等级取6～10个样品（若一个合同单位由2个或2个以上的供货点组成，则应扩大取样数量），每个样品取4把烟叶（散叶取相当于4把烟叶的量）。

样品的交接：取样人员应真实完整地填写样品标识卡。然后，将上述样品连同样品标识卡送寄卷烟企业技术中心。

2. 加工过程中取样 取样人员：相关打叶复烤厂的指定人员。

取样方法：随机取样法。

取样地点：打叶复烤厂的铺叶台（打叶前）。

取样对象：调供卷烟工业企业的所有等级的初烤烟叶。

取样数量：按打叶作业的班次计算，每班次每个等级取2份样品（每份样品的取样时间应相隔1 h以上），每份样品不少于0.3 kg。

样品的交接：取样人员应真实完整地填写每一份样品的样品标识卡，及时将样品连同样品标识卡送交相关打叶复烤厂的检测部门。

（二）评价

烟叶原料质量体系一般最少有2～3个收样检测单位，分别是卷烟工业企业的技术中心、技术依托单位和相关的打叶复烤厂。

1. 评价内容 外观质量评价指标：颜色、成熟度、叶片结构、身份、油分、色度、叶面组织、柔韧性、光泽度、等级合格率及本部位正组率。

物理特性评价指标：叶片长度、叶片宽度、单叶重、含梗率、叶面密度、拉力、平衡含水率、自由燃烧速率。

主要化学成分及其派生值指标：烟碱、总糖、还原糖、总氮、钾、氯、糖碱比、两糖比、氮碱比、钾氯比。

感官评吸指标：风格特征（香韵、香型、香气状态、浓度、劲头）和品质特征（香气质、香气量、透发性、杂气、细腻柔和程度、圆润感、刺激性、干燥感、余味）。

安全性指标：农药残留和重金属（砷、铅、汞、镉、铬）。

2. 评价流程 外观质量：参照《烤烟》（GB 2635—1992），由烟叶质量评价组随机抽取调拨到复烤加工企业的烟叶大货，进行等级合格率、本部位正组率的评价，对本部位正组烟叶的外观质量各指标进行评价赋分，并定性评价非本部位正组烟叶。

物理特性：对基地单元样品及大货样品，由技术依托单位或技术中心在实验室进行样品预处理并检测各项物理特性指标。

主要化学成分及其派生值：由技术依托单位和复烤加工企业对单元及产区大货样品进行主要化学成分检测，并由烟叶质量评价组根据检测结果进行相关统计。

感官评吸：由烟叶质量评价组随机抽取单元、产区中部烟叶样品，预处理后由工业企业感官评吸人员按照行业标准进行感官质量评价。

安全性：烟叶入库后随机抽取基地单元、产区原料大货，由技术依托单位或技术中心进行农药残留和重金属检测。

3. 数据的比对 为了保证检测数据的可靠性和可比性，技术中心应组织相关的打叶复烤厂，每年至少 1 次，进行相同样品的比对测试工作。

（三）过程控制

卷烟工业企业的技术中心和原料部门收到相关的检测数据后，应及时组织人员对数据进行分析和比较。数据参比对象：①上一年度该产区烟叶的常规化学成分含量的检测数据。②烟叶原料质量体系常规化学成分协调性的评价标准。

若发现某产区烟叶的常规化学成分含量明显异常，技术中心应立即对该产区的烟叶进行感官评吸。若发现该产区的烟叶在感官评吸质量上存在明显缺陷，应据此调整当年在该产区的采购等级和/或具体数量。

（四）检测结果的反馈

烟叶原料质量体系对产区当年烟叶质量信息的初步反馈以当年 12 月 31 日（含）之前所获取的数据为依据。

反馈方式：书面。

反馈时间：原则上，应在年度基地工作会议上作为会议资料反馈。

反馈报告应包含下列内容：

（1）最近若干年来，烟叶常规化学成分含量的变化情况。

（2）烟叶主要化学成分均匀性的考查结果。

（3）上一年度烟叶的安全性检测结果。

（4）烟叶感官评吸质量的风格特征和存在的主要缺陷。

（5）卷烟工业企业对产区在调拨量和等级结构上的希望。

（6）产区应重视反馈报告对当地烟叶质量的评价意见，并在下一年度的烟叶生产中，调整生产技术方案，采取相应的技术和管理措施，针对性地解决当地当前烟叶生产中存在的实际问题，为卷烟工业企业提供质量合格、数量充足的烟叶原料。

（7）相关的技术依托单位根据反馈报告的意见，在下一年度的技术服务中，配合产区调整生产技术方案，通过印发资料、举办科技讲座、现场指导、开展咨询服务等方式，努力使烟叶质量符合卷烟工业企业的要求。

（五）典型案例

某卷烟工业企业每年均对各基地单元调拨烟叶原料进行外观质量、物理特性、化学成分、感官质量、安全性进行评价，以质量反馈报告形式书面反馈烟叶产区。某产区质量反馈报告如下。

1. 外观质量分析评价

（1）等级合格率。根据调拨的大货烟叶第三层次抽检结果，经统计，等级合格率尚好，纯度尚好。与去年基本持平，单元烟叶好于非单元烟叶。

（2）本部位正组率。经对调拨到复烤厂的单元C2F烟叶抽检，单元烟叶本部位正组率71%，与质量目标（正组率≥90%）相比有差距，希望继续努力提高。

（3）品级要素和叶片特征。经在复烤厂对单元C2F烟叶外观品级要素和叶片特征进行抽样分析，单元C2F烟叶各品级要素分值见表1-19。

表1-19　单元C2F烟叶各品级要素分值

年度	颜色	成熟度	叶片结构	身份	油分	色度	叶面组织	柔韧性	光泽度
2020	8.50	8.60	9.05	8.70	7.10	6.55	6.95	7.25	6.50
2021	8.50	9.00	9.00	8.50	6.50	6.00	8.00	7.00	7.00
2022	8.50	8.50	9.00	9.00	7.00	6.50	8.00	8.00	7.00
目标参考值	≥8.5	≥9.0	≥9.0	≥8.5	≥7.0	≥7.0	≥7.5	≥7.5	≥7.5

① 本部位正组烟叶。单元烟叶颜色橘黄，成熟度好，结构疏松，身份适中，油分为“有”水平，色度为“强”水平。

叶片特征为单元烟叶叶面组织特征“细腻”，柔韧性“柔软”，光泽度“较鲜亮”。

② 非“本部位正组”烟叶。单元非“本部位正组”烟叶主要为杂色等副组烟叶；混一定比例上部烟叶和少量下部烟叶。

2. 物理特性分析评价 烟叶物理特性指标检测结果列于表1-20。依据单元烟叶质量目标，烟叶长、宽、单叶重、叶面密度等物理指标均符合质量需求目标，需要注意的是，单元烟叶下部烟叶含梗率偏高，产区中部烟叶含梗率偏高。

表1-20 烟叶物理特性指标检测结果

	年度	部位	长/cm	宽/cm	单叶重/g	含梗率/%	叶面密度/(g/m²)	拉力/N	平衡含水率/%
单元	2020	B	70.50	18.33	11.98	26.93	77.54	1.73	13.20
		C	65.88	20.04	10.87	28.42	63.49	1.96	13.60
		X	69.17	24.17	9.31	30.09	46.44	1.73	13.85
	2021	B	72.00	20.00	12.48	28.19	75.7	1.81	12.35
		C	70.67	21.00	11.21	36.20	58.3	1.74	12.00
		X	70.00	23.83	9.09	36.50	44.4	1.41	13.50
	2022	B	68.50	23.67	14.75	25.26	73.8	2.00	12.80
		C	68.67	23.60	12.09	30.71	60.4	1.78	12.55
		X	62.33	22.00	7.87	33.30	58.8	1.77	12.70
产区	2020	B	69.00	18.58	12.16	28.20	72.60	1.56	13.05
		C	70.17	21.08	9.88	29.60	58.42	2.11	13.30
		X	64.83	21.33	7.39	29.62	49.10	1.68	12.85
	2021	B	67.00	18.50	12.26	25.95	84.0	1.73	13.00
		C	69.17	22.50	10.51	30.85	60.9	1.74	14.25
		X	63.83	22.83	8.71	33.22	45.4	1.64	13.35
	2022	B	63.67	19.17	11.25	28.64	79.4	1.80	11.85
		C	68.83	23.83	11.05	32.97	48.3	1.39	12.65
		X	63.33	25.50	9.17	32.60	45.4	1.47	12.75
质量目标		B	—	—	10.5±1.5	≤29	84±8.0	—	—
		C	60±10.0	22±4.0	9.5±1.5	≤31	66±8.0	—	—
		X	—	—	7.0±1.5	≤32	—	—	—

3. 主要化学成分分析评价

（1）主要化学成分及协调性（均值）。烟叶常规化学成分含量与一碱四比见表 1-21。

表 1-21　烟叶常规化学成分含量与一碱四比

	年份	部位	烟碱/%	总糖/%	还原糖/%	总氮/%	钾/%	氯/%	糖碱比	两糖比	氮碱比	钾氯比
单元	2020	B	4.06	22.61	20.81	2.43	2.88	0.76	5.47	0.92	0.61	4.39
		C	2.71	29.89	24.40	1.91	2.74	0.45	9.82	0.82	0.73	7.90
		X	2.46	17.75	15.01	2.51	3.58	0.55	6.94	0.85	1.15	7.40
	2021	B	4.51	22.37	20.82	2.61	2.97	0.65	4.97	0.93	0.58	5.37
		C	2.97	29.75	24.69	2.05	2.94	0.59	8.74	0.83	0.71	6.55
		X	2.20	33.63	26.22	1.88	2.91	0.33	11.95	0.78	0.85	8.92
	2022	B	2.62	33.00	27.66	1.84	2.65	0.26	10.56	0.84	0.70	10.85
		C	2.22	32.39	25.08	1.91	2.92	0.32	11.90	0.78	0.89	10.23
		X	1.23	23.03	17.37	2.03	4.12	0.41	14.12	0.76	1.66	10.17
产区	2020	B	3.92	24.13	22.17	2.36	2.85	0.74	6.03	0.92	0.61	4.52
		C	2.51	31.02	25.13	1.87	2.82	0.48	10.63	0.81	0.77	7.10
		X	1.82	19.96	15.67	2.34	3.66	0.75	9.18	0.78	1.36	5.70
	2021	B	4.40	22.94	21.34	2.57	2.86	0.62	5.19	0.93	0.59	5.43
		C	2.87	29.41	24.55	2.06	2.98	0.56	8.97	0.84	0.73	6.22
		X	1.81	31.02	25.18	1.88	3.17	0.50	14.70	0.81	1.05	8.17
	2022	B	2.79	27.25	23.77	2.31	2.68	0.31	8.99	0.87	0.85	9.83
		C	1.97	28.80	22.86	2.03	3.08	0.37	12.12	0.79	1.08	9.41
		X	1.30	22.19	16.22	2.11	4.14	0.36	12.67	0.73	1.64	12.34
质量目标		B	2.7±0.5	—	23±4	—	—	0.45±0.15	9±3.0	≥0.80	0.75±0.15	≥4.0
		C	2.2±0.4	—	26±4	—	—	0.45±0.15	12±4.0	≥0.80	0.85±0.15	≥4.0
		X	1.6±0.3		19±5			0.45±0.15	11±4.0	≥0.80	1.15±0.25	≥4.0

单元共检测烟叶样品 289 份，其中中部 233 份，上部 3 份，下部 51 份。烟叶烟碱、还原糖含量、氯含量、糖碱比、氮碱比、钾氯比等化学成分及派生值符合质量目标需求，需要注意的是中部和下部烟叶两糖比偏低。

产区共检测样品 1 657 份，其中上部烟叶 166 份，中部烟叶 1 395 份，下部烟叶 96 份。烟叶烟碱、还原糖含量、氯含量、糖碱比、氮碱比、钾氯比等化学成分及派生值符合质量目标需求，需要注意的是中部和下部烟叶两糖比偏低。

（2）主要指标相符性（合格率）情况。烟叶一碱四比合格率见表1-22。

表1-22 烟叶一碱四比合格率（%）

产区	年份	部位	烟碱合格率	烟碱高于上限比例	烟碱低于下限比例	糖碱比合格率	氮碱比合格率	两糖比合格率	钾氯比合格率
产区	2020	B	17.19	82.81	0.00	38.28	51.56	97.66	53.13
		C	58.29	34.74	6.98	76.59	63.67	60.98	86.33
		X	60.34	31.03	8.62	50.00	48.28	44.83	74.14
		均值	45.27	49.53	5.20	54.96	54.50	67.82	71.20
	2021	B	5.50	94.50	0.00	30.28	33.94	100.00	74.31
		C	29.05	69.08	1.87	58.46	56.94	75.85	82.38
		X	57.14	42.86	0.00	28.57	71.43	57.14	85.71
		均值	30.56	68.81	0.62	39.10	54.10	77.66	80.80
	2022	B	65.06	21.69	13.25	71.69	69.28	93.98	99.40
		C	53.33	9.53	37.13	74.27	40.86	51.97	98.49
		X	32.29	1.04	66.67	81.25	13.54	4.17	100.00
		均值	50.23	10.75	39.02	75.74	41.23	50.04	99.30
全产区*	2022	B	46.47	35.44	18.08	49.18	54.06	46.57	73.61
		C	50.49	23.33	26.19	54.53	62.87	32.36	75.67
		X	55.12	15.15	29.73	45.87	57.31	33.73	85.46
		均值	50.69	24.64	24.67	49.86	58.08	37.55	78.25

*全产区是指与该卷烟工业企业有合同关系的全国47个烟叶产区。

就烟叶一碱四比合格率而言，产区烟叶糖碱比、钾氯比合格率高于全产区水平，烟碱合格率较去年明显提高。需要注意的是下部烟叶氮碱比合格率低于全区平均水平。

（3）主要化学成分均匀性。烟叶常规化学成分的均匀性见表1-23。烟叶化学成分均匀性较好。

表1-23 烟叶常规化学成分的均匀性

产区	年份	部位	烟碱SD	烟碱CV/%	糖碱比SD	糖碱比CV/%
产区	2020	B	0.74	18.85	2.24	37.18
		C	0.58	23.05	3.10	29.12
		X	0.55	30.11	4.28	46.69
		均值	0.62	24.00	3.21	37.66

（续）

产区	年份	部位	烟碱 SD	烟碱 CV/%	糖碱比 SD	糖碱比 CV/%
产区	2021	B	0.78	17.78	2.10	40.53
		C	0.53	18.55	2.65	29.50
		X	0.38	21.06	5.12	34.84
		均值	0.56	19.13	3.29	34.96
	2022	B	0.55	19.71	2.65	29.49
		C	0.46	23.46	3.91	32.30
		X	0.18	13.69	3.60	28.40
		均值	0.40	18.95	3.39	30.06
全产区*	2022	B	0.51	17.78	2.46	29.32
		C	0.51	23.37	3.89	34.06
		X	0.31	20.79	5.65	30.26
		均值	0.44	20.65	4.00	31.21

*全产区是指与该卷烟工业企业有合同关系的全国 47 个烟叶产区。SD 为标准差，CV 为变异系数。

4. 感官质量分析评价 烟叶感官评吸质量见表 1-24。

表 1-24 烟叶感官评吸质量

项目		指标	赋分
			单元 C2F
风格特征	香韵	干草香（1～5）	3.04
		清甜香（1～5）	2.30
		正甜香（1～5）	1.30
		焦甜香（1～5）	0.00
		青香（1～5）	1.00
		辛香（1～5）	0.00
		木香（1～5）	0.70
		坚果香（1～5）	0.00
		果香（1～5）	0.00
		焦香（1～5）	0.00
		花香（1～5）	0.00
		酒香（1～5）	0.00
	香型	清香型（1～5）	2.50
		中间香型（1～5）	0.00
		浓香型（1～5）	0.00
	香气状态	飘逸（1～5）	2.50
		悬浮（1～5）	0.00
		沉溢（1～5）	0.00
	浓度（1～9）		5.41
	劲头（1～9）		5.38

（续）

项目		指标		赋分
				单元 C2F
品质特征	香气特性	香气质（1～9）		6.00
		香气量（1～9）		5.70
		透发性（1～9）		5.66
		杂气	青杂气（1～5）	0.60
			生青气（1～5）	0.90
			枯焦气（1～5）	0.50
			木质气（1～5）	0.70
			土腥气（1～5）	0.00
			松脂气（1～5）	0.00
			花粉气（1～5）	0.00
			药草气（1～5）	0.00
			金属气（1～5）	0.00
			其他（1～5）	0.00
	烟气特性	细腻柔和程度（1～9）		6.05
		圆润感（1～9）		6.02
	口感特性	刺激性（1～9）		5.78
		干燥感（1～9）		5.80
		余味（1～9）		5.86
总体评价	风格特征描述	清香风格尚明显，清甜、青香带正甜		
	品质特征描述	香气尚细腻饱满，略带毛刺感，舒适性一般		

经对从复烤厂采集的单元 C2F 样品感官评吸，单元烟叶清香风格尚明显，清甜、青香带正甜。香气尚细腻饱满，略带毛刺感，舒适性一般。

5. 安全性分析评价 中部烟叶农药残留含量检测结果见表 1-25。检测结果显示，单元和产区中部烟叶未有农药残留超限。

表 1-25 中部烟叶农药残留检测数据

序号	指标	含量/(mg/kg)		限量/(mg/kg)
		单元	产区	
1	甲霜灵	N. D. *	N. D.	2
2	三唑酮	N. D.	N. D.	5
3	三唑醇	N. D.	N. D.	5
4	菌核净	N. D.	N. D.	40

（续）

序号	指标	含量/(mg/kg)		限量/(mg/kg)
		单元	产区	
5	仲丁灵	N. D.	N. D.	5
6	二甲戊灵	N. D.	N. D.	5
7	氟节胺	N. D.	N. D.	5
8	稻瘟灵	N. D.	N. D.	2
9	噁霜灵	N. D.	N. D.	0.1
10	异菌脲	N. D.	N. D.	0.25
11	氯氟氰菊酯	N. D.	N. D.	1
12	氯氰菊酯	N. D.	N. D.	1
13	氯菊酯	N. D.	N. D.	0.5
14	烯酰吗啉	N. D.	N. D.	2
15	甲基硫菌灵	N. D.	N. D.	2
16	多菌灵	N. D.	N. D.	2
17	霜霉威	N. D.	N. D.	10
18	二硫化碳	N. D.	N. D.	10

* N. D. 表示未检出或低于检测限。

6. 烟叶质量综合评价

（1）烟叶质量特点。外观质量：成熟度好，有油分，柔软性好。

物理特性：烟叶长、宽、单叶重、叶面密度等物理指标均符合质量需求目标。

化学成分：单元及产区烟叶烟碱含量、还原糖含量、氯含量、糖碱比、氮碱比、钾氯比等化学成分及派生值符合质量目标需求。产区烟叶糖碱比、钾氯比合格率高于全产区水平。

烟叶风格特征：清香风格尚明显，清甜、青香带正甜。

（2）部分问题。C2F 等级烟叶光泽较暗，混一定比例上部烟叶和杂色烟叶。

产区中部烟叶含梗率偏高。

产区中下部烟叶两糖比稍低。

7. 重点关注 关注 C2F 等级烟叶混部位问题。

关注中部烟叶两糖比稍低问题。

| 第二章　基地单元技术服务模式 |

自国家烟草专卖局开展基地单元建设以来，卷烟工业企业通过聘请科研院所在其特色烟叶和现代烟草农业基地单元开展烟叶生产技术服务工作，促进了各产区烟叶质量的稳定和持续提升，有力保障了烟叶原料质量。在卷烟工业普遍“去库存”及全国烟叶生产规模大幅度“去产能”的大背景下，符合卷烟品牌需求的优质烟叶原料尤其是高端烟叶原料的选择余地变小，采购难度加大。为保障优质烟叶尤其是高端烟叶原料的供应，工业企业纷纷在部分优质烟叶产区建立烟叶原料基地进行“圈地运动”。在此背景下，作为基地单元技术依托的科研院所不可或缺的科技支撑作用进一步凸显。本章主要介绍了技术依托单位服务烟叶基地的平台构建、技术服务体系构建与运行及典型案例，以期为协助工商企业解决原料基地烟叶生产过程中存在的制约质量提升的突出问题，保障原料供应。

第一节　基地单元技术服务平台构建

作为基地单元技术依托单位的科研院所应充分利用自身人力和智力资源丰富的优势，积极搭建基地单元技术服务平台，避免某个专家或团队的“单打独斗”，在烟叶生产的各个关键环节，选派专业技术人员为基地单元提供技术服务。

一、建立基地单元技术服务专家库

科技兴烟是提高烟叶原料保障能力的重要举措，为进一步发挥科技支撑在烟叶原料保障中的作用，应搭建烟叶基地单元技术服务平台，引入相关科研院所共同参与，构建烟叶原料基地技术服务体系，以加强工商企业与高层次专家的沟通交流，方便科研院所与企业之间的合作，更好地组织开展科技咨询、技术服务活动。

（一）专家库遴选范围

以“专家层次高”“学科领域全”“服务效率高”为原则，作为技术依托单位的相关科研院所要以本单位专家为主体，根据工作需要，也可以联合其他兄弟院所相关领域专家建立基地单元技术服务专家库。

（二）专家库职责

专家库的主要职责包括以下几个方面：

（1）修订基地单元年度生产技术方案。

（2）针对基地单元需求开展技术培训。

（3）为烤烟生产中出现的瓶颈问题提供技术解决方案。

（4）为烤烟生产过程中出现的问题提出研究方向。

（三）典型案例

中国农业科学院烟草研究所作为国内某卷烟企业14个基地单元的技术依托单位，在单位内部进行专家遴选，制订专家入库条件，由专家填写基地单元技术服务体系专家信息（表2-1），以所内专家为主体，以中国农业科学院其他院所专家、相关大学农业领域专家及卷烟工业企业相关专家为辅，由烟草和其他作物研究领域从事技术研究、开发和应用，具有一定行业知名度的专家组成，建立了基地单元技术服务专家库。专家库涵盖烤烟栽培、育种、土壤营养、病虫害防控、烟叶调制、安全性评价和其他农作物栽培等领域，为在基地单元开展全方位技术服务提供智力支撑。

表2-1 基地单元技术服务体系专家信息

<table>
<tr><td>姓名</td><td></td><td>职务</td><td></td><td>职称</td><td></td></tr>
<tr><td>学术专长</td><td colspan="5"></td></tr>
<tr><td>联系电话</td><td colspan="2"></td><td>信箱</td><td colspan="2"></td></tr>
<tr><td>单位/部门</td><td colspan="5"></td></tr>
<tr><td>通信地址</td><td colspan="5"></td></tr>
<tr><td>培训课程名称</td><td colspan="5">1.
2.
3.</td></tr>
<tr><td>专家简介
（100字以内）</td><td colspan="5"></td></tr>
<tr><td>备注</td><td colspan="5">培训时需要配备的设施设备</td></tr>
</table>

1. 专家入选条件

（1）从事烟叶及相关农作物技术研究与开发，具有一定知名度。

（2）原则上具备高级技术职称，具有一定理论水平和较强实践经验。

（3）具备职业道德操守，年龄一般不超过60岁。

2. 入选专家学科及数量 经过遴选最终确认9个领域，40名专家。分别为烟草综合方面专家5名，烟草栽培方面专家6名，烟叶烘烤与分级方面专家6名，病虫害防控方面专家7名，种质资源及品种方面专家2名，烟草质量安全专家5名，特种作物方面专家2名，烟草机械化方面专家1名，工业评价方面专家6名。

3. 专家库主要职责与权利

（1）入库专家履行以下职责：

① 对基地单元生产技术方案进行修订。

② 针对基地单元需求开展技术培训。

③ 为烤烟生产中出现的瓶颈问题提供技术解决方案。

（2）入库专家享有以下权利：

① 按提供技术服务工作量获得相应技术报酬。

② 按培训课时和受欢迎度获得培训费。

③ 具有基地科技项目负责、参与的优先权。

二、建立基地单元技术服务培训资源库

培训资源库是根据基地单元的共性和个性问题而建立的包括培训课件、音视频、图像等资源的库，根据基地单元的需求，可为其提供技术培训。

（一）培训资源库建设原则

培训资源库的建设需要长远规划、持续建设。依据各基地单元存在的主要技术问题确定急需培训内容及常规培训内容，根据轻重缓急的原则逐步建设。培训资源库建设坚持系统性原则和动态性原则。一是系统性原则，确保培训资源的覆盖度和匹配度能够不断满足基地单元对技术的需求。二是动态性原则，在培训效果评价基础上对培训资源库进行出库、优化动态调整，从而使培训资源库不断满足各基地单元不断变化的培训需求。

（二）培训资源收集整理

在建立专家档案收集专家信息的同时，由入库专家提供培训课程名称，对培训课件资源按领域进行归类汇总，建立基地单元技术服务培训资源库。

（三）培训课件定向开发

培训资源库建设工作中，入库专家是培训资源开发的主力军。根据各单元

实际需求，依托各领域入库专家定向开发培训资源。在对各基地单元需求基本掌握的基础上，分析培训内容，确定所选择培训内容的导向性、适用性、可行性，对培训资源质量进行把控。

（四）典型案例

中国农业科学院烟草研究所联合上海烟草集团有限责任公司编写印刷了《上烟部分基地单元技术培训资源》小册子（图 2－1），涉及烟草栽培领域、烟叶烘烤与分级领域、烟草病虫害防控领域、烟草种质资源及品种领域、烟草质量安全领域、特种作物领域、烟草机械化领域、工业评价领域等领域的 52 个培训主题。小册子对每位专家的研究成果、培训背景、培训课程均有详细介绍，产区可根据专家情况，结合自身实际进行选择，填写基地单元技术培训需求，反馈至上烟集团和项目组，项目组组织专家可免费为产区进行技术培训。

图 2－1　《上烟部分基地单元技术培训资源》小册子

三、建立基地单元技术服务微信公众号平台

在日益成熟的移动互联网时代，人们的交流方式不断发生着变化，微信影响力正在不断提升，深刻改变着人们的生活，成为目前受大众欢迎的移动互联

网交流平台之一。利用微信广泛、快速传播的优势，建立基地单元技术服务微信公众号平台，并设专人管理，由专家库专家提供智力支持，适时发布预警、生产技术等信息。

（一）内容设计

集合各基地单元实际需求，微信公众号平台设计“育苗移栽”“大田管理”“病虫害防控”“科学采烤”四大固定功能模块。功能模块可以根据实际情况进行增加或更改。

（二）微信推广

要求产区管理人员、技术人员积极关注，邀请他们监督并参与到微信建设工作。通过各产区与烟农的沟通渠道，邀请烟农关注微信，享受微信带来的资讯和服务。

（三）日常管理

（1）由 1 人兼职负责。

（2）对四大固定功能板块静态展示栏目内容保持不定期更新。

（3）每天登录，关注烟农互动情况，对烟农提出的问题及时回复并跟进。

（4）利用每月 1 次的推送机会向烟农推送信息。

（四）典型案例

中国农业科学院烟草研究所联合上海烟草集团有限责任公司申请注册微信公众号“上烟基地”（上烟基地公众号及基地概况页面见图 2-2），对公众号内容进行设计。

1. 公众号服务对象　公众号服务对象主体为产区管理人员、技术人员等。

2. 公众号主体设计　上烟基地微信公众号初步方案设计了 3 个主菜单栏，分别为：基地概况、基地生产、基地服务。

基地概况：采取页面模板格式，下设基地布局、质量目标 2 个二级页面，分别就上烟基地单元基地布局和各个基地单元烟叶质量目标进行介绍。

基地生产：采取页面模板格式，下设业务一区、业务二区、业务三区 3 个二级页面。依据上烟集团调拨范围分别设置 3 个业务区域，其中业务一区包括云南、湖南、江西、辽宁；业务二区包括贵州、福建、安徽、黑龙江、湖北；业务三区包括四川、河南、山东、陕西、吉林。按业务区域范围，每月实时发布基地单元简报，对基地单元生产情况进行汇总报道。

基地服务：采取页面模板格式，下设烤烟育苗、大田管理、科学烘烤、技术推广、服务“三农”5个子菜单。分别从烤烟育苗、大田管理、烘烤、技术推广、服务“三农”等角度对基地单元实时状况进行宣传报道。

图2-2 上烟基地公众号及基地概况页面

3. 公众号分类及功能介绍

(1) 订阅号：是公众平台的一种账号类型，旨在为用户提供信息。功能相对较简单，其主要功能如下：①每天（24小时内）可以发送1条群发消息。②发给订阅用户（粉丝）的消息，将会显示在对方的“订阅号”文件夹中。③在订阅用户的通信录中，订阅号将被放入订阅号文件夹中。订阅号最多可设置3个主菜单，每个主菜单下最多设5个子菜单。个人申请，只能申请订阅号。

(2) 企业号：是公众平台的一种账号类型，主要帮助企业、政府事业单位及组织实现生产、协作及运营的移动化。它提供了一系列新的能力和特性以满足企业灵活、复杂以及高安全性的要求，如应用可定制、仅通讯录成员能关注、无限制的主动群发消息，消息提醒更精确等。企业号的注册流程跟订阅号一致，需要提供运营者授权书及身份证明、企业营业执照、组织机构代码证等材料。

上烟基地公众号基地生产及基地服务见图2-3。

图 2-3 上烟基地公众号基地生产及基地服务

第二节 基地单元技术服务体系构建与运行

以解决制约产区烟叶质量提升的技术瓶颈为目标，构建基地单元技术服务体系与运行模式，即“五个一”模式：一套方案、一场宣贯、一组培训、一次预测、一份总结。

一、一套方案

一套方案指烤烟生产技术方案修订体系构建与运行。

（一）生产技术方案修订体系构建

根据卷烟工业企业上一年度质量反馈报告中提出的质量缺陷问题，组织专家库各领域专家和基地单元技术人员共同研究商讨，提出针对性技术改进措施，并对下一年度生产技术方案进行修订，构建各基地单元生产技术方案修订体系。

（二）生产技术方案修订体系运行

（1）育苗前（一般为2月份，个别产区为12月份），各基地单元联络人牵头联系产区，获取当年各基地单元生产技术方案。

（2）最迟于3月（12月份育苗的产区则最迟为1月），根据上一年度质量反馈报告中存在的问题，依托基地单元专家库人员，产区技术中心、县公司生产科参与，提出针对性改进技术措施，形成《基地单元生产技术方案修订意见》。

（3）将《基地单元生产技术方案修订意见》反馈给卷烟工业企业，由卷烟工业企业进行确认完善后反馈至各基地单元，各基地单元负责落实。

（三）典型案例

中国农业科学院烟草研究所为某品牌基地单元技术依托单位，根据上一年度烟叶质量反馈报告中提出的质量缺陷问题，组织专家库各领域专家和基地单元技术人员共同研究商讨，提出针对性技术改进措施，并对下一年度生产技术方案进行修订，构建基地单元生产技术方案修订体系。2018年甘溪基地单元烟叶生产技术方案具体修订意见如下：

① P1：一、质量目标，2. 化学成分。

修订意见：增加基地单元烟叶化学成分质量目标（表2-2）。

表2-2 基地单元烟叶化学成分质量目标

部位	烟碱/%	还原糖/%	钾/%	氯/%	糖碱比	氮碱比	两糖比	钾氯比	烟碱合格率/%	烟碱均匀性（CV值）/%
B	2.7±0.5	22±4.0	≥1.5	≤0.6	9±3.0	0.90±0.15	≥0.80	≥3.5	≥80	≤12
C	2.1±0.4	24±4.0	≥1.8	≤0.6	12±4.0	0.95±0.15	≥0.80	≥3.5	≥80	≤15
X	1.8±0.4	19±4.0	≥1.8	≤0.6	10±3.0	1.15±0.25	≥0.80	≥3.5	≥80	≤15

② P9：（3）施肥方法。

修订意见：将"起垄前将80%的烟草专用肥、全部有机肥（商品有机肥或腐熟饼肥及腐熟农家肥和草木灰）、增施的磷肥、80%增施的硫酸钾作底肥，开沟条施于垄底，然后起垄"改为"起垄前将70%的烟草专用肥、全部有机肥（商品有机肥或腐熟饼肥及腐熟农家肥和草木灰）、增施的磷肥、70%增施的硫酸钾作底肥，开沟条施于垄底，然后起垄"。

将"在栽后25 d左右，采用追肥专用器具，将剩余20%烟草专用肥，或适量硝酸钾、硫酸钾等兑水，在烟株两侧10～15 cm处打10～15 cm深的洞穴施入，用土封严洞口。”改为“在栽后25 d左右，采用追肥专用器具，将剩余30%烟草专用肥、30%硫酸钾等兑水，在烟株两侧10～15 cm处打10～15 cm深的洞穴浇施，用土封严洞口。”

③ P14：7. 打顶留叶。

修订意见：将“打顶后2～3 d内，为降碱提钾、开片增质，可对烟株中上部烟叶喷施4%赤霉酸A3水剂，用量为0.32 g/亩。”改为“打顶后当日或1日内，为降碱提钾、开片增质，可对烟株中上部烟叶喷施4%赤霉酸A3水剂，用量为0.32 g/亩。或喷施生长素类植物生长调节剂。”

④ P15：9. 风雹后补救栽培措施。

修订意见：删除此部分内容，在最后单独加一项特殊情况生产技术预案。

⑤ P18：1. 烟叶田间成熟。

修订意见：去掉括号中的栽后天数。将“顶叶4～6片”改为“上部4～6片”。

⑥ P21：4. 密集烤房烘烤工艺。

修订意见：将“适当高温保湿变黄”改为“适当中高温保湿变黄”；将“主变黄阶段”改为“凋萎阶段”；将“叶片发软”改为“主脉发软”。

⑦ 最后增加“（十一）特殊情况生产技术预案”。

修订意见：特殊情况生产技术预案包括育苗期间低温情况下管理技术、移栽后遇到低温冷害管理技术、移栽后遇到干旱栽培技术、暴雨后大田管理技术、冰雹危害烟田管理技术、烟草早花处理技术、烟叶大田后期高温干旱管理技术、多雨天气烟叶烘烤技术要点（含水量大烟叶）、高温干旱天气烟叶烘烤技术要点（含水量少的烟叶）。

二、“一场宣贯”

“一场宣贯”，即卷烟工业企业对烟叶质量目标需求的宣贯体系构建与运行。

（一）烟叶质量目标需求宣贯体系构建

以卷烟工业企业为主，技术依托单位配合，在每年烟叶调拨结束后，来年烟叶育苗之前，到产区对卷烟工业企业对基地单元的烟叶质量需求目标进行宣贯，工、商、研三方围绕卷烟工业企业对烟叶的质量目标需求共同研讨，提出针对性技术改进措施。

（二）烟叶质量目标需求宣贯体系运行

（1）育苗之前，各基地单元联络人与卷烟工业企业和产区联系，以卷烟工业企业为主，技术依托单位为辅，向产区反馈上一年度烟叶质量情况，重点反馈烟叶评价中发现的质量缺陷。

（2）育苗之前，以卷烟工业企业为主，技术依托单位为辅，向产区宣讲卷烟工业企业对基地单元的烟叶质量目标需求。

（3）育苗之前，以技术依托单位为主，向产区提出烤烟生产技术的改进方向和措施。

（三）典型案例

上烟集团每年均联合中国农业科学院烟草研究所对基地单元进行烟叶质量目标需求进行宣贯。宣贯的内容包括向基地单元介绍烟叶质量评价的内容和流程、烟叶外观质量、物理特性、化学成分、感官质量和安全性等烟叶质量需求目标。对比质量需求目标，向基地单元反馈上一年度调拨烟叶中存在的不足。由中国农业科学院相关专家针对上一年度烟叶中存在的不足提出技术改进建议并进行培训。

三、“一组培训”

“一组培训”即技术依托单位和卷烟工业企业对基地单元进行技术培训的体系构建与运行。

（一）基地单元技术培训体系构建

创新技术培训方式，建立集中培训和个性化的应急培训相结合、烤烟生产技术培训和烟农增收技术培训相结合的综合技术培训体系。在专家库和培训资源库基础上，制订培训“菜单”，由产区根据自身实际“点菜”。培训结束后由各基地单元对培训效果进行评价并反馈至技术依托单位和卷烟工业企业，为技术依托单位对专家库和培训资源库进行调整提供依据。

（二）基地单元技术培训体系运行

（1）在基地单元技术服务专家库和培训资源库基础上，制订“培训菜单”。

（2）一般于2—3月，由卷烟工业企业负责与基地产区沟通，技术依托单位联络人负责具体落实，由产区技术中心（或生产经营部）根据课题组提供的专家库名单和培训资源库“培训菜单”选择培训专业、专家和培训题目进行“点菜”，并纳入产区年度培训计划。

（3）一般于4—8月，根据各基地单元生产实际、各基地单元培训计划、各基地联络人负责联系专家，集中或在烟叶生产关键环节分批次开展一组涵盖栽培营养、大田管理、病虫害防控、烟叶烘烤及烟农增收等烟叶生产各环节的基地单元生产技术培训。

（4）培训前各基地单元联络人向参训人发放培训效果评价表，由参训人对培训效果进行评价，培训结束后联络人回收培训效果评价表，并进行分析统计，填写培训记录及效果评价表。

（三）典型案例

上烟集团甘溪基地单元根据“培训菜单”提出了烤烟生产技术及绿色防控一组培训需求，根据基地单元需求，2018 年 5 月中国农业科学院烟草研究所多位专家在安康市公司举办了培训班。一是围绕烤烟国标与分级技能，讲授了分级问题现状、烤烟国标理论、分级实操技能。二是围绕烟草病虫害绿色防控与农药残留，讲授了烟草病虫发生状况及原因分析，用图片说明烟草病虫害种类、识别特征和防治技术，介绍农药合理使用技术、农残限量、残留监管举措等政策措施，并提出农药残留控制措施和烟草质量安全监管建议。三是围绕烟叶生产良好农业规范（Good Agricultural Practices，GAP）模式，剖析了目前 GAP 实施的几个误区，对目前存在的非 GAP 问题和原因进行分析；阐述实施 GAP 的技术细节，用实例说明 GAP 在典型烟区的应用，提出新形势下烟叶生产技术理念。四是针对工业对烤烟的质量需求及其实现的烘烤方案，讲授了上烟集团对烟叶的质量需求，并对在烘烤环节需要采取的对策等内容进行了系统培训。通过培训进一步强化了参训人员的技术理论基础，有效促进了参训人员烟叶生产技术理念的转变，取得了良好的培训效果。

四、“一次预测”

“一次预测”即生产中后期烟叶产质量预测体系构建与运行，为卷烟工业企业对当年的调拨计划进行调整提供参考。

（一）烟叶产质量预测体系构建

依托专家库专家、产区技术人员，在烟叶打顶后，根据产区当年的气候特点、烟叶长相长势，结合往年气候特点、烟叶质量情况，预测当年烟叶产质量，为卷烟工业企业烟叶采购工作提供参考。

（二）烟叶产质量预测体系运行

（1）依托专家库专家，产区技术人员，在烟叶打顶后，根据产区当年的气候特点、烟叶长相长势，结合往年气候特点、烟叶质量情况，预测当年烟叶产质量，各基地单元联络人负责汇总形成《基地单元烟叶产质量预测报告》。

（2）《基地单元烟叶产质量预测报告》报送卷烟工业企业，为卷烟工业企业烟叶采购工作提供参考。

（3）如出现突发性气候灾害、病虫灾害等特殊情况，及时对《基地单元烟叶产质量预测报告》进行调整，并报送卷烟工业企业。

（三）典型案例

以2018年对某单元烟叶产质量预测为例。

根据基地单元2018年气候情况，中国农业科学院烟草研究所组织专家经过实地调研，在中部烟叶采收期对基地单元的产质量从等级结构、外观质量、化学成分等方面进行了预测，为卷烟工业企业烟叶采购工作提供参考。

2018年降水量适宜，基地单元烟叶长势正常，清秀无病。预测基地单元2018年烟叶质量较2017年有较明显的改善。

1. 等级结构 2018年烟叶长势好，留叶数18～20片，亩产150 kg左右。下部叶仅留2片，烤后基本为X2F等级。如烘烤不出现系统性问题，预计2018年上等烟比例达到50%左右，中部上等烟比例40%左右；上部烟比例35%左右，中部烟比例55%左右，下部烟比例10%左右。

2. 外观质量 中部叶采收时烟叶手摸黏滞感较重，预计2018年烟叶油分好于往年。C2F烟叶颜色橘黄，成熟度较好，叶片结构疏松，身份中等至偏薄，油分有，色度强。叶面组织特征为“较细腻”，柔韧性为“较柔软”，光泽度为“较鲜亮”。

3. 化学成分 2017年基地单元持续高温干旱，导致上部烟叶氯离子含量大大高于往年。2018年烟叶生长中后期雨水正常，预计氯离子含量会恢复到往年水平。基地单元昼夜温差较小，估计糖含量与2017年持平，两糖比偏低。

五、“一份总结”

“一份总结”即基地单元技术服务工作总结体系构建与运行。

（一）基地单元工作总结体系构建

各基地单元联络人负责基地单元材料信息的收集、跟踪培训落实情况和撰写项目总结报告。

（二）基地单元工作总结体系运行

以技术依托单位为主，产区协助，一般于12月撰写一份基地单元总结报告。

（1）全面总结基地单元全年烟叶生产收购情况。

（2）分析烟叶质量存在的质量缺陷，提出下一步需要改进的方向和措施。

（3）评估构建技术服务体系的适用性，并提出改进建议。

（4）提出产区基地科技项目申报方向和内容建议。

（三）典型案例

以 2017 年某基地单元工作总结为例。

自基地被国家烟草专卖局批准为上烟集团特色烟叶开发基地单元以来，中国农业科学院烟草研究所作为技术依托单位以品牌原料需求为导向，以提高烟叶质量为中心，以基地单元建设为载体，以技术服务为手段，促进工、商、研三方合作与联动。通过实地调研、现场指导、技术培训、技术咨询、信息沟通等方式，配合产区将生产技术方案落到实处，提高技术到位率，将烟叶基地单元建设工作提上新水平。基地单元技术服务总结详细概括基地单元烟叶生产基本情况、收购情况、烟叶质量情况、技术方案修订情况、技术培训情况、解决生产中的实际问题情况、基地项目开展情况、存在问题、原因分析及合理建议等。某年度具体总结如下：

第一部分　工作进展基本情况

1. 基地单元整体推进情况　基地单元包括甘溪镇、麻坪镇、白柳镇、城关镇，共 4 个镇，交通较便利，烟农居住分散。耕地总面积 7.59 万亩，规划基本烟田 5 万亩。2017 年落实烟叶种植面积 12 635 亩，分布于 4 个镇的 39 个种烟村，657 户，户均种植面积 19.23 亩。本单元平均海拔705 m，年平均降水量 800 mm，平均日照 1 782 h，全年无霜期 252 d，平均气温在 15 ℃。土地以旱坡地为主，土壤类型主要为黄壤土、棕壤土、黏壤土三大种类，种烟土壤以黄棕壤为主，pH 为 5.6～7.0，富含钾元素和硒元素，有中国“硒谷”之称，是烤烟种植的适宜区。所产山地烟叶具有内在成分协调，组织结构疏松，色泽饱满，油分较足，劲头、浓度适宜，香气量中等，余味舒适，杂气少，刺激性小，燃烧性好等特点。

（1）烟叶生产基本情况。基地单元采取育苗工场与育苗点相结合的方式，整个单元四个片区的育苗工作集中在 2017 年 2 月 23—25 日进行，3 d时间基本完成集约化育苗工作任务。育苗品种较往年有较大变化，改以云烟 97 和云烟 87 为主，其中云烟 97 占 14%，云烟 87 占 86%，育苗方式为二段式托盘育苗。基地单元实行技术员包村包面积，夯实任务和责任，深入村组烟田督促指导烟农做好大田整地工作。

2017 年 4 月上旬基本完成了烟苗子床假植、整地工作，4 月中旬，各烟站进入起垄施肥阶段，下旬基本完成了大田起垄覆膜工作，起垄根据各烟站土层厚薄实际情况分为沿等高线起垄和趋等高线起垄两种方式。2017 的 4 月 24

日，基地单元召开了年度井窖移栽现场培训会，全体烟叶工作人员、19 个烟站站长与副站长参加培训。重点就苗龄、壮苗标准、移栽注意事项等进行了讲解，并对井窖制作设备进行了现场演示。

单元 100%实行井窖小苗移栽方式，海拔 800 m 以下 2017 年 4 月 25—30 日移栽；海拔 800 m 以上 2017 年 5 月 1—5 日移栽，5 月 10 日开始陆续进入填土封口工作，5 月底填土封口工作结束。2017 年 6 月中旬完成二次中耕培土，耕深 10～15 cm，清除土脚叶，并进行高培土；6 月底陆续进入打顶留叶阶段，打顶方法：在烟田 50%中心花开放时进行第一次打顶，后隔一周左右对剩余未打顶烟株进行打顶，打顶方式统一采取倒叶打顶：从花蕾最下花枝处向下数 3～4 片叶进行第一次打顶，确保打顶后留叶 20～22 片，最顶叶长度不小于 20 cm，保证顶叶开片后长度达到 40 cm 以上；2017 年 6 月主要对大田烟草病毒病进行防治，主要采用烟蚜茧蜂绿色防控和药物进行防治。2017 年 6 月较往年气温偏高，降水偏少，部分烟田受干旱影响，生长受限。基地单元甘溪片区受旱程度较重，2017 年 6 月底，低海拔移栽较早烟田开始第一炉次烘烤，从烘烤情况来看，经过多年持续不断的烘烤培训及大力推广，烟农对烘烤技术的掌握普遍较好，烟叶烘烤质量好。2017 年 7 月初基地单元全面进入烟叶烘烤阶段。7 月旱情较 6 月虽有所缓解，但部分烟田旱情仍然较重，部分烟田下部烟叶基本出现旱黄，基本无烘烤价值。截至 2017 年 7 月底，大部分烟农户已进入第二炉烟叶烘烤，烟叶整体烘烤质量水平较高，黄烟率达 98%以上。2017 年 8 月基地单元遭遇可持续的高温干旱天气，700 m 以下海拔烟田受到较大影响，700 m 以上海拔烟田受影响较小，少部分地块出现严重日灼现象。烟叶烘烤受到一定程度影响，但从总体来看，经过几年的烟叶采收与烘烤技术培训，各区县对烘烤技术的掌握均较好，目前每烤次用时为 8～9 d，烘烤时间较往年多 1 d 左右。基地单元各烟站均高度重视烟叶成熟度工作，坚决杜绝出现烟叶采青烤青现象，黄烟率基本达到 99%，烤后烟叶颜色橘黄，成熟度好，身份适中，叶片柔软。但是在调研中也发现，由于叶片含水量少，变黄困难，加之部分烟农不能灵活调整烘烤工艺，导致出现少量的含青烟叶和挂灰烟叶。2017 年 9 月初，基地单元烟叶全部采烤结束；2017 年 9 月 25 日，基地单元开磅收购。继续全面实行散叶收购。统一采取专业初分＋专业提纯的专业化分级模式（即烟农烤后烟叶，由合作社专业化分级队先入户初分级、去青去杂，按部位、分颜色分级扎捆待检，网格长对初分质量、水分及非烟物质控制和纯度进行验收把关，验收合格的烟叶按照预约时间运到指定收购站，经初检员初检，认定初分合格的，质管员把关提纯，验级员评级）。

(2) 收购情况。截至 2017 年 11 月 17 日全市收购烟叶 17.41 万担，其中上等烟 5.6 万担，上等烟比例 32.2%，均价 19.38 元/kg。上等烟比例和均价较2016年均有所下降，但上等烟等级质量较2016年明显上升。甘溪基地单元以云烟87和云烟97为主，种烟面积12 635亩，种烟农户657户，户均规模19.23亩。为满足卷烟品牌原料的需求，全面进行优化烟叶结构，将不适用鲜烟叶消化在田间，实现等级优化，降低无效成本，提高产值效益，增加烟农收入。当年基地单元共收购烟叶2.2万担，其中上等烟0.8万担，上等烟比例为36.4%，均价为19.47元/kg，略高于全市平均水平。

2017年9月27日，会同产区相关人员就烟叶收购情况进行了调研。选取50把散叶收购C2F烟叶进行了外观评价，其中正组率达98%。从外观质量来看，因2017年遭遇持续干旱，烟叶质量较2016年有所下降，收购时对上等烟把关较严，为保障烟农收益，收购下低等烟叶数量多于往年。

（3）烟叶质量。2016年基地单元充分发挥主观能动性，采取技术员包产到户，建立质量追溯机制，提高各项技术到位率，采取各种措施保证烟叶产质量。在工、商、研三方的共同努力下，2017年基地单元虽然遭遇了严重的高温干旱灾害，但通过采取针对性措施，保证了烟叶质量较往年不下降。基地单元狠抓烟叶成熟度工作，烟叶成熟度较好，叶片结构疏松，油分为有水平，色度为中至强水平，叶面干净，叶片较柔软，颜色较鲜亮。纯度较好。

对基地单元A和B两地烟叶进行了化学成分检测。从表2-3中可以看出，基地单元烟碱含量尤其是上部烟叶烟碱含量均在适宜范围之内。2017年基地单元遭遇高温干旱灾害，光照较强，两糖含量较高。A地烟叶钾含量基本适宜，B地中上部烟叶钾含量偏低。氯含量偏低。

表2-3　基地单元烟叶化学成分

村镇	等级	烟碱/%	总糖/%	还原糖/%	总氮/%	总钾/%	氯/%
A	X2F	2.61	25.10	18.72	1.72	1.61	0.21
	C3F	1.87	35.01	24.16	1.24	1.31	0.04
	B2F	2.61	30.22	25.5	1.65	1.01	0.30
B	X2F	1.74	29.66	20.52	1.46	1.96	0.20
	C3F	1.89	35.60	27.66	1.3	1.21	0.14
	B2F	2.99	25.72	20.98	1.99	1.05	0.29

对基地单元烟叶物理指标进行了测定，从表2-4中可以看出，基地单元烟叶长宽适宜，虽然遭遇持续高温干旱，但烟叶开片较好。中下部单叶重均偏高。在含梗率方面，经过烟草工业企业、商业企业、科研单位（简称“工商研”）三方努力，烟叶含梗率有所下降，含梗率均在质量目标范围以内。

表 2-4 基地单元烟叶物理指标

等级	长/cm	宽/cm	单叶重/g	含梗率/%	叶质重/（mg/cm²）	拉力/N
X2F	56.67	26.67	10.27	29.92	6.84	0.83
C3F	62.83	28.33	14.22	30.18	8.05	1.14
B2F	64.17	19.17	11.86	31.71	8.05	1.19

2. 基地单元技术服务工作

（1）驻点时间介绍。技术服务团队自 2017 年 3 月 13 日开始入驻基地，累计驻点时间 60 d。其中 3 月驻点 6 d，4 月驻点 6 d，5 月驻点 12 d，6 月驻点 6 d，7 月驻点 7 d，8 月驻点 9 d，9 月驻点 9 d，10 月驻点 5 d。每个月均到单元进行技术服务并开展项目研究，全程参与了苗期到大田移栽期、团棵期、旺长期、烘烤的烤烟生产过程。

（2）根据工业企业对烟叶质与量的要求和当地生产实际，对原有生产技术方案进行修改和完善。根据原料需求，在现有研究成果的基础上，对《特色优质烟叶原料基地单元生产技术方案》提出了具体修订意见。

（3）开展技术培训情况。在育苗、移栽、大田管理、烘烤等生产关键阶段对基地单元进行生产跟踪、指导。已举办各类技术培训 3 期。2017 年 4 月 24 日，基地单元组织召开年度井窖移栽现场培训会，重点就烟苗生长标准、追肥标准、填土封口注意事项等进行了讲解，全体烟叶工作人员、19 个烟站站长与副站长参加培训。2017 年 7 月 3 日，受邀参加了基地单元年度优质烟叶烘烤技术培训会，就优质烟叶烘烤技术、高温干旱烟叶烘烤技术、黑暴烟等特殊烟叶烘烤技术要点进行了系统讲述。7 月 20 日，针对烟叶烘烤中存在少量支脉含青烟叶的问题，在烟站及烘烤工场，对烟站站长、相关技术人员进行了现场培训。重点就烟叶编烟、烘烤工艺调整及烤后微带青烟叶处理进行了讲解。要点如下：

鲜烟分类。鲜烟分类是避免烤青烟的基础前提之一，在编烟时先编适熟烟叶，随手挑出欠熟和过熟烟叶放在一边，最后单独编杆。欠熟烟叶挂在烤房的低温处。

工艺调整。针对烟叶含水量少的实际，提出延长 38 ℃稳温时间，将主变黄温度放在 38 ℃。在现有基础上，提高 40～42 ℃湿球温度 1 ℃，延长 44 ℃变筋期时间，烟叶主脉在变白的情况下禁止升温。

烤后支脉含青烟叶处理。针对烤后少量的支脉含青烟叶，用薄膜将叶尖部紧密包裹，在下一炉次烟叶烘烤温度段达到 42 ℃时，将包裹好的烟叶放入烤房进行二次回炉复烤，可有效消除少量含青的支脉含青现象。

（4）解决生产中实际问题。根据烟叶需求目标，对方案中的基地单元烟叶原料需求目标进行了修订。在物理特性指标中增加了叶面密度指标，对化学成分要求的烟碱、糖碱比、氮碱比、烟碱合格率指标进行了修订。增加了还原糖、钾、氯含量指标。修改了烟叶采收的数量及方法。

2017 年 3 月 14 日，烟草所专家会同工业企业采购中心副总经理、经理、业务三科科长及副科长，对基地 2016 年质量评价情况进行了反馈。烟草所专家针对质量反馈报告中指出的问题发生的原因对工商企业领导进行了解答。针对 3 月中旬，基地单元温度骤降 8～10 ℃，育苗温室（棚）温度较低，种子萌发受到较大影响等问题，建议基地单元采取覆盖、生火增温等措施，提高温室（棚）内温度，促进种子正常萌发、生长。

2017 年 4 月起垄进度不一致。起垄方式有机械起垄和人工起垄，机械起垄速度较快，起垄均匀一致，而人工起垄速度较慢，垄体多样。根据往年气象资料，烟区 4 月下旬为多雨季节，应在此之前起垄完毕，但人工起垄速度慢，在此之前往往不能结束起垄工作，影响下一步的移栽工作进程。因此，建议产区组织部分人工起垄的烟农进行参观学习，让其了解机械起垄的优势，尤其要讲明其最关心的成本问题，进一步提高产区机械化生产水平。

2017 年 5 月 24 日，工业企业集团副总经理一行与基地单元产区公司领导在产区公司进行了座谈。会上，烟草所专家就甘溪基地单元年度烟叶质量目标向产区公司领导进行了宣贯，重点就当年烟叶质量目标中修订部分进行了宣贯。针对烟叶质量目标，就烟叶目前存在的问题向产区公司领导进行了说明。确定了 2016 年度上部烟叶钾氯比较往年下降的原因。2016 年烟区上部烟叶钾氯比平均为 5.03，钾氯比合格率为 33.3%，较往年下降幅度较大。中下部烟叶钾氯比较往年无明显变化。上部烟叶共检测样品 33 份，其中氯含量＞0.6%的个数为 10 个，占 30.3%，与往年相比上部烟叶氯含量显著升高。因此，上部烟叶钾氯比合格率下降主要是由氯含量升高引起的。氯含量升高的可能原因有以下 2 点：

① 增施的商品有机肥中含氯较高。2016 年烟区要求亩增施商品有机肥 40～50 kg，但经对采购的山东、江苏、黑龙江等地生产的商品有机肥的检测表明，三种商品有机肥的含氯量均在 0.5%以下，肥料氯含量符合要求，排除了施用有机肥导致烟叶氯含量升高的可能。

② 气候因素（干旱无雨）导致。已有研究表明，干旱胁迫会造成烤烟成熟期氯含量的升高及钾氯比的下降。

成因：长时间干旱会使土壤底层或地下水的盐分（氯化物）随毛管水上升到地表，从而在表层土壤中积累，继而被作物吸收。

2016年烟区遭遇了持续干旱天气，2016年8月下旬干旱程度最为严重，而此时正是上部烟叶成熟采收期，这应该是2016年上部烟叶氯含量升高从而导致钾氯比下降的主要原因。在5月24日座谈会上，技术服务团队已就此向工商企业进行了解释说明。

2017年5月基地单元全面推进小苗井窖式移栽，但部分烟农户不愿购买起垄设备，导致起垄较晚；因雨水不足，移栽也较晚；因缺少劳力，大田填土封口不够及时。针对这一问题，建议基地单元站点包村技术员及时协调发动互助组开展互助作业，有效加快填土封口进度。

2017年6月烟株进入旺长期，但6月上中旬基地单元高温少雨，烟叶生长受到一定程度影响，下部叶片出现高温逼熟现象。针对此问题，提出了针对性解决方案：高温逼熟为一种假熟现象，烟叶并没有真正成熟，因此不可急于采收烘烤，6月底的降水能有效缓解。

2017年7—8月基地单元进入采烤期，由于烟叶含水量少，少部分烤后烟叶存在支脉含青现象。针对该现象，对烟叶的烤前处理、工艺调整、烤后微带青烟叶处理等提出了详细的技术建议，已有产区下发相关材料至各个烟站实施。

2017年9月阴雨天气较多，给上部烟叶采烤带来一定影响。解决方案：为基地单元编写了上部烟叶烘烤技术要点，由基地单元组织技术员按照上部叶采烤标准要求，指导烟农户抓紧采收烘烤，并指导灵活运用烘烤工艺，准确把握关键节点温湿度和时间控制，确保上部叶烘烤质量。

（5）项目研究。工、商、研三方继续在基地单元共同开展《提高安康烟区烟叶质量关键技术研究》项目研究。

2017年1—2月，在2016年度研究的基础上，制订了当年项目年度试验方案，并和产区讨论修改，形成了最终的实施方案，由安康市公司下发至旬阳县公司，保证项目的顺利实施。

2017年3月，根据卷烟工业企业烟叶调拨实际及产区山地土地实际情况，项目安排在神河镇丰家岭村。3月16日，会同产区相关人员对试验地块进行了现场确定，对年度实施方案进行了现场说明。此外，购买了项目研究所需要的肥料和试剂等。

2017年4月18日，项目组进行了“适当补氯对烟叶产质量的影响”专题试验，初步选定了“上部烟叶提钾降碱物理控制技术”“上部烟叶提钾降碱化学控制技术”2个专题研究的试验地块，完成了试验地块的起垄工作。

2017年5月26日，项目组进行了“烤烟水溶性根施肥追肥效果”专题试验，确定了“上部烟叶提钾降碱物理控制技术”“上部烟叶提钾降碱化学控制技术”2个专题研究的试验地块，完成了试验地块的移栽工作。

2017年6月28日，项目组进行了“套袋免打顶对烟叶质量的影响”“环割对烟叶质量的影响”“提钾降碱化控技术研究”三个试验处理。目前项目正按照实施方案顺利开展。

2017年7月19—20日，对项目实施情况进行了督查。

2017年8月10日，项目组会同卷烟工业企业及商业公司相关人员对《提高烟区烟叶质量关键技术研究》项目实施情况进行了现场督导。查看了试验大田和烤后烟叶。从试验大田烟叶长势来看，试验田受干旱影响不大。截至8月28日，“适当补氯”“水溶性根施肥”专题研究试验地块烟叶已经烘烤结束，田间试验已经完成，进行了试验样品的采集工作。其他各专题试验剩余最后一烤次。

截至2017年9月底，工、商、研共同合作开展的《提高烟区烟叶质量关键技术研究》项目所有试验已全部按实施方案进行完毕。9月初，由工业企业采购中心基地科、综合科、业务科组成专家组，在采购中心对本项目的实施情况进行了中期检查，项目组对项目的开展情况进行了汇报，对专家提出的问题进行了答疑。按照专家提出的意见进行项目样品的处理，全面总结项目实施三年来的成效。2017年9月28日，项目组会同产区相关人员一起对试验样品进行了分级及外观质量评价，试验样品处理完毕，寄送至中国农业科学院烟草研究所，等待进一步对化学成分进行检测及感官质量评价。

2017年10月，对寄送至中国农业科学院烟草研究所的所有试验样品进行了外观鉴定及样品归类编号，并送至农业部烟草产业产品质量监督检验测试中心进行常规化学成分及感官质量评价。

第二部分　主要研究进展情况

为促进基地单元的整体生产水平和技术储备，以期形成适用卷烟品牌质量需求的优质特色烟叶配套生产技术，2017年继续进行了《提高安康烟区烟叶质量关键技术研究》项目研究。截至2017年11月20日，所有试验农艺性状、经济性状、外观质量数据已经整理，化学成分及感官质量评价样品已经送农业部烟草产业质量检测检验测试中心进行评价。主要研究结果如下：

1. 适当补氯对安康烟叶质量的影响　氯化钾部分替代硫酸钾对烟叶大田生育期无明显影响，在农艺性状方面，氯化钾部分替代硫酸钾株高、茎围、节距增大，但对烟叶发育无明显影响，三个部位烟叶与对照均无明显差异。随着KCl替代K_2SO_4比例的提高（以K_2O计），亩产量和亩产值表现出先升高后下降的趋势，30% KCl替代K_2SO_4（以K_2O计）烤后烟叶经济性状最优，其次为20% KCl替代K_2SO_4（以K_2O计）处理。

2. 环割对烟叶提钾降碱的效果研究　环割处理对大田生育期的影响主要

表现在脚叶成熟期之后，之前则无显著影响。环割时间越早，对大田生育期的影响越大，大田生育期越短。打顶后立即环割对于上部烟叶倒数第1、3、5片叶长和叶宽造成了显著影响，而随着环割时间的推迟，影响消除。环割处理对烤后烟叶的经济性状影响不大，亩产量和亩产值略有降低，但均价和上中等烟比例略有提高。

3. 套袋不打顶对烟叶提钾降碱的效果研究 不同套袋时间对上部烟叶叶面积有较大影响，中心花始开时套袋叶面积与常规打顶基本相当，现蕾期套袋时间偏早，而盛花期套袋则时间偏迟，在一定程度上影响了烟叶的发育。随套袋时间的推迟，亩产量和亩产值表现出逐渐下降的趋势，现蕾期套袋处理烤后烟叶经济性状与常规打顶处理基本相当。

4. 上部烟叶提钾降碱化控技术研究 上部烟叶叶面积在各处理之间存在差异，综合分析以打顶后喷施一次＋下部烟叶采收后喷施一次2,4－D处理对上部烟叶开片效果最好。随着喷施次数的增加，亩产值和亩产量有逐渐降低的趋势，打顶后喷施2,4－D处理烤后烟叶总体经济性状与对照基本相当。

5. 追施水溶性根施肥对烤烟产质量的影响研究 各处理烟叶农艺性状表现出随水溶性根施肥追施量的提高而改善的趋势，其中以移栽后20 d亩追施水溶性根施肥（$N-P_2O_5-K_2O$＝14－19－20）7.14 kg株高、茎围、烟叶长度和宽度最大，农艺性状表现最好。在经济性状方面，亩追施水溶性根施肥3.57 kg烤后烟叶经济性状最优。

6. 提高烟区烟叶质量关键技术示范推广 在项目组前期研究成果的基础上，结合试验结果，经过对烟区烟叶生产现状的充分调研，优化集成，形成了适应于烟区的"提高烟区烟叶质量关键技术"，制定了《烟叶采收技术规程》，设立核心示范区，并在烟区进行大范围推广应用，取得一定成效。示范区烤后烟叶亩产量、亩产值、上等烟比例和均价均高于对照，综合经济性状优于对照。示范区烤后烟叶外观质量明显优于对照。

7. 获得一批知识产权 自立项开展项目研究以来，截至目前，项目组已公开发表学术论文2篇，获国家发明专利授权1项，主编科技著作1部，副主编科技著作1部。

8. 形成3个规程 利用项目研究成果，形成《优质烟叶成熟采收技术规程》《烤烟耐熟性判定技术规程》《上部烟叶提钾降碱技术规程》。

第三部分 存在问题、原因分析及合理建议

1. 2017年6—8月干旱少雨，烟叶生长受到影响 2017年6月平均气温高于前三年同期水平。6月降雨天数6 d，基地单元降水量低于近4年同期水平。较高的温度和较少的降水，使烟田遭受一定程度的干旱。7月最高气温达到

41 ℃，月平均气温高于2014—2016年同期水平。7月降雨天数中雨4 d，小雨7 d，基地单元降水量偏低。较高的温度和较少的降水，使烟田遭受一定程度的干旱。8月最高气温达到41 ℃，月平均气温高于往年同期水平，但低于2016年同期水平。8月有效降雨天数为3 d，虽然月降水量达122 mm，但仅为局部降水量，大部分地区降水量仍然偏低。持续的高温少雨天气，给烟叶的正常成熟造成很大影响。

2. 烟叶生产机械化程度不高 在起垄阶段，还有部分烟农采用人工起垄的方式，速度较慢，垄体多样。在4月下旬降雨之前往往不能结束起垄工作，影响下一步的移栽工作进程。加之5月干旱少雨，导致烟苗抗旱移栽后生长缓慢。建议产区加大宣传力度，改变少部分烟农传统落后的农事操作理念，加快组建起垄专业化服务队，提高基地单元机械化生产水平。

3. 移栽进度、移栽质量不均衡 由于阴雨气候影响，部分高海拔区域烟田墒情较大，致使该区域移栽比较缓慢。虽然逐层开展了井窖移栽技术培训，但部分烟农年龄偏大，接受新技术能力较差，存在井窖深度不够、雷同于常规移栽的问题。

4. 部分烟田发病较重 部分烟田发生烟草花叶病、气候斑点病，整体病害发生率在3%左右。

第四部分 下年度基地单元工作计划

1. 形成基地单元年度生产技术方案 继续为基地单元建设和特色烟开发提供技术支持，根据2017年基地单元烟叶生产中存在的问题及不足，对下年度生产技术方案进行修订，形成特色优质烟叶基地单元生产技术方案。

2. 完善生产精细化管理，提高生产技术到位率 2017年单元在遭遇持续高温干旱的情况下，烟叶质量仍保持了2016年的良好势头，这与施肥技术、烘烤技术等技术到位率的提高密切相关。下年度将协助产区继续加强标准化、规范化、精细化、痕迹化管理，狠抓技术方案落实，将生产技术落到实处。譬如：搞好田间管理、做好等级优化、根据烟叶长势适时追肥、合理留叶、高温调湿变黄等。

3. 加强大田中后期管理，做好病虫害综合防治工作 按照基地单元建设实施方案和技术方案，协助产区加强大田中后期管理，狠抓技术方案落实，将生产技术落到实处。一是搞好田间卫生，消除杂草，开沟防涝。二是抓好叶斑病与根茎病害的统防统治工作，发挥植保专业队作用。三是预防为主，综合防治，做到早发现、早预防、早用药。

4. 进行《提高安康烟区烟叶质量关键技术研究》研究成果的全面推广 在《提高安康烟区烟叶质量关键技术研究》成果基础上，研究优化安康烟区土壤改良技术、平衡施肥技术、烟叶采收烘烤工艺技术；根据工业评价结果和单项技术的研究成果，不断修改、完善综合示范的技术体系，在烟区进行全面推广。

5. 继续搞好烘烤培训及巡回技术指导 烘烤是基地单元生产的薄弱环节，对烟叶质量影响巨大。下年度继续发挥技术服务团队的专业优势，同工业驻点人员和产区公司技术人员一起，利用采集的样品，以多媒体形式，开展采收烘烤技术培训及巡回指导工作，提高烟叶生产技术到位率。以提高烟叶田间成熟度和烘烤成熟度为重点，突出抓好烟叶的成熟采收和科学烘烤工作，推广落实4～5次采收技术，提升基地单元整体烘烤水平。

6. 收集资料、分析数据、做好单元工作总结 年度基地单元工作结束后，为总结基地单元的生产、管理、创新等工作成效，促进工、商、研三方各负其责、分工合作、相互促进、有效联动，在广泛收集资料、综合分析相关数据的基础上，肯定成绩、找出问题，全面做好基地单元建设工作总结，重点探讨基地单元技术创新、管理模式和生产技术上的制约因素，为进一步优化基地单元布局、完善生产技术方案与实施方案提供科学依据。

第三章　基地单元烟叶生产微课堂

自开展烟叶基地单元建设以来，各基地单元不断加强应用技术创新，分别形成了较为系统的生产技术体系。为进一步提升基地单元技术服务水平和基地单元整体生产水平，结合多年技术研究成果，借鉴现有科技成果及各基地单元生产经验，系统梳理了一些能复制、能推广的技术成果，以基地单元烟叶生产微课堂的形式予以呈现，以供科研院所技术服务人员及各基地单元烟叶生产借鉴与应用。

第一节　烟叶生产微课堂之育苗管理篇

一、基地烟叶生产苗期管理原则

（一）苗床巡查要“勤”

勤巡视，发现棚内出现温度过高或过低、基质盐渍化、漂浮盘绿藻等异常情况，及时解决。

（二）数据记录要“细”

消毒、施肥、喷药的时间和操作人员信息、技术措施、苗床温湿度等要详细记录，以备苗床出现问题时追溯。

（三）施肥换水要“准”

按照育苗标准和操作规程，精准施入育苗肥，精控营养浓度；定期准确测定苗池水体 pH，精准调节至适宜范围。

（四）病害防治要“早”

除苗棚常规消毒外，应勤洗手、少进人、重隔离、常观察，以预防为主；发现病害，使用设备检测全池烟苗，带毒、带病烟苗应及时严格销毁。

二、基地烟叶生产苗期管理技术要点

（一）科学播种

1. 播种时间　根据各地实际情况确定播种时间，提前考虑育苗阶段气温

状况。也可分梯次进行育苗，每个育苗片区播种时间控制在 3～5 d。

2. 环境消毒杀虫 铺放池膜前需对棚内外走道、棚室两侧彻底消毒。喷洒杀虫剂，清除潜在传播病毒和破坏苗池的虫害隐患。

3. 育苗用水 播种前全面进行育苗用水检测，以水的 pH 调节到 6.5～6.8 最佳（注意：硫酸和烧碱要由专人保管，做好使用记录，以防发生事故）。播种前 2～3 d，可对苗池内育苗用水进行晒水，以提高水温。

4. 育苗盘消毒和播种方法

（1）育苗盘消毒。使用过的或是堆放过程中被污染的育苗盘，应消毒后方可使用。

（2）播种方法。严格控制播种量，实施精准播种，即每亩播种 8 盘，其中 6 盘每穴播 1～2 粒，2 盘每穴播 2～3 粒，分类管理。

（二）营养管理

根据天气变化、烟苗长势、苗池水位等情况，及时添加水和营养液，精准控制苗池水深和肥料浓度；及时修补破损池膜，防止水肥渗漏影响烟苗正常生长；定期检测池水浑浊度、pH 等指标，确保池水符合育苗用水要求。

施肥时先计算育苗肥需求量，再将育苗肥用桶（盆）溶解在清水中，从多点注入池水中，并搅拌均匀，严禁从盘面上方加肥液和水。

（三）苗棚温湿度管理

出苗前以保温为主，盘面温度保持在 25～28 ℃，此时以闭棚为主。出苗后盘面温度保持在 28～32 ℃，此温度有利于烟苗快速生长。若盘面温度超过 35 ℃会出现热害，要及时通风降温，以免烧苗。小十字期至大十字期如果盘面湿度过大，可以适度晒盘。若遇长时间低温寒潮天气，应选择相对高温时间（宜在 12:00～14:00）揭膜换气，适当降低盘面湿度。每 7 d 左右，按对角调换盘位，确保出苗均匀、整齐。

（四）病虫害防控

病害防治：在烟苗“大十字期”时应注意病情，并开始喷药保护。

虫害防治：烟蚜使用黄板防治；必要时使用杀虫剂。

（五）间苗剪叶

技术要求：抑大促小、剪叶、消毒。

间苗、补苗、定苗：在大十字期（四叶一心），按照去弱、留壮的原则，间去苗穴内素质较差的烟苗，同时将空穴补全，保证每穴一株，不缺苗，不多苗。

剪叶：第一次剪叶时间的选择应视本地气温和烟苗大小而定。注意第二次剪叶时应掐去烟苗下部的老黄叶，使茎秆充分接受光照，增强茎秆的韧性，成苗后发苗前必须进行一次剪叶。

消毒：间苗、定苗前对镊子等工具进行严格消毒。每次剪叶时，先喷1 000倍毒消药液，趁药液未干立即开始剪叶，边剪叶边喷药。或选用带有边剪叶边涂抹消毒药液的剪叶机修剪烟苗。如用弹力剪叶架剪叶，每剪一盘苗，剪叶架用30％的漂白粉液消毒一次，然后用水擦洗后继续剪叶。

三、编者的话

在烤烟育苗关键时期，为了指导烟叶基地单元科学、有序地完成育苗工作，工、商、研三方根据有关技术规程提出了这份育苗指导意见，供各基地单元根据当地实际情况参考使用。

第二节　烟叶生产微课堂之育苗备栽篇

备栽环节是育苗的最后环节，是优质烟苗生产的收官阶段，包括锻苗、成苗、成苗发放及运输等技术管理内容。

一、基地单元育苗锻苗备栽阶段原则

（一）循序渐进锻苗原则

切忌因锻苗而伤苗造成出现缓苗时间长、成活率低的现象。

（二）成苗标准与移栽方式相适用原则

各地根据移栽方式确定成苗标准。坚持适用原则，不搞“一刀切”。

（三）严禁带病、带毒烟苗进田原则

生产用苗前，应做病害检测，杜绝带毒、带病烟苗进入烟田，一旦发生病毒感染，应将整池烟苗销毁。

二、基地单元锻苗备栽技术要点

（一）锻苗技术

移栽前10～15 d，开始逐步断水、断肥，并逐步揭去盖膜。锻苗程度以烟苗中午发生萎蔫、早晚能恢复正常为宜，若早晚不能恢复，可适当进行叶面洒

水。为了增强烟苗抗逆性、提高移栽成活率，锻苗时间应不少于 10 d。

（二）成苗标准

不同产区的生态条件、移栽期和移栽方式等均有较大的差异，成苗具体标准宜参考各自地方标准。一般要求：烟苗清秀、无病虫害，群体整齐、均匀一致，叶色浅绿或正绿，茎秆呈白色，根系发达（多为白根，无明显主根和螺旋根）。

（三）成苗发放

发苗前，应做到“三必须三不准”。

必须核实种植合同、农户、面积等信息，不准超合同或无合同发苗。

必须明确整地质量、移栽时间和物资准备等情况，不准提前发苗，以免出现“苗等地”等问题。

必须对烟苗进行烟叶站点、育苗户和烟农的三方验收，包括烟苗质量、病毒速测等，不准将老苗、病苗等不符合成苗标准的烟苗发放出去。

（四）把好烟苗培育最后一道关

发苗前，应对各育苗点开展烟苗病毒检测，确保烟苗移栽“零病毒”；同时对烟苗和运输工具进行严格的消毒处理，降低烟苗从苗棚到田间的病害感染风险；对工作人员进行必要的培训，如运苗期间做好卫生消毒工作、禁止吸烟等。

第三节　烟叶生产微课堂之施肥覆膜篇

一、施肥覆膜原则

（一）施肥原则

受当年气温、降水量、光照、温度、土壤含水量、水分、养分等因素的影响，基地单元施肥应遵循以下原则：

1. 施肥深度要适当　施肥的深度应根据不同气候条件和土壤类型来确定，肥力差的沙质土壤要适当浅施，黏性土壤要适当深施；含水量大的烟田要适当浅施，含水量小的旱地要适当深施。

2. 穴施肥料要混匀　肥料直接施于植烟穴内，肥料与穴内土壤要混匀，覆土移栽；或者将穴施肥料与土壤混合制成营养土，过筛后边移栽边施用。

3. 发酵饼肥要腐熟　饼肥发酵分解过程中产生的热量、甲烷及有机酸对烟草的根有伤害，容易烧苗。因此，未经过发酵的饼肥对烟草有害，不宜施用。饼肥发酵时，要掺入适当的堆肥和水（掺水量约占 60%，以用手使劲搓有少量水分渗出为宜），堆积不宜过厚，堆积 3～4 d 后，每天翻堆一次，并适当补充水分，促进发酵。饼肥应拌药施用，避免招引地下害虫。

（二）覆膜原则

适时：在垄体土壤湿润时及时覆膜，垄体干燥后切勿覆膜。

紧平：地膜要拉紧铺平，两头和两边要用碎土压紧压实。

密闭：地膜与垄面紧紧相贴，呈相对密闭状态。

二、施肥覆膜技术要点

（一）施肥技术要点

1. 肥料配方 地烟肥料配比遵循“适氮、稳磷、增钾”原则；田烟肥料配比遵循“控氮、稳磷、增钾”原则（各地应根据实际情况科学合理确定施肥量及氮、磷、钾比例，相应调整磷肥用量）。

2. 施肥方法

（1）大穴环施基肥法。起垄后，开大穴，烤烟移栽前在种植穴内环施全部基肥，基肥应分布在穴周围，呈环形分布（特别注意：一是穴中间栽烟位置不能有肥料，以免烧根；二是一定要盖严地膜，以免雨水灌入烟穴造成局部肥料浓度过大，对烟株产生伤害）。

（2）双层施肥法。起垄前，沿垄体方向的中心线条施基肥总量的 80%，然后以施肥带为中心进行起垄，移栽前在烟垄上按照株距开穴，将剩余基肥施于种植穴内，注意穴内肥料不要与烟苗根系直接接触。

（3）“1 ○ 1”* 施肥法。起垄后，在烟垄上按株距开穴，移栽前在种植穴内施入基肥总量的 20%，基肥和土壤充分混匀为“○”肥，烤烟移栽后，种植穴中间垂直烟垄方向开长 15 cm、深 15 cm 的施肥带，施入剩余基肥为“1”肥。

（二）覆膜技术要点

1. 覆盖要求 地膜覆盖要求烟田清洁程度良好，确保无废旧地膜、残留烟秸等物质。烟田垄面要做到平整、无大土块，垄体圆润、饱满、平直、无坑洼，垄体水分适宜，一般在田间持水量为 60%～80%时进行适墒覆膜。

2. 地膜规格 地膜厚度不得低于 0.010 mm，地膜宽为 110～120 cm。各地应积极示范推广使用降解膜。根据烟草早期生长发育特点，推荐使用黑白配

---

* “○”代表烟穴，“1”代表烟穴两边的施肥带，为形象表示。

色地膜。

3. 操作规范 操作时要将垄体地膜四周压紧、压实、盖严，地膜覆盖完成后要达到“严、紧、实、平”的标准。根据实际地理条件，各产区可采取机械覆膜与人工覆膜相结合的方式进行（膜下烟要根据天气情况，适时破膜，以防烫伤叶片）。

三、编者的话

在施肥覆膜关键期，为指导基地单元规范完成工作，工、商、研三方根据有关技术规程整理了上述施肥覆膜技术指导材料，供各基地根据当地实际情况参考使用。

第四节 烟叶生产微课堂之移栽管理篇

烟苗移栽标志着烟叶大田期的开始，科学保障移栽质量对烟叶产质量的提升和风格特色的彰显具有重要意义。移栽工作技术含量高、涉及面广、劳动力需求大、时间要求紧。为高质量完成该项工作，必须以落实高质量作业为抓手，以良好的组织管理作保障。

一、移栽管理环节工作原则

（一）作业质量要“高”

各项措施严格落实，操作精准到位。

（二）整体进度要“快”

合理规划安排，注重各工序紧密衔接，提效率、抢进度，缩短移栽完成时限。

（三）栽植规格要“齐”

栽后烟苗横竖成行，水平高度一致。

（四）移栽浇水要“足”

浇足移栽水（定根水），促进烟苗尽快恢复生长。

（五）破膜露苗要“适时”

视膜内水汽和温度情况，及时破口露苗促发育。

二、移栽环节技术要点

（一）移栽准备

1. 整地、起垄 烟田经过春耕和松土等环节，将土壤耙碎、耙细、耙平，目前主要采取机耕旋耕碎土方式。起垄标准应达到垄直、行匀、沟深、土细，垄体饱满无碎石且表面平整，无其他易刺破地膜的锐利物。基肥施用可结合起垄同时操作。提倡采取专业化机械整地、施肥、起垄和喷施防病杀虫药剂模式。

2. 烟苗运输 烟苗从起苗、运输到移栽应步调协调、随用随起、无缝连接。烟苗运输过程中要采取有效的物理隔离，避免苗盘叠放挤压，防止烟苗受到伤害。

（二）移栽方法

移栽以壮苗深栽为原则，因地制宜灵活选择井窖式、膜下烟或常规移栽等移栽方式。

1. 选时移栽 宜避开大雨后时段及高温烈日的中午时段，同时结合当地气候、地理环境及育苗方式等情况适时移栽。

2. 定株造穴 以三角定苗等方式定好株距，把好造穴质量，移栽后烟苗应横竖成行，规范一致。

3. 三带下田 移栽时做到三带下田，即带水、带肥、带药。带水是指浇足移栽水；带肥就是施好提苗肥；带药则是做好防治地下害虫及根茎性病害。建议采取移栽灵浸根移栽，移栽时毒饵、农药及以固态方式施用的提苗肥与烟苗根系须保持安全距离，以免伤苗。

4. 田间卫生及病虫害防治 移栽前及时清理烟田里的地膜等污染物，移栽工具进行全面消毒，移栽过程中严禁吸烟。地势较为平缓、集中连片种植区域可采用无人机植保技术，提高效率，减少病害的人为传播。

5. 机械化作业 移栽时提倡使用移栽器、井窖制作工具、移栽机等机械装备。

6. 专业化服务 移栽为模块化作业，环环相扣，通过合理分工、有序连接，可实现工序化操作，能有效提高工作效率。提倡有条件的地区推广专业化服务模式。

7. 移栽时间要求 移栽工作周期应控制在一周以内。

（三）栽后管理

1. 查苗补苗 移栽后 5 d 左右，应及时检查苗情，将死苗、过分弱小的烟苗和受地下害虫危害的烟苗拔除，用同一品种的大苗、壮苗补栽。

2. 水分管理 在浇足移栽水的基础上，移栽后至团棵期适度控制水分供应，以利于伸根。

3. 移栽灌水

（1）沟灌。适宜于水源充足的地区。旺长期满沟多灌水，成熟期隔沟轻灌水。

（2）穴灌。适宜于水源不足的丘陵山区和移栽后遭遇持续干旱的地区，有利于烟株早期发根，尤其在地膜覆盖条件下应用效果更好。

（3）滴灌。滴灌是利用低压管网系统将水（肥、药）均匀、缓慢地输送到烟株根系附近的灌溉方式。灌水过程中水可与可溶性肥料配合，实现水肥一体，有效提高水肥利用率。

4. 破膜露苗 膜下小苗移栽的烟田，视膜内水汽和温度情况，及时破口防烧苗。一般在移栽后 7～10 d，烟苗顶部接近与地膜接触时，于烟苗正上方或稍偏于向阳一侧膜破开小孔（直径 4～6 cm），降温排湿。后期根据烟苗长势和气温情况，适时进行扩孔将烟苗掏出。

三、编者的话

在移栽关键期，为了指导基地单元规范完成移栽工作，工、商、研三方根据有关技术资料整理了这份移栽阶段管理技术指导材料，供各基地产区根据当地实际生产情况参考使用。

第五节　烟叶生产微课堂之大田水肥管理篇

一、大田阶段水肥管理原则

（一）“先控、后促”，以水调肥

还苗至团棵期：土壤水分以田间最大持水量的 50%～60%较为适宜；团棵期后，控制在 70%～80%较为适宜。土壤中的营养物质只有在适宜的水分条件下，才能分解、释放和供给烟株吸收利用，水分还能调节烟草生长发育机能。

（二）“三看”施肥

“三看”施肥即看天施肥、看地施肥、看烟施肥。根据烟区降水等气候特点、烟田土壤供肥保肥特征、烟株生长发育状况进行施肥。

（三）“适时”揭膜

一般烤烟移栽 40 d 后进行揭膜。地温低（或海拔高）晚揭膜甚至不揭膜。

（四）“适时、规范”培土

移栽 2 周后用疏松细土培满移栽穴，完成小培土；团棵后结合中耕，打掉底脚叶，及时大培土。

二、大田阶段水肥管理技术要点

（一）水分管理

根据烤烟生长期需水规律合理调控，做到以水调肥。降水过多时及时排水防涝，做到“旱能灌，涝能排，排灌自如”。西南、黄淮、北方烟区可采取烟田灌溉及水肥一体化灌溉方式。

1. 沟灌　适宜于水源充足的地区。旺长期满沟多灌水，成熟期隔沟轻灌水。

2. 穴灌　穴灌适宜于水源不足的丘陵山区或移栽后遇到持续干旱时采用，有利于烟株早期发根，尤其在地膜覆盖条件下应用效果更好。

3. 喷灌　喷灌是利用喷灌设备，在高压下将水从喷头射出，形成人工模拟降雨的灌水方式，以移动式喷灌系统对烟区的水源利用最为便利。

4. 滴灌　是利用低压管网系统将水（肥、药）均匀、缓慢地输送到烟株根系附近的灌溉方式。与可溶性肥料配合，在灌水的同时达到施肥的效果，实现了水肥一体，提高了水肥利用效率。

（二）施肥与培土

各地根据烟区的气候特点、土壤特点、施肥配方、烟株生长发育状况进行施肥。移栽后 15 d 内浇施追肥两次，浇施后进行小培土（用疏松细土把移栽穴培满，茎基部培严）；移栽后 35～40 d 浇施剩余专用追肥和部分硫酸钾，适时打掉 2～3 片底脚叶并开展大培土；移栽后 45 d 左右浇施剩余的硫酸钾肥。浇施肥料必须提前浸泡，充分溶解搅匀后施入。追肥位置以烟株最大叶片叶尖所对的地下位置为宜。采用烤烟全营养基可根据产区气候现状通过灌水促进水肥耦合，实现烟株均衡发育。

（三）揭膜

稻草覆盖烟田，可直接在稻草上培土，茎基部周围要用土封严、高培土；地膜覆盖烟田，日平均气温稳定通过 20 ℃时，揭去地膜，大培土。大培土后要求垄体饱满、沟底平直，垄体高度达到 35 cm 以上。

三、编者的话

在烟叶大田管理期，为了指导基地产区做好大田管理工作，工、商、研三方根据有关技术资料，整理了大田阶段水肥管理技术指导材料，供基地产区根据当地实际情况参考使用。

第六节　烟叶生产微课堂之大田绿色防控篇

一、大田阶段绿色防控原则

（一）坚持预防为主、综合施策、系统防控的原则

以生态优先、绿色发展为导向，以烟草健康栽培和免疫诱抗为核心，实现对病虫害的经济、高效防控，确保烟叶质量安全、烟叶生产安全和烟区生态安全。

（二）遵循分区治理、分类防治、突出重点的原则

针对不同病虫害的发生特点和品种布局，实施分区分类防控。

（三）坚持对症、适时、适量用药原则，科学规范安全用药

对同一种病虫害可交替使用不同作用机制的农药，延缓抗药性产生；选择晴天露水干后施药，提高药效。

（四）严禁使用禁用农药

严格按照国家烟草专卖局 123 种烟叶农药最大残留限量执行。

二、大田阶段绿色防控技术要点

本阶段重点防控对象为蚜虫、烟青虫、斜纹夜蛾、病毒病、黑胫病、青枯病、赤星病、野火病等。

（一）绿色防控主要措施

1. 蚜茧蜂/七星瓢虫防治蚜虫　参考《烟蚜茧蜂防治烟蚜技术规程》（见附录一）。

2. 食/性双诱防治烟青虫/斜纹夜蛾成虫　根据不同害虫种类，合理选用诱捕器类型，并在防控靶标害虫的成虫发生前 1 周左右设置诱捕器。

3. 生防药剂防治烟青虫/斜纹夜蛾幼虫 当田间虫口密度达到6~8头/百株时，需要叶面喷施生物杀虫剂进行防治。可选择药剂有核多角体病毒（NPV）、苏云金杆菌（Bt）、烟碱或苦参碱等。

4. 免疫诱抗剂防治病毒病 移栽后15 d以内喷施1次免疫诱抗剂。如超敏蛋白、寡糖·链蛋白、氨基寡糖素、香菇多糖等。

5. 病原菌源头控制防治赤星病 打顶前15 d，均匀喷施波尔多液预防病害发生。选用商品药剂80%波尔多液可湿性粉剂600～750倍液进行喷雾，或者现配现用波尔多液。

6. 叶际微生态调控防治赤星病 烟叶成熟期初现病斑时可选用多黏类芽孢杆菌或联合使用枯草芽孢杆菌。

（二）主要病虫害防控应急预案

在以上绿色防控技术实施后，仍不能控制病虫危害时，以下病虫害可采用相应的应急方案。

1. 蚜虫 选用25%噻虫嗪水分散粒剂8 000～10 000倍液或20%啶虫脒可湿性粉剂8 000～10 000倍液叶片喷施。

2. 烟青虫/斜纹夜蛾 在烟青虫/斜纹夜蛾幼虫危害株率达2%以上时，选用药剂有10%烟碱乳油600～800倍液或0.5%苦参碱水剂600～800倍液。

3. 病毒病 选用氨基酸类叶面肥或磷酸二氢钾叶片喷施，以缓解病毒病症状，减少损失。

4. 青枯病 适时抢采抢收，减少损失。

5. 黑胫病 常规选用药剂有58%甲霜·锰锌可湿性粉剂600～800倍液或722 g/L霜霉威水剂600～900倍液喷淋茎基部，也可选用生防农药1 000亿活芽孢/克枯草芽孢杆菌可湿性粉剂125～150 g/亩兑水喷淋茎基部。

6. 赤星病 选用10%多抗霉素可湿性粉剂600～800倍液叶片喷施；选用3%多抗霉素可湿性粉剂400～600倍液叶片喷施。

7. 野火病 选用4%春雷霉素可湿性粉剂800倍液或57.6%氢氧化铜水分散粒剂1 400倍液叶片喷施。

三、编者的话

在烤烟大田管理期，为了指导基地产区做好大田管理工作，工、商、研三方根据有关技术资料，整理了大田阶段绿色防控技术指导材料，供原料基地产区根据当地实际情况参考使用。

第七节　烟叶生产微课堂之采收烘烤关键技术篇

一、烟叶采收

（一）原则

烟叶的采收严格按照“下部叶适熟早收、中部叶成熟稳收、上部叶充分成熟采收”的要求进行。中下部叶按照成熟情况每次每株采摘 2～3 片，上部 4～6片成熟后一次性采收。

（二）采收成熟度

下部叶：烟叶基本色为浅绿色，稍微显现落黄，主脉泛白，茸毛部分脱落。

中部叶：烟叶基本色为黄绿色，叶面 2/3 以上落黄，主脉 2/3 以上变白，叶尖、叶缘呈黄色。

上部叶：以上部倒数第二片烟叶成熟特征为准，烟叶基本全黄，主脉全白，4～6 片成熟后一次性采收。

（三）采收方法

采收宜早上进行。若烟叶成熟后遇短时间降雨应在停雨后立即采收；较长时间降雨导致烟叶出现返青时，对于水分较大不耐烤的，雨后及时采收，对于烟叶素质较好的，应待烟叶再次呈现成熟特征时采收。

二、鲜烟叶运输和堆放

采收后的烟叶要及时运输到编烟区或指定区域内。运输过程中要做好烟叶保护工作，轻拿轻放，轻装轻运，避免日晒、破损和机械损伤。

运输到位的烟叶要整齐码放在编烟区或指定区域的阴凉处，堆放高度不高于 40 cm，避免烟叶发热烫伤。

三、鲜烟分类

编（夹）烟前按照成熟度将鲜烟叶分为未熟、成熟和过熟三类，进行分类编（夹）烟，病残叶和烘烤价值不大的烟叶建议丢弃。

四、编（夹）烟

编烟时烟杆两端要空出 5～6 cm，叶基对齐、叶背相靠，2～3 片一束，编扣牢靠。每杆烟叶 120～140 片，均匀一致。含水量大的烟叶适当稀编，含水量小的适当密编。编完烟可放置在晾烟棚、烤房担烟梁上，也可整齐地码放于阴凉处，避免日晒。

用梳式烟夹夹烟时要求将烟叶轻轻抖散，叶基对齐，叶基部高于插针10～15 cm，整夹烟叶均匀一致，严禁出现中间密、两头松的现象。

五、装烟

装烟要求上下均匀一致，满装满烤，近门端一定要抵到装烟室门。烟杆装烟，要“稀编密挂”，密集烤房装烟杆距11～13 cm。

烟夹只能在密集烤房中使用，装烟时允许烟夹与烟夹之间有2 cm左右的间距。密集烤房严禁密编稀挂、底棚不装满、装烟不均匀。

六、密集烘烤工艺

（一）原则

延长变黄时间，提高变黄程度，慢升温定色，以湿球温度为中心，循序渐进排湿。

（二）密集烘烤工艺关键点建议

（1）变黄阶段——变片期。

目标干湿球温度： 干球温度35～38 ℃，干、湿球温度差1～2.5 ℃。

操作要点： 装炉后立即烧火，开启风机内循环，逐渐升温，以每小时升温1 ℃的速度，将干球温度升到35～38 ℃，干湿差1～2.5 ℃。风速25～35 Hz*，稳温24 h左右，烟叶变黄7～8成，叶尖变软。

编者按： ①建议高海拔地区以35～36 ℃为起始温度，稳温12 h左右后升温至37～38 ℃，中、低海拔地区以37～38 ℃为起始温度。②下部烟叶变黄程度可略低，5～6成即可。③稳温时间为推荐时间，具体灵活掌握，以烟叶变化达到要求为准。

（2）变黄阶段——凋萎期。

目标干湿球温度： 干球温度40～42 ℃，湿球温度36～38 ℃。

操作要点： 逐步加大火力，以2 h升温1 ℃的速度，将干球温度升到40～42 ℃，风速30～45 Hz。前期稳温保湿，湿球控制在37～38 ℃；后期逐步排湿，湿球温度控制在36～37 ℃。稳温至烟叶达到黄片青筋，主脉发软，一般

* 在烟叶烘烤领域，通过变频仪控制电源输入频率，从而控制风机转速，调控风速，在实际应用和表述中约定俗成以赫兹（Hz）作为风速调控单位，便于理解和操作。此为烟草行业通用用法。

需 48 h 左右。在烟叶未达到黄片青筋、主脉发软的情况下干球温度不允许超过 42 ℃，湿球温度不超过 38 ℃。

（3）定色阶段——变筋期。

目标干湿球温度：干球温度 44～47 ℃，湿球温度 36～38 ℃

操作要点：转火后慢升温，以 1 ℃/（2～3）h 的速度，将干球温度升至 44～47 ℃，湿球温度控制在 36～38 ℃，风速 40～50 Hz，稳温延时，直至烟叶主筋变黄、叶片变成半干小卷筒状。一般需 24 h 左右。在此过程中若未达到烟筋变黄与失水要求严禁升温、严禁集中大排湿。

编者的话：①建议下部烟叶变筋温度为 44～46 ℃，中上部烟叶变筋温度为 45～47 ℃。②风机频率根据烟叶失水情况灵活掌握，在保证排湿的情况下，尽可能使用较低风速。

（4）定色阶段——干片期。

目标干湿球温度：干球温度 50～54 ℃，湿球温度 38～40 ℃。

操作要点：以每小时升温 1 ℃的速度，将干球温度升到 50～54 ℃，湿球温度控制在 38～40 ℃，风速 35～45 Hz，稳温至烟叶基部全黄、叶片全干呈大卷筒状。一般需 24 h 左右。依据湿球温度灵活掌握排湿，叶片未达到全干时，干球温度不允许超过 54 ℃，湿球温度不超过 40 ℃。

（5）干筋阶段——前期。

目标干湿球温度：干球温度 65～68 ℃，湿球温度 40～43 ℃。

操作要点：以每小时升温 1 ℃的速度，将干球温度升到 65～68 ℃，湿球温度控制在 40～42 ℃（不超过 43 ℃），风速保持 35～40 Hz，稳温至全炉烟筋干 1/3。

（6）干筋阶段——后期。

目标干湿球温度：干球温度 65～68 ℃，湿球温度 40～43 ℃。

操作要点：保持干湿球温度，将风速降到 30～35 Hz，直至烟筋全干。

编者的话：在各烘烤阶段，各产区结合生态条件和烟叶素质，灵活掌握干湿球温度。总体原则是鲜烟素质好的烟叶湿球温度宜高，鲜烟素质差的烟叶湿球温度宜低。

第八节　烟叶生产微课堂之特殊烟叶烘烤技术篇

一、特殊烟叶的含义

非人为因素（主要是降雨时空分布不合理）造成烟叶不能正常生长和成熟，这些烟叶的烘烤特性较差，常称之为特殊烟叶。如干旱烟、嫩黄烟、水分过大烟、返青烟、晚发烟、高温逼熟烟等。

含水量多的烟叶：鲜干比值在 9 以上，鲜烟较薄，硬脆易破。

含水量少的烟叶：鲜干比值在 6 以下，鲜烟较厚，柔软凋萎。

二、含水量多的烟叶

包括多雨寡日照烟叶、雨淋烟、返青烟。

烘烤特性：叶片鲜干比值在 9 以上，干物质少，烘烤特性差，易烤黑。

（一）多雨寡日照烟叶

1. 多雨寡日照烟叶的含义 在长期阴雨寡日照环境中生长达到成熟的烟叶，含水较多，干物质积累相对亏缺，蛋白质、叶绿素等含氮组分较正常烟叶含量高得多。

2. 烘烤特性 脱水困难，不易变黄，烤后烟叶含青较多。

3. 主要采烤要点 适熟采收、防止过熟。阴雨天烟叶不容易显现叶面落黄的成熟特征，要根据叶脉的白亮程度和叶龄等确定烟叶成熟及时采收，勿过熟；采收时机最好在午间或下午。

（1）编烟装炕。稀编杆，稀装烟，以减小排湿压力。

（2）烘烤策略。基本策略是先拿水、后拿色，防止硬变黄。

（3）烘烤操作要点。变黄阶段干球温度宜高，湿球温度宜低，转火时烟叶变黄程度宜低，失水干燥程度宜高，转火宜早不宜迟；定色阶段烧火要稳，升温要准，排湿要快，必要时要控温排湿，定色阶段湿球温度宜稍低。

（二）雨淋烟

1. 雨淋烟的含义 已经达到正常成熟的烟叶突遭雨水，并在降水开始24 h内及时采收的烟叶称为雨淋烟。

2. 烘烤特性 与雨淋前相比，雨淋烟生理特性和烘烤特性未发生明显改变，只是烟叶含水量显著增加。

3. 主要采烤要点 烘烤雨淋烟时，装烟杆距要适当稀装，减小烘烤排湿任务。烘烤中要先拿水、后拿色，具体做法是：点火前稍开排湿窗、微开进风门，确保炕内气流畅通，防止点火后顶棚集聚大量水汽，甚至凝结为水珠下滴危害烟叶。点火后，首先要排除烟叶表层的附着水，促使叶片失水发软，确保烟叶在失去部分水分后正常变黄，防止出现硬变黄。为此，变黄初期温度可以达 39～40 ℃，以利于水分气化排除。当排除叶表水分叶片发软后，应关闭排湿口、关小进风口，恢复正常烘烤。

（三）返青烟

1. 返青烟的含义 是已经达到或接近成熟的烟叶受较长时间降雨影响后，

明显转青发嫩、失去原有成熟特征的一类烟。

2. 烘烤特性 返青烟叶内水分大，蛋白质含量高，保水能力强，变黄和脱水困难，烘烤特性差，易烤黑。

3. 主要采烤要点

（1）适时采收。最好等烟叶再次落黄采收。若再拖烟叶可能烘坏，应及时采收。

（2）编烟装炕。稀编烟、稀装炕，以装8成炕为宜。

（3）烘烤操作要点。高温变黄、低温定色，边变黄边定色。变黄温度39～40 ℃，湿球温度35～36 ℃，干湿差4 ℃左右。转火时烟叶变黄程度要低，干燥程度要高，定色升温速度不可过快，也不能过慢。在46～48 ℃温度段延长时间，大量排湿，使叶片2/3干燥。之后转入正常烘烤。提高定色期烘烤能量水平，大烧火、大通风、大排湿，促进烟叶脱水干燥。

三、含水量少的烟叶

含水量少的烟叶主要包括旱天烟、旱黄烟、旱烘烟。

（一）旱天烟

1. 旱天烟的含义 旱天烟指在干旱气候条件下形成的能够正常成熟的烟叶。旱天烟叶易出现挂灰和回青，尤其是当烟叶含水尚多时急升温极易回青与挂灰，降温则“冷挂灰”。

2. 烘烤特性 烟叶水分含量少，内含物充实，叶片结构较紧密，烟叶耐熟性好，可以达到较高的成熟度。烘烤过程中烟叶变黄与脱水较慢，易烤性差，但耐烤性好。易烤青、回青、挂灰，不易烤黑。

3. 主要采烤要点

（1）采收与装炕：成熟采收，趁露采收，稀编烟，适当稠装炕（装10～12成炕）。防止采收后烟叶受太阳暴晒而散失水分。

（2）烘烤操作要点：中低温（36～38 ℃）为主变黄，高温（42 ℃）转火；先拿色，后拿水；大胆变黄，保湿变黄，补湿变黄。变黄期加强保湿，保持干湿差0.5～1 ℃，促烟叶变黄。必要时加水补湿，大胆提高变黄程度。转火时烟叶变黄程度宜高。定色升温速度要慢（3 h升温1 ℃），并在44～46 ℃温度段延长时间，扫除残余青色。定色前期湿球温度稍高，较常规烘烤提高1～2 ℃。定色后期（50 ℃后）转入正常烘烤。

（二）旱黄烟

1. 旱黄烟的含义 旱黄烟指烟叶旺长至成熟过程中遭遇到严重的空气和

土壤干旱双重胁迫，不能正常吸收营养和水分，“未老先衰”，提前表现落黄的假熟烟。旱黄烟在烘烤过程中变黄较困难，甚至先出现回青（烟叶在烤房内的含青度大于大田）再变黄，变黄速度较慢，容易烤青。定色过程容易挂灰，也容易出现大小花片。

2. 烘烤特性 旱黄烟内含物欠充实，叶片结构紧密，蛋白质含量高，保水能力强，含水不多，但脱水困难。变黄速度慢，易烤青、挂灰、烤黑。

3. 主要采烤要点

（1）采收与装炕。旱黄烟是长时间干旱造成的假熟烟叶，应设法灌溉补水，等其真正成熟再采收。若烟叶出现旱烘现象，应及时采收，当烟叶出现枯尖焦边时应及时采收。采“露水烟”，编烟密度按正常烟叶进行，装满（10成）炕，但不宜过稠，以防“闷炕”。

（2）烘烤策略。第一，高温保湿变黄。第二，变黄阶段的湿球温度宜稍高。第三，高温转火，加速定色。第四，定色阶段湿球温度宜稍低。

（3）烘烤操作要点。起火高温（39～40 ℃）变黄，干湿差 1～2 ℃保湿变黄，必要时可加水补湿。42 ℃转火时烟叶变黄程度稍低，高温层达到黄片青筋、主脉发软时即可转火进入定色期。定色期升温速度要慢（3 h 升温 1 ℃），定色前期湿球温度宜稍低，较常规烘烤降低 1 ℃。定色后期（50 ℃后）转入正常烘烤。

（三）旱烘烟

旱烘烟是旱天烟中的特殊类型。旱黄烟若不及时采收，会因持续的干旱而烘坏，形成旱烘烟。对旱烘烟最根本的办法是及时采收旱黄烟，使之不至发展成旱烘烟。旱烘烟需高温快烤，即高温快变黄，快速升温排湿定色。旱烘烟和旱黄烟配炉烘烤时，要装在烤房的高温区。

四、其他特殊的烟叶

（一）后发烟

1. 后发烟的含义 后发烟是在烟田施肥欠合理，而且烟叶生长前期干旱，中后期降雨相对较多的情况下形成的。这类烟叶在烘烤时既容易表现为变黄困难而烤青，也会因脱水困难、定色难而烤黑，烤后烟叶常出现不同程度的挂灰、红棕、杂色、僵硬等现象。

2. 烘烤特性 身份厚，干物质积累多，叶片结构紧实，蛋白质含量高，保水能力强，变黄和脱水困难，烘烤特性差，易烤青、易烤黑。常出现不同程度的挂灰、红棕、杂色、僵硬等现象。

3. 主要采烤要点

（1）适时采收。根据烟叶熟相、叶龄、季节早晚综合考虑，在熟相上要尽可能使其能表现成熟特征，叶龄达到或略多于营养水平正常烟叶即可采收。

（2）编烟装炕。宜适当稀编烟、稀装炕。编杆宜略稀，装烟杆距视烟叶水分而定，不宜过稀。

（3）烘烤策略。第一，烟叶变黄温度以 38 ℃左右为宜，定色阶段的升温速度宜慢不宜快。第二，湿球温度控制在比正常温度略低。第三，转火时的变黄程度不宜高。第四，整个定色过程要慢升温、渐排湿。

（4）烘烤操作要点。变黄温度 38 ℃，干湿差 3～4 ℃。转火时烟叶变黄程度低，干燥程度高，定色升温速度宜慢不宜快，促进叶内物质在较高温度下转化，黄烟等青烟。46 ℃以前每 4 h 升温 1 ℃，46 ℃之后每 3 h 升温 1 ℃。在 54 ℃延长时间。湿球温度在 42 ℃之前保持干湿球温度差 3～5 ℃，之后湿球温度保持在 38～39 ℃。烟叶边变黄、边干燥，靠延长时间完成叶内物质转化和定色。

（二）秋后烟

1. 秋后烟的含义　由于栽培耕作或气候方面的原因，在不利于烘烤的秋后气候条件下采烤的烟叶称为秋后烟。这类烟叶最突出的问题是容易烤青和挂灰。

2. 烘烤特性　秋后烟多是在干燥凉爽的秋季气候条件下发育而成的上部烟叶，其叶内水含量尤其是自由水含量少，不易变黄，易烤青。叶片厚实，叶组织细胞排列紧实，内含物质充实，脱水困难，不易定色，易挂灰。

3. 主要采烤要点

（1）适时采收。以叶龄为主适当早采，趁露采烟以增加炕内水分。

（2）编烟装炕。编烟要适中，一般每杆 120 片左右；装烟要稠，以便于增加烤房湿度。

（3）烘烤策略。第一，保温保湿变黄，缓慢升温。第二，烟叶充分变黄，慢速定色。第三，烧火稳中加大。第四，通风排湿的操作要谨慎，保持烤房内温湿度的稳定，防止湿球上下波动。

（三）高温逼熟烟

1. 高温逼熟烟的含义　高温逼熟烟多发生在南方烟区，是由于生产中后期烟叶根系受高温伤害导致尚未成熟就出现众多黄斑并很快褐变的上部烟叶。

2. 烘烤特性　难变黄，难定色，易烤青筋烟、杂色烟、花片烟。

3. 主要采烤要点　高温高湿变黄：39～40 ℃使高温棚烟叶部分脱水，增加烤房湿度，干湿球温度差控制在 2～3 ℃；可酌情人工加湿；在 42 ℃条件下稳温使全炕烟叶变为黄带浮青，叶片变软。

边变黄边定色：42 ℃后转入变黄和定色并进阶段，以 2～3 h 升温 1 ℃到 47～49 ℃稳定，湿球温度从 37～38 ℃升到 39 ℃保持稳定，期间要注意排湿，直至烟叶青色全部消失而且充分脱水达到小卷筒后转入正常烘烤。

五、特殊烟叶的基本采烤策略

水分大烟叶、下部叶：高温快烤。

水分小（包括上部叶）烟叶：充分变黄。

水分过大的烟叶：先除水再变黄。

后发烟：高温变黄，低温定色。

秋后烟：稳步变黄，适当增加湿度。

高温逼熟烟叶：高温变黄，减少和避免杂色，要充分重视几个关键温度点。

六、特殊烟叶的烘烤关键参数

特殊烟叶的烘烤关键参数见表 3-1。

表 3-1　特殊烟叶的烘烤关键参数

烟叶类型	参数	烘烤阶段				
		变片	凋萎	变筋	干片	干筋
含水量多的烟叶	干球/℃	38～40	42～43	46～47	52	67
	湿球/℃	34～35	35～36	36～37	40	42
	稳温时间/h	14～18	16～20	14～18	约 16	约 24
	烟叶变化	4～5 成	7～8 成	黄片黄筋，干片 1/2	主脉全白，2/3 干片	干筋
含水量少的烟叶	干球/℃	36～37	38～40	46～47	52	67
	湿球/℃	35～36	37～38	38～39	40	42
	稳温时间/h	18～22	18～24	18～22	约 16	约 24
	烟叶变化	6～7 成	9～10 成	黄片黄筋，干片 1/3	主脉全白，2/3 干片	干筋

编者的话：各产区结合生态条件和烟叶素质，灵活参考干湿球温度和时间。

第九节　烟叶生产微课堂之烟叶生产机械篇

国外发达国家在烟叶生产各环节已全部实现了机械化作业，并且注重研发多功能联合作业机械。在耕整地、施肥、覆膜环节，美国、日本、意大利等国家研制的起垄施肥覆膜一体机，可实现耕整地、起垄、施肥、覆膜等环节一次性作业。在移栽环节，美国、意大利研制的多功能移栽机，能够一次性完成移栽、覆土、浇水、施肥、填压、喷药等工序，有效减轻了劳动强度。在田间管理环节，中耕除草、培土、病虫害防治、打顶等作业，英国、日本、加拿大、意大利等国家已全部实现机械化。

我国从20世纪60年代开始进行烟草田间专用机械的研制。到20世纪80年代，全国平原烟叶产区率先开始实行机械化作业。近年来，我国烟草生产机械化水平在逐渐提高，但是移栽、田间管理和采收等生产环节的机械化程度较低。从地域分布上看，我国北方烟区的烟叶生产机械化程度比西南、东南烟区高。北方烟区属平原地区，地势平坦，田块集中连片，适宜大型机械规模作业，作业效率高。而西南烟区、东南烟区属山区丘陵地貌，田块分散，机械作业效率低。从生产环节上看，目前烟叶生产在耕整地环节机械化作业程度较高，在烟苗移栽、田间管理和采收编烟环节缺乏适用机械。

配置机械要以区域地形地貌、烟叶生长情况及农机技术参数为参考，引进或改进农业机械，达到机械作业与烟叶生产农艺标准相配套，在烟叶生产各环节全面配置最适用机械，实现机械的最优组合，达到减工、降本、增效的目标。要按照“重推广、求实效”的原则，倡导一机多用，复合作业，一台动力能挂接两种或两种以上农机具，实现两种或两种以上作业，最大限度地提高主机的利用率。同时要以操作简便灵活、劳动强度低的成熟小型机械为主。要配置合理，需按过程进行引进、改进、试验、示范，在起垄施肥覆膜、开穴、移栽、培土、打顶喷药等各个环节实现机械化生产的目标。现阶段，在烟田起垄、施肥、覆膜环节，烟田开穴环节，烟苗移栽环节，中耕培土环节，打顶环节，人工劳动强度大，机械化程度较差，急需实现标准化机械作业。

一、烟草育苗机械

目前国内外烟草育苗方式基本相同，多采用漂浮育苗方式。国外以温室大棚育苗为主，国内北方烟区主要是温室大棚育苗，但是云南、贵州等主要烟区主要以小棚育苗为主。美国、日本等国装盘、播种、剪叶等环节都有配套机械，并实现烟苗生长全过程温度、湿度、光照、喷水和施肥等的自动控制，形成完整的工厂化育苗体系。目前，中国在装盘、播种环节的机械化作业程度较高，温室大棚育苗剪叶环节主要采用大型轨道式、推移式剪叶，小棚育苗主要采用小型剪叶机、弹力剪叶器剪叶。曲靖市烟草公司从国外引进自动装盘播种生产线，与云南模三机械有限责任公司于2010年底研发了“珠江源牌全自动装盘播种一体机”，一次性完成装盘、播种、覆种等工序。同年，由云南名泽烟草机械有限公司和楚雄州烟草公司联合研发了“2BP-10新型漂浮育苗自动装盘播种机”“JY-Y1.5烟苗电动剪叶机”。洛阳易通生产的苗盘清洗消毒机集自动进盘、清洗、消毒等功能于一体，满足烟叶育苗生产过程中育苗盘的“清洗”“消毒”两大关键程序。工作效率：600～800盘/h。云南模三机械有限责任公司生产的装盘播种一体机具有自动上料、进盘、装基、压穴、播种、覆基、裂解功能，一次性完成装盘播种全部过程。生产效率能够达到700～800盘/h。昆明宏谐科技有限公司生产的小型播种机能够完成播种、压穴，适用育苗盘为325盘，工作效率200盘/h。洛阳易通电气科技有限公司生产的剪叶机（YJY-DT），作业效率达到800盘/h以上，大大节省人力物力，减轻劳动强度，避免营养液的损失，保全了幼苗的完整，在剪叶的同时，对烟苗进行消毒，有效地避免了烟苗病毒的传播。

二、烟田整地起垄施肥覆膜机械

我国各地对烟田整地、起垄、施肥、覆膜等机械进行了许多相关研究和开发推广，出现了多种多样的作业机，如烟田施肥起垄机（主要由机架、起垄装置、施肥装置、传动装置等组成），烟田深松旋耕起垄机，烟田深松施肥起垄机，起垄施肥铺膜联合作业机，烟田起垄、施肥、喷药、覆膜一体机等。

烟田施肥起垄机是实现烟叶机械化种植的关键设备。按照烟草栽培的农艺要求，烟苗移栽前需先进行施肥起垄作业。传统作业模式是先人工开2条沟，再将按比例配好的肥料（饼肥、复合肥、磷肥、钾肥等混合物）撒入沟内，然后用畜力分2次将两侧的土壤翻到中央，形成一条田埂。烟田施肥起垄作业在烟叶种植过程中劳动强度最大，费时费工，劳动效率低，严重制约了烟叶生产的发展。目前，国内外生产的很多施肥机、起垄机等功能单一，有些只能进行施肥作业，而有些只能进行起垄作业，有的施肥机只能施颗粒状肥料而不能施粉状肥料，且普遍存在施肥量偏小、起垄所需牵引动力较大、必须用大中型拖拉机牵引作业等问题。但农民对大中型拖拉机的拥有量较少，推广应用此类机具的局限性较大。

美国、日本、意大利等田间生产基本全部实现机械化，这些发达国家机械化水平高，由于大马力拖拉机的使用，联合作业机具发展较快，预整地、起垄一次完成，如意大利MAS公司生产的SUPER AF系列旋耕碎土起垄机可以一次性完成耕地、整地、起垄、施肥、覆膜等多道工序。德国GRIMME公司生产的GF系列旋耕起垄机，能够完成2～8行起垄、施肥等工序。

2009年，我国有学者发明了1YSG-1型烟田施肥起垄机，该机械主要由机架、牵引架、开沟器、圆盘式起垄器、铧式犁起垄器、减振器、地轮、传动系统、肥料箱等组成。肥料箱内设有搅拌器，下部装有外槽轮式排肥器，排肥器轴、搅拌轴均由地轮通过链条驱动。圆盘式起垄器、铧式犁起垄器、开沟器均用U形螺栓固定在机架上，以便于调节起垄尺寸、施肥深度及条播间距，调节方式为无级调解。IYSG－1型烟田施肥起垄机能够一次性完成施肥和起垄2项作业，匹配动力小、作业质量较好。2013年有学者研制出了与东风-151型和工农-121型手扶拖拉机配套的YS－1GVFM－125 A型起垄施肥铺膜联合作业机。该机采用反转旋耕起垄、搅笼输送施肥、压槽盖土覆膜，能在平板田上进行一次性起垄、施肥、覆膜联合作业。该起垄、施肥、铺膜联合作业机具，主要由传动系统、旋耕起垄系统、施肥系统、铺膜系统和导向乘坐装置等机构组成。该机采用反向旋转的犁刀从下而上旋耕翻土，同时肥料由排肥器和搅笼轴经输送管道从出料口落下，并与犁刀扬起土壤混合形成土肥混合层。在此过程中，犁刀继续翻土：一部分扬起的土壤将土肥混合层掩埋在地垄中部，完成起垄施肥作业；另一部分扬起的土壤从膜筒支架上方越过，散落在压膜轮压成的固膜沟上，完成地膜“露脚式”覆盖、“拉链式”压膜，从而实现起垄、施肥、铺膜联合作业。该机具有动力底盘通用且操作简便、垄体成型饱满、土块细碎、施肥连续均匀、铺膜平整牢固且作业效率高、油耗低的特点。相比较而言，复合作业机械主机的利用率、作业效率高，可选用小型起垄施肥覆膜一体机，但这类机械目前尚存在缺乏理论设计、产品不配套、结构不合理等问题。因此，需要选用合适的起垄施肥覆膜一体机，进行相关完善改进、规范化设计，进行标准化生产，提高产品的性能、可靠性和作业质量。云南新天力机械制造有限公司生产制造的悬挂式多功能机械（2ZQFM－240/2），能够完成旋耕、起垄、施肥、覆膜，工作效率1.5亩/h。江苏久泰农业装备科技有限公司生产制造的烟草种植管理机（JT10－A），体积小，重量轻，马力大，运动平稳，适合地块狭小、坡地等烟区，配套使用农机具，可完成旋耕、施肥、起垄、覆膜土地深耕、中耕培土等田间管理作业。

目前，国内预整地、起垄、覆膜等工序是分环节进行机械化作业，以大型拖拉机配套相关挂件或小型农机具为主。云南主要是靠拖拉机配置深耕犁、起垄、覆膜挂件及旋耕机开展预整地、起垄及覆膜作业，山区主要使用微耕机；贵州和四川受当地地形、土壤条件限制，耕地大多使用微耕机；山东、河南和黑龙江基本实现了机械化。

三、烟田开穴机械

2009年，丘陵山区开始推行幼苗井窖式移栽，这是一种在井窖内同时实现壮苗培育、高茎深栽、适时早栽和集中移栽的新模式，具有较好的应用前景。烤烟井窖式移栽技术是贵州省松桃县烟草分公司烟叶生产技术人员在发现“牛脚窝现象”的基础上，由铜仁市烟草公司组织研究出的一项具有自主知识产权的烤烟移栽新技术。该技术将未达到要求的小苗植入一定规格的井窖内，利用井窖的相对保湿作用，促使烟苗早生快发，中期稳长健长、叶片开张度好，后期分层落黄不早衰，成为烟农“新宠”，并在多地获得广泛应用。

打孔成穴是烤烟井窖式移栽技术的关键性技术，其成穴质量不仅对小苗的成活率和后期的生长有重要的影响，而且打孔成穴的用工量较多。传统的打孔成穴方式效率低、劳动强度大，为了提高打孔成穴质量和效率，贵州省遵义市烟草公司与遵义永欣科技联合研发了烟苗井窖式移栽成穴机，井窖口呈圆形，直径 8～10 cm，井窖深度 19～21 cm，上部 10～12 cm，呈圆柱体；下部 7～8 cm，呈圆锥体。该成穴机的工作效率为 10～15 亩/d。该成穴机采用人力背负式汽油机提供动力、软轴传递动力、锥形钻头打孔的模式，只需要一个人就可以较轻松地完成打孔工作。用户在打孔时，将背负式汽油机背在双肩上，左右手分别握着前后把手，按动油门把手，锥形钻头即高速旋转，钻入土壤成穴。其中土壤对成穴装置和套管都有不小的反作用力，如果成穴装置和套管的强度不足以满足要求，那么有可能会造成整个装置受力变形过大而遭到破坏。此外，由于工作时，汽油机会产生较大的振动，成穴装置处于高速旋转状态，如果结构设计不当，可能会导致与成穴装置发生共振。因此，有必要对成穴装置的自然频率进行分析，从而对结构进行优化，避免共振的发生。

随着幼苗井窖式移栽技术的推广应用，多项移栽井窖制作机具相关专利获批准，各种井窖制作器械及机具相继问世。当前大多是以小型汽油机为动力源的背负式井窖制作机，对机具的工作效率、运行成本、挂膜情况、回土情况以及机具的转速、土壤湿度条件及是否覆膜对成穴质量的影响缺乏相关的试验研究。

四、烟苗移栽机械

20 世纪 80 年代，国外已经推广应用半自动移栽机。目前已开发出多种形式的移栽机械，主要包括钳夹式移栽机、挠性圆盘式移栽机、吊杯式移栽机、水轮式移栽机、鸭嘴式和导苗管式移栽机等。美国 Kennco 农机生产公司研制的半自动膜上打穴移栽机，可以进行没有覆膜的垄上移栽，实现单行和多行的膜上移栽作业，并且能根据生产实际需要调节单株注水量，其结构简单、经济实用，主要适合于大株距的蔬菜移栽，既可以移栽裸苗，也可以移栽钵苗，还生产了“火焰燎膜”的膜上移栽机，配备液化气罐，在打穴之前用火焰先在地膜上燎一个小孔，防止在打穴过程中出现地膜撕裂现象，但该系列产品移栽速度慢，需要专人放苗，自动化程度不高。美国移栽机公司（Mechanical Transplanter）生产的吊杯式膜上移栽机，采用了四杆机构吊杯，作业时能完成膜上移栽、注水、覆土镇压等作业，由于对育苗的要求低，因此在生产中得到了广泛应用，但该机械结构复杂，成本高。日本久保田公司研发的一种全自动鸭嘴式膜上移栽机，作业时可以在垄上实现往返多行移栽，移栽株距也可以进行任意调节，在移栽的同时还可以完成注水和施药等作业，该机械结构非常复杂，成本高，对育苗要求非常苛刻，仅适合专业育苗方式的集约化生产。此外，日本秋山产业株式会社生产的高架管理作业式 AP-1H 型专用烟草移栽机，主要用于烤烟大田移栽作业，每分钟可移栽 30 多株烤烟，每天可移栽 0.7～1.3 hm^2，比人工移栽快 3～4 倍，同时配置了一次可喷雾五滴的水泵喷雾机，该机可用于机械喷雾，还具有烟叶采收装卸功能，能减少人工运输的劳动力用工。加拿大某公司研制的烟叶“转植机”，融挖窑、栽烟、浇水、施肥、封土为一体，由一台功率为 22 050 W 的拖拉机进行牵引，由 4 个人操作，一人负责驾驶拖拉机，一人负责添加水、肥料，两人负责分装烟苗，每天可移栽烟叶 2.02 hm^2 以上。意大利 Ferrari Costruzioni Meccaniche 公司研制生产的自走式移栽机，实现膜上移栽、开沟、浇水、覆土、覆膜、移栽一次完成。

我国自 20 世纪 80 年代起逐步采用移栽机械移栽烟苗，移栽机械按移栽地是否覆膜可分为膜上移栽和垄上移栽。20 世纪 70 年代末至 20 世纪 80 年代初，延边朝鲜族自治州农机研究所、河南省农业机械研究所和中国农业科学院烟草研究所分别研制成联合栽植机、烟草移栽机和烟棉移栽机等，这些机械操作简单，使用方便，栽植质量较好，工效较高，但由于与农艺明显脱节，忽略了综合经济效益，从而一直未能大面积推广应用。近年来，随着农业科技的不断进步和农民经济水平的不断提高，烟草实现机械移栽的趋势越来越明显，而且有多种新型栽植机械出现。但总体来讲，我国很多从事烟草移栽机研究的工作单位主要是在引进和借鉴国外移栽机械的基础上进行改进仿造，目前研制使用的移栽机械仍以半自动为主。全自动机械均因结构过于复杂、价格过高而没有被广泛推广。

1990 年黑龙江省农业机械化研究所设计了烟苗栽植机，一次作业即可完成开沟、定位灌水、夹持送苗、翻苗、覆土、镇压及栽后堵土等全部烟苗栽植工序，还适用于移栽玉米、甜菜、蔬菜、树苗等秧苗，具有适用性广、生产效率高、作业质量好、一机多用的特点。2000 年中国农业大学在消化吸收国内外移栽机技术的基础上，研制开发了适合我国农业生产特点的 2ZDF 型半自动导苗管式移栽机，其主要特点是设计了一种栅条式扶苗器，能较好地保证秧苗直立度和株距均匀性，而且移栽的株距易于调整，适应性好，还能移栽玉米、棉花、甜菜、树苗、油菜等作物，避免干裸根苗产生窝根现象。2001 年河南省邓州丰奇集团设计了一台烟苗移栽机，其主要特点是在机架上分别设置了储苗分苗装置、投苗装置、链式苗筒带、覆土镇压装置及悬挂装置，经过剪叶炼苗后的托盘烟苗，分装到苗筒带内，牵引机械前进，开沟器开沟，储苗分苗装置分苗，投苗装置投苗，投苗挡铁压下苗筒内套，内套压迫苗筒下边的开闭机构张开，烟苗落下，覆土轮随即由两侧将土封好压实，完成移栽任务。该烟苗移栽机能减轻移栽劳动强度，提高工作效率和移栽质量。2002 年黑龙江省牡丹江烟草分公司研制的烟草移栽机，在驱动轴上固定有驱动圆盘，驱动圆盘上通过支撑架连接储水箱，储水箱的下部设置有鸭嘴形栽苗器，在机架中后部的两侧下方依次固定有开沟桦、挂膜轮、压膜轮和覆上轮，在机架的前方设置有开沟器，可一次完成开沟、定植等作业。除此之外，在广大农村，烟农也积极想出了大量提高移栽效率的办法，自主制造了部分适用的烟草移栽工具，如喀喇沁旗乃林镇农民杨占久研制成功了烤烟刨坑施肥机，该机解决了人工刨坑施肥劳动强度大、用工多的问题。渑池县陈村乡石板沟村六旬老汉孟丙礼自制的烟苗移栽器，能大大减轻移栽劳动强度，栽植效率提高 2～3 倍。河南省洛阳市洛宁县王村乡王窑村村民王宝宁发明的烟苗移栽器结构简单，操作方便，使用时可自由调节深浅，自然覆土，不伤地膜。

目前我国先后开发生产了很多型号的烟苗移栽机，如 2ZL－2 型联合栽植机、2YZ－1 型烟苗移栽机、2ZQ 型移栽机、2ZFS－1A 型多功能烟苗移栽机等。国内研制的移栽机多以半自动机型为主，仍需人工投苗。我国在烟草移栽机的研究和应用方面还存在许多有待解决的问题：移栽机的研制与农艺不协调；作业时要求喂入手精力高度集中，否则造成漏苗、缺苗现象，栽植手劳动强度大；过多地借鉴国外机型，缺少适合我国国情的特色机型；目前机型移栽质量不稳定；现有的半自动移栽机功能单一，通用性差，自动化程度较低；结构复杂，机具造价较高。根据烟苗移栽的农艺要求，还需要选用合适的烟草移栽机械，进行相关完善改进、规范化设计，标准化生产，提高产品的性能、可靠性和作业质量。

五、烟田中耕培土机械

烟草在生长期间，垄体会由于雨水冲刷等因素下降很多，同时杂草生长迅速，而且烟田久未耕作，土壤便会变得板结，因此需要中耕和培土作业。通过中耕消除土壤板结，增加土壤的透气性，将表层土壤中一部分根系切断，促进根系向纵深的发育。通过培土形成高的土垄，大大提高烟草防病、防风、抗倒伏能力。

烟草的中耕培土通常同时作业，通过机械力改良表土物理性状，协调大田生长期间植株与环境以及环境各因素之间的关系，最终达到提高农作物产量和质量的目的。目前，已有的培土机在进行培土作业时，培土高度较低，有的培土器将旋松的土壤全部抛到垄顶，导致沟底坚硬无松土，不利于土壤中原有水分的保持，当遇到降雨时，坚硬的土壤不具有蓄水功能，于是就会产生降水径流。因此，发展烟草中耕培土机械，有助于提高我国烟草田间生产机械化的水平，提高生产效率。烟草机械中耕培土作业首先就是将烟株基部所需的土从冲刷变形过的垄沟翻出来；其次通过机械机构将翻出来的土合理分配到垄底两侧近作物根系处；最后将达到两侧的土运送或者抛撒到垄顶烟株的根部，并对培过土的垄做适当整形压实。要求培土前网格处土壤应该和培土后斜线处土壤质量相等，由于培土前垄沟被压的较实，培土后土壤较松，因此网格处面积应该比斜线处面积小。如果要提高垄的高度，需要通过增加入土深度来增加斜线处土壤量。

目前，烟草中耕培土有人工中耕培土、机械中耕培土两种方法。人工中耕培土作业是利用锄头在烟垄周围进行松土和除草，然后将垄周围的土堆积到烟苗根部的周围，劳动工作量大，效率低，成本高。机械中耕培土作业是使用中耕培土机在已经完成揭膜的烟田垄沟上行驶，驱动松土机具松动垄边上的土，实现破碎土壤和除草的功能，随后培土机具将碎土翻转堆积到烟苗的根部周围。发展烟草中耕培土机械，有助于提高烟草田间管理机械化的水平，提高生产效率。

国外中耕培土机械技术已经相对成熟，作业性能稳定，而且功能齐全、小巧轻便，大都适合小地块单垄培土。意大利生产的单轮驱动轴旋耕机，动力为3.3 kW的汽油机，一次可完成旋耕、培土两项作业。美国吉尔森公司生产的自走式旋耕机，直接由底盘驱动轴带动，中耕培土时可换上中耕铲进行作业。国内烟草中耕培土机械化研究相对不足，大都采用与其他作物的中耕培土机械，在原理上不太适用于烟草的培土。国内外烟草中耕培土机械大都是通过小型拖拉机提供动力，带动后面的培土部件沿地垄的方向行走实现培土。中耕培土机的工作部件主要有以下几类，锄铲式培土结构、回转式培土结构、螺旋培土结构。目前市场上的中耕培土机械，基本上都能完成作物的中耕培土，但大多数中耕机械培土高度较低，难以达到高培土，起不到用培土来完成抗倒伏的目的，而且中耕机械尚缺少土壤流向控制机构，土壤随意抛撒，易造成作物幼苗的损伤。

烟草中耕培土机械在作业时应该具有较高的可靠性和经济性，减少烟草培土机械损伤，提高培土质量和效率是进一步研发的关键技术所在，需要向高效率、低损伤中耕培土技术目标发展，建立多样化的研究方向。烟草种植有田间大地块，也有丘陵烟区小地块，应该改进机械作业性能，适应不同地块；不同地况土壤湿度和黏性不同，应增加中耕培土刀具适应环境的能力，采用新工艺，对刀具结构和材料进行改进和优化，进行培土理论分析，对培土部件进行力学分析，减小培土阻力，进行机械作业适应性研究，为中耕培土机械的研发和机器参数的选取提供理论依据，研究新的培土方式。在烟草农业的生产中，烟草种植垄距不同，垄的高度和垄的坡度也有差别，田间管理要考虑烟草生长的一致性，烟草中耕培土机械要做到垄距、垄形和培土高度可调，适应不同的农艺要求；同时农艺也应该考虑农机发展设计要求，做到起垄和培土一致，才能促进机械化方面更多的新突破。

六、打顶抑芽装置

烟草打顶可以去掉植株的顶端生长点和顶芽的分生组织，消除顶端生长优势；抹杈作业可实现抑芽药剂的涂抹，抑制生长素分泌，有利于促进烟叶的生长和发育。烟草移栽约 60 d 开始现蕾，花蕾出现后，要从叶片中吸收大量养料供花、果和种子生长发育，如不及时打顶，会使植株叶片变小、叶发黄、叶薄味淡，产量和质量均下降；烟草打顶消除了顶端对有机物质及钾元素的强烈竞争，提高了根对同化产物的竞争能力，因而根系发达，烟叶产量及其含钾元素量显著增加。因此，打顶、抹杈是烟草高产优质的一项重要技术措施，是一项时间性、针对性和技术性很强的技术措施，要求操作者具有较丰富的生产经验和明确的生产目的。生产中要及时规范科学打顶，一般烟田都要分 2～3 次打顶。人工打顶费时费力，严重影响了烟农种烟的积极性。为降低烟叶生产成本，增加烟农收入，研究烟草打顶机械，推进打顶作业机械化进程迫在眉睫。

目前，国内外关于打顶抑芽装置的研究比较多，大部分的打顶抑芽机械存在“一刀切”的问题，即打顶机进入田间工作的过程中，打顶刀具安装的高度是固定的，打顶后烟草的高度都是一样的，容易造成本来长得高的烟草过度打顶、长得矮的烟草打不着顶，烟草打顶率低，烟草产量降低，打顶效果不好；对于抑芽作业，大多存在抑芽剂药液喷的剂量和喷的位置不准等问题。

1999 年，美国专利 5987862 公开了 Raymond C. Long 等发明的一种能同时进行打顶和喷施抑芽剂作业的烟草打顶机。该机利用红外传感技术和机器视觉技术，实现烟草顶茬的自动识别定位，可以实现烟草机械打顶、抑芽和烟芽自动收集的机械化联合作业。采用液压驱动，包含一个位于切割器顶部的鼓风机和防护罩。鼓风机向下吹气流，便于切割器进行打顶；防护罩中通过一对相互分离的旋转带，将烟草引导穿过防护罩。在切割器切割烟草时，线路装置会驱使喷管喷洒抑芽剂。

我国烟草打顶工作基本由人工完成（工作效率为 0.133 hm^2/h），烟草打顶后的抹杈、抑芽剂喷施也全部由人工逐步完成（工作效率仅为 0.033 hm^2/h），而喷施抑芽剂必须在烟叶打顶当天完成，目前尚不能实现边打顶边施药。生产中烟草打顶抑芽所用的工具是手工操作的打顶刀和抑芽剂涂抹器，并且凭经验决定打顶的高度。人工打顶劳动强度大，作业人员经常接触有严重伤害的化学药剂，影响人体健康。我国烟草机械打顶起步较晚，对烟草打顶机的研究较少。随着科技投入的不断增加，近年来也取得了一定的进展。2010 年，有学者开发了 3YDX－3 型烟草打顶抑芽机，可以同时打顶 3 行，该烟草打顶抑芽机由 2ZYLJ－1 型多功能作业机、整体机架、滑动支架、吹风系统、烟草高度识别系统、打顶系统、抑芽剂喷施系统、刀片消毒装置等组成，能够同时完成烟草打顶、抑芽剂喷施和刀片消毒 3 项作业。吹风系统是一台风机，分别由管道将气流送至 3 个风机出风口；烟草高度识别系统由多组红外管组成，发射管和接收管交错排列；打顶系统由打顶装置和升降装置组成；刀片消毒装置由消毒液喷头、消毒液药箱、管道组成。打顶时，刀片消毒液持续滴到旋转的刀片上，保证刀片始终处于消毒液湿润的状态，防止烟草病菌通过打顶的过程传播。该烟草打顶抑芽机实现了烟草高度的精确识别、准确打顶和对靶施药。

目前使用的烟草打顶机普遍存在以下几点问题：一是在进行打顶作业过程中，刀具安装的高度固定，容易出现长得高的烟草过度切顶、长得矮的烟草打不着顶的现象；二是很多烟草打顶机的作业未能实现切断部位的消毒和抑芽；三是烟草打顶机对工作环境的适应性比较差；四是烟草打顶作业后，打顶下来的烟芽未能得到很好的处理。我国的烟草打顶机目前大多数还处在研发阶段，在适应性、可靠性等技术方面有待于进一步的成熟和完善，机械打顶的成本相对较高，与用户期待的价格低廉、结构简单和易于操作的机型还有较大差距，做到这些烟草打顶机才能得到全面推广。推广烟草机械化打顶，能提高烟草机械化打顶的规模化和高效田间管理能力，进一步提高烟叶生产的整体质量和生产效率，促进烟草业的良性发展，同时可有效缓解城市化过程中农村劳动人口不断减少带来的压力，提升我国烟草业在国际上的竞争力。

七、采收烘烤机械

根据作业机械化程度的不同，烟草收获机可以分为自走式烟草收获机和半自动烟草收获机。美国、意大利等国外的烟草收获机技术发展较快，自走式烟草收获机是技术较为先进的机器。其中，具有代表性的是美国 MarCo 公司生产的 6360 型自走式烟草收获机、意大利 DeCloet 公司生产的 2TTH 型收获机，以及意大利 SPAPPERI 公司生产的 RA341 等型号各异的烟叶收获机。自走式烟草收获机多为大功率型收获机械，适用于连片面积较大的烟田。对于小块地，半自动式和人工辅助采收的机器则适应性更好。如意大利 DeCloe 研制生产的半自动烟叶采收机、SPAPPERTI 公司生产的 RA1TO 型烟草收获机。意大利对烟叶采收的成熟度要求较高，烟叶采收分 4 次完成，其烟叶采收已实现机械化作业。其烟草收获机主要有 3 种：①完全机械化采收机，一人操作一台采收机，一次采收 2 行烟叶；②大型人工采收机，一台采收机需要 5 个工作人员，其中 1 人驾驶机器，2 人采收烟叶，2 人在车厢内整理烟叶；③小型人工采收机，驾驶和采烟由 1 个人同时操控。同时，意大利在生产上主要以大型人工采收机为主，多数的农场采用全机械化模式。

我国烟草收获机可分为自走式烟叶收获机和半自动人工辅助采收机。北京德邦大为科技有限公司与意大利 DeCloet 公司合作生产的烟叶采摘机在国内属于较为先进的自走式烟草收获机械。云南昆船电子设备公司研制生产的 4AZ-41 型全自动烟叶采收机是一种全自动、自走型烟叶采收设备，可对烟叶实现分时、分部采摘、收集。北京德邦大为烟叶采摘机（TYCY-20）是一种自走式烟叶采摘专用烟草机械，人工辨别掰烟，机械田间行走、无痕提升储存、机械卸烟，具备散叶整体卸载、整齐分包转运、整齐整体卸载这三种卸烟转运模式，符合国内散叶烘烤和挂杆及烟夹烘烤作业模式，具备不伤烟叶、叶片完整的特点。许昌同兴烟叶采收机为自走式多功能动力机器，其自身可实现烟草整个过程的植保采收作业，同时可通过悬挂不同类型机具实现多种作业功能。

烤烟编烟环节耗费人力颇多。国外使用的全自动、半自动烘烤设施，多为散叶烘烤。福建、山东、河南曾试用自行研制的编烟机，但机械功效不高，仅为人工编烟生产效率的 2 倍左右，作业效果不稳定。编烟机主要由工作机（缝合部件）和辅助部件组成，将烟叶串缝起来。目前，国产编烟机的工作机基本上都是采用缝纫机的工作原理，通过弯针和直针的配合运动，形成链式线迹，其效率是手工绑烟的 2～5 倍，但作业效果不稳定，容易损坏烟叶。

密集烘烤需要将烟叶绑杆或采用烟夹、大箱、烟框等设备将烟叶夹持后装入密集烤房进行烘烤。当前挂杆烘烤编烟、下烟烦琐，费工费时，应用烟夹烘烤，烟夹烘烤有效地降低了编烟、下烟环节的劳动强度和用工成本，是“减工降本、提质增效”的重要措施之一。20 世纪 60—70 年代，美国和日本等国的烟草专家研制出不同形式的烟夹设备。美国最早使用的是梳式烟夹，现如今逐步发展为大箱式烟夹。日本早期的烟叶夹持工具为铁丝框式，20 世纪 70 年代中期，日本三州株式会社又设计出弹簧杆式烟夹和耐高温塑料的箱式烟夹，箱式烟夹将烟叶全部装在烟箱中，可避免烟叶在运输过程中受到伤害，以保证烘烤质量。目前，国外的烟叶夹持设备多为烟夹和大箱，装烟密度大，是普通烤房的 4～6 倍，极大地提高了烤房的烘烤效率。而我国的密集烘烤还主要采用绑烟挂杆方式，装烟密度较小，达不到密集烘烤的装烟密度要求，降低了密集烤房的烘烤效率。我国针对烟夹研究较多，梳式烟夹在河南、黑龙江、福建、云南推广应用了一定的面积，但箱式烟夹应用推广较少。目前，烟夹生产由厂家定制生产转为模具生产，成本大幅度降低，具有较大推广潜力。2013 年 3 月，云南烟草机械有限责任公司研制了国内第一条机械化烟夹产品流水生产线。北京 DEBONT（德邦大为）RNYJ-1S 梳式烟夹及 RNWX-1D 型、RNXJ-1 型箱式烟夹也已面向市场，并针对性开发了 2 000 亩基地单元烟夹烘烤作业烘烤场流水线设计及机械配套、3 000 亩基地单元散烘烤作业烘烤场流水线设计及机械配套两种方案。北京德邦散叶烘烤网箱（RNWX-1D）应用在卧式密集烤房上，用插车整体放入烤房的轨道推进烤房。装烟量比常规挂杆多20%以上，不用绑杆挂杆，适应机械化操作。结合机械烟叶采摘，改变传统耗费大量劳动力编烟现状，使采摘、装烟前后呼应，节工降本。

第十节　烟叶生产微课堂之烟叶病害篇

随着烟草耕作制度和栽培方式的变化，烟草病害种类不断增多，每年造成的产量损失约10%，严重时达30%以上，病害已成为制约烟草生产的主要问题。我国烟区常年发生的病害有病毒病（普通花叶病毒病、黄瓜花叶病、马铃薯Y病毒病）、黑胫病、青枯病、野火病、白粉病、角斑病和线虫病等。

一、烟草赤星病

烟草赤星病在山东俗称“红斑”，在河南、安徽、辽宁俗称“斑病”，在云南俗称“恨虎眼”，在贵州俗称“火炮斑”，是由链格孢菌侵染所引起的、发生在烟草上的病害。据估测每年烟草赤星病发病面积占中国植烟面积的30%～35%。烟草赤星病不仅使烟叶残缺不全、等级下降，而且由于内在品质不协调（如总氮、蛋白质含量升高，总糖、还原糖含量降低，糖碱比值下降），使吃味变差，降低了工业使用价值。

（一）主要危害症状

烟草赤星病是烟叶成熟期的病害，在烟株打顶后，叶片进入成熟阶段开始发病，条件适宜病情会逐渐加重。烟草赤星病主要危害部位是叶片，茎秆、花梗、蒴果也受危害。烟草赤星病先从烟株下部叶片开始发生，随着叶片的成熟，病斑自下而上逐步发展。烟草赤星病病斑最初在叶片上出现为黄褐色圆形小斑点，以后变成褐色。病斑的大小与湿度有关：湿度大，病斑大；干旱则病斑小。一般来说最初斑点直径不足0.1 cm，以后逐渐扩大，病斑直径可达1～2 cm。病斑为圆形或不规则圆形，褐色，产生明显的同心轮纹，边缘明显，外围有淡黄色晕圈。在感病品种上黄晕明显，致使叶片提前“成熟”和枯死。病斑中心有深褐色或黑色霉状物，为病菌分生孢子和分生孢子梗。病斑质脆易破，天气干旱时有可能在病斑中部产生破裂，病害严重时，许多病斑相互连接合并，致使病斑枯焦脱落，进而造成整个叶片破碎而无使用价值。茎秆、蒴果上产生深褐色或黑色圆形或长圆形凹陷病斑。

（二）侵染来源

赤星病菌主要以菌丝在遗落田间的烟叶等病株残体或杂草上越冬。病残体上的分生孢子也可直接越冬，作为初侵染来源。越冬后的赤星病菌，在第二年春天，气温回升，在温度达到 7～8 ℃，相对湿度大于 50%的条件下，开始产生分生孢子，由气流、风、雨传播到田间烟株上侵染下部叶片（初侵染），形成分散的多个发病中心。这些发病的烟株病斑上再产生分生孢子，又由风雨传播，形成再次侵染。经过多次再侵染，病害逐渐扩展流行，病菌可以侵染花梗、蒴果、侧枝和茎等任何部位。后期病原菌病潜伏于残组织内随病残体落入土壤越冬，又成为来年的初侵染源。

（三）主要传播途径

主要通过气流传播（越冬菌丝产生的分生孢子）。长距离传播主要靠气流和风力，雨水只能做短距离传播。种子和移栽的病烟苗可能是初侵染的次要来源。种子带菌率可达 18%，种子表面、内部及胚乳中病菌均可能存活越冬。

（四）防治措施

根据赤星病的发生规律，以及初侵染、传播途径、再侵染等特点，防治上应采用以种植抗病品种、药剂防治和实施合理栽培措施相结合的综合防治措施。

1. 选用抗病品种 国内高抗赤星病的品种有中烟 100、中烟 101、中烟特香 301、净叶黄、歪把子、春雷三号等。

2. 适时早栽 适时早栽可以促进烟叶提前成熟、提前采烤，到 8 月中旬基本烤完，使烟草有效地躲过温暖多雨的发病季节而大大减少损失。

3. 合理密植 种植密度过大、光照不足、叶片互相遮阴，有利于病原菌的繁殖，导致病害严重发生。因此，要根据品种特性、土壤肥力条件，做到合理密植，密度以成株期叶片不封垄为宜。

4. 合理施肥 烟田使用氮肥不可过多、过晚，以免造成贪青晚熟，要适当增施磷、钾肥。合理留叶，避免烟株出现叶片上大下小的长相。

5. 实行轮作，搞好田间卫生 赤星病菌在土壤中可存活 1 年以上，连作会增加土壤内含菌量，而轮作则可减少土壤中的含菌量，减轻赤星病危害。应及时采收或打掉底脚叶，并将其带出田外深埋或晒干销毁，减少侵染源。

二、烟草花叶病毒病

（一）主要危害症状

1. 烟草花叶病毒病的主要危害症状 烟草花叶病毒病叶上出现花叶症状，生长陷于不良状态，叶常呈畸形。烟草花叶病毒（TMV）侵染烟草植株后，会破坏植株的组织结构，对嫩叶的破坏力度最大，使嫩叶出现明脉症状，即叶片侧脉及支脉组织出现半透明的现象，烟草花叶病毒在烟草细胞中大量繁殖，病毒 RNA 会严重影响烟草细胞的正常分裂，导致烟草叶肉细胞畸形裂变，部分烟草叶片大量繁殖或者受抑制，出现叶片厚度不均匀的症状，叶片出现斑点，呈现出黄绿相间的不同区域，随着烟草花叶病毒的进一步侵染，叶片组织逐步坏死，烟草叶片出现大面积的褐色坏死斑，叶片形状扭曲、皱缩，这种现象在老叶片上尤为明显，重病的叶片凸起形成泡状，边缘向内弯曲。早期发病的烟草植株，严重矮化，烟草植株不能正常生长。

2. 烟草花叶病毒病的传播途径和发病条件 烟草花叶病毒病是一种病毒病害，寄主植物达 350 余种，有极强的致病力和抗逆性，病毒在干烟叶中能存活 52 年，稀释 100 万倍后仍具有侵染活性。烟草花叶病毒能在多种植物上越冬。初侵染源为带病残体和其他寄主植物。另外，未充分腐熟的带毒肥料也可导致初侵染（主要通过汁液传播）。病健叶轻微摩擦造成微伤口，病毒即可侵入，不从大伤口和自然孔口侵入。侵入后在薄壁细胞内繁殖，然后进入维管束组织传染整株。在 22～28 ℃条件下，染病植株 7～14 d 后开始显症。田间通过病苗与健苗摩擦或农事操作进行再侵染。另外，烟田中的蝗虫、烟青虫等咀嚼式口器的昆虫也可传播烟草花叶病毒。烟草花叶病毒病发生的适宜温度为 25～27 ℃，高于 38～40 ℃侵入受抑制，高于 27 ℃或低于 10 ℃病症消失。

3. 烟草花叶病毒病的发病规律 烟草花叶病毒病是烟草的主要病害之一，广泛分布于我国烟区，尤其是南方烟区发生较为普遍，而且日益加重，一般发病率在 5%～20%，严重危害了烟叶的产量和质量。

烟草花叶病毒病在烟草苗期和大田生长初期最易感病，主要发生在苗床期至大田现蕾期。温度和光照在很大程度上影响病情扩散和流行速度，高温和强光可缩短潜育期。连作或与茄科作物套种使毒源增多，发病率和发病程度明显增加。不卫生栽培是造成流行的重要原因，在病株、健株间往来触摸，施用未腐熟有机肥，培带有病毒的土壤都可加重病毒传染。土壤板结、气候干旱、田间线虫危害较重的地块发病重。

4. 目前国内主要采取防治烟草花叶病毒病的方法

（1）培育健壮植株。以烟株为对象，加强烟株保健栽培，切断传播途径，突出抗性诱导，辅助化学药剂防治措施。

（2）选择抗病品种。选生长势强、发育速度快的抗病品种，如 NC89、G80 等，注意高抗品种的选育。

（3）移栽前防治。清除病残株，冬前深翻晒土。利用冬季霜冻、雨雪等低温条件，冬前深翻晒土，减少越冬病菌来源。翌年开春深翻细耙，熟化耕作层，减少侵染基数，创造烟草健康生长的条件。不与茄科、十字花科作物间作或轮作，重病地块至少 2 年不种烟草。

（4）苗期防治。苗期以培育无病壮苗为目标，漂浮育苗选择适当的消毒药剂，重视育苗池水体和剪叶刀具的消毒，保证营养液养分供应。加强苗期管理，操作时禁止吸烟，手和工具要消毒，大棚由专人管理，杜绝闲杂人等进入。

5. 大田生长期防治

（1）苗期防治。可适当早播、早栽，移栽时剔除病苗，及时查苗补苗，确保移栽苗的根茎能够尽可能多地接触土壤。积极推广小苗深栽技术，保障一次性移栽成功，避免多次补苗的交叉感染。如果移栽时天气干旱，还要注意补足水分，促进烟苗早生快发。

（2）团棵期防治。发病初期，可喷施22%金叶宝可湿性粉剂300倍液、1%或2%宁南霉素水剂250倍液，它们对该病的防治效果较好。对于病毒病发生较轻的区域，要注意增施微量元素锌，同时采用氨基寡糖素等诱导烟草的抵抗力，减少病毒病对烟叶造成的损失。

（3）旺长期防治。做好田间卫生管理，注意肥水调控，进行田间操作时，尽量减少工具、衣服、手等与烟叶的接触。

（4）打顶期防治。注意病株、健株分开打顶，先打健株，再打病株；打顶需在露水干后进行。

（5）采收期防治。及时打掉底脚叶，并将其运到烟田以外的处理池集中处理，防止病叶遗留田间造成再侵染。烟草采收结束后，及时拔除烟秆，并清理田间，如能栽种油菜、绿肥等更好，以活跃地力，减少病原菌的存在。

第四章　基地单元个性化烟叶生产技术

“一方水土养一方人”，一方水土也会培育出不同风格特征的烟叶。中国烟草总公司2017年发布的《全国烤烟烟叶香型风格区划》，将全国烤烟烟叶产区划分为八大生态区。不同生态区烟叶光照、温度、降水等方面的差异，导致烟叶素质均存在一定差异。因此，不同生态区的基地单元根据自身生态气候特定开展了个性化生产技术探索。本章总结了部分基地单元个性化烟叶生产技术研究成果，可为生态条件相似的基地单元提供借鉴。

第一节　反光膜覆盖技术在烟叶生产上的应用

一、技术背景

光合作用是烤烟生长发育的基础和优质栽培的重要因素之一，在烤烟的生长发育过程中，中下部位烟叶由于上部烟叶的遮挡，光照强度较差，对烟叶的光合作用造成一定影响。碳氮代谢是烟叶最基本的代谢，碳氮代谢的协调程度直接或间接影响烟叶各类化学成分的含量和组成比例，对烟叶品质产生重大影响。糖是烟叶光合作用的产物，也是烟叶中重要的化学成分之一，它与烟叶内的含氮化合物（如烟碱）之间的平衡对烟叶品质有很大影响。烟叶中的糖含量过高或过低会影响烟叶的感官质量。我国部分产区烟叶碳氮代谢不平衡，烟叶糖含量偏低，烟叶糖碱比不协调现象较为突出。关于调控（包括营养调控、化学调控、农艺调控、生态调控等）烟叶糖含量的研究较多。

反光膜对作物生长的土壤环境、光环境、病虫害发生情况等均具有积极影响，在果树生产上已得到普遍应用。果树树冠中下部光照不足，光合作用受限，影响了果实糖分的积累，而铺设反光膜可以改善树冠中下部光环境，促进果实着色和糖分的积累，提高果实品质。但有关反光膜在烟叶生产上的应用则未见报道。在烟叶生产中，中下部烟叶同样由于遮阴存在光照不足的问题，而铺设反光膜以提高烤烟中下部烟叶光合作用，促进烟叶糖分积累可以作为调控烟叶糖碱平衡的一项技术措施。基于此，本节研究了反光膜覆盖对土壤温度、烟叶光合特性及烤后烟叶质量的影响，以期为提高烟叶糖含量、改善糖碱协调性提供技术依据。

二、技术方案

本技术于2019—2021年在上烟集团安康甘溪基地单元进行应用示范。供试烤烟品种为安康主栽品种云烟87。反光膜覆盖选用厚度为0.05 mm的银色反光膜。

研究共设以下2个试验处理：

反光膜覆盖：起垄后用无色透明聚乙烯塑料膜覆盖，移栽后25 d揭膜，立即用反光膜覆盖，直至烟叶采收结束。覆盖范围为垄间及烟垄，烟田反光膜覆盖示意具体见图4-1。

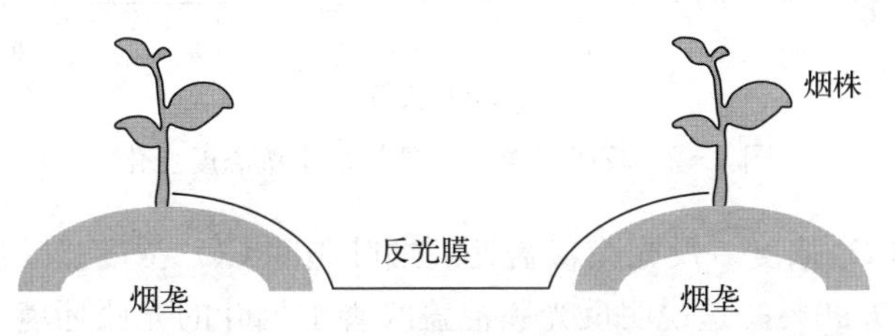

图4-1 烟田反光膜覆盖示意

CK（裸地）：常规栽培，起垄后用厚度0.08 mm无色透明聚乙烯塑料膜覆盖，移栽后25 d揭膜，此后不覆盖。

三、技术效果

（一）耕层土壤温度

除8时外，烤烟移栽后耕层土壤温度逐渐升高，反光膜处理的土壤耕层温度均低于对照裸地处理，8时反光膜覆盖土壤温度较对照低0.5～0.93 ℃，12时反光膜覆盖土壤温度较对照低0.93～1.23 ℃，16时反光膜覆盖土壤温度较对照低0.98～2.03 ℃，且随土壤温度升高，温度差逐渐增大（图4-2）。

（二）烟叶光合特性

1. 净光合速率 与对照相比，反光膜覆盖显著提高了烟叶的净光合速率，银色反光膜覆盖烟叶净光合速率为5.50 μmol/(m^2·s)，是对照的1.91倍（图4-3 A）。

2. 蒸腾速率 与对照相比，反光膜覆盖显著提高了烟叶的蒸腾速率，反光膜覆盖烟叶蒸腾速率为3.51 mmol/(m^2·s)，是对照的1.75倍（图4-3B）。

3. 气孔导度 与对照相比，反光膜覆盖显著提高了烟叶的气孔导度，反光膜覆盖烟叶气孔导度为0.16 mmol/(m^2·s)，是对照的2.67倍（图4-3C）。

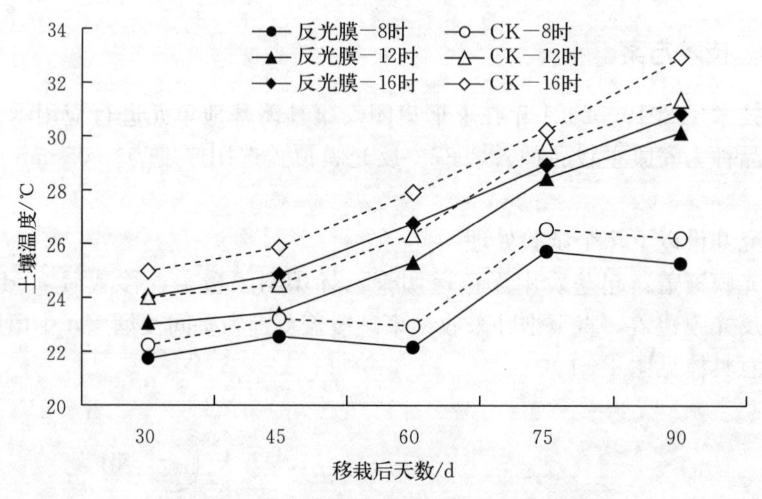

图 4-2　反光膜覆盖处理耕层土壤温度变化

4. 胞间 CO_2 浓度　反光膜覆盖处理烟叶胞间 CO_2 浓度显著低于对照，较对照下降了 43.90%。这说明反光膜覆盖改善了烟叶的光照环境，提高了烟叶光合速率和 CO_2 的利用率（图 4-3D）。

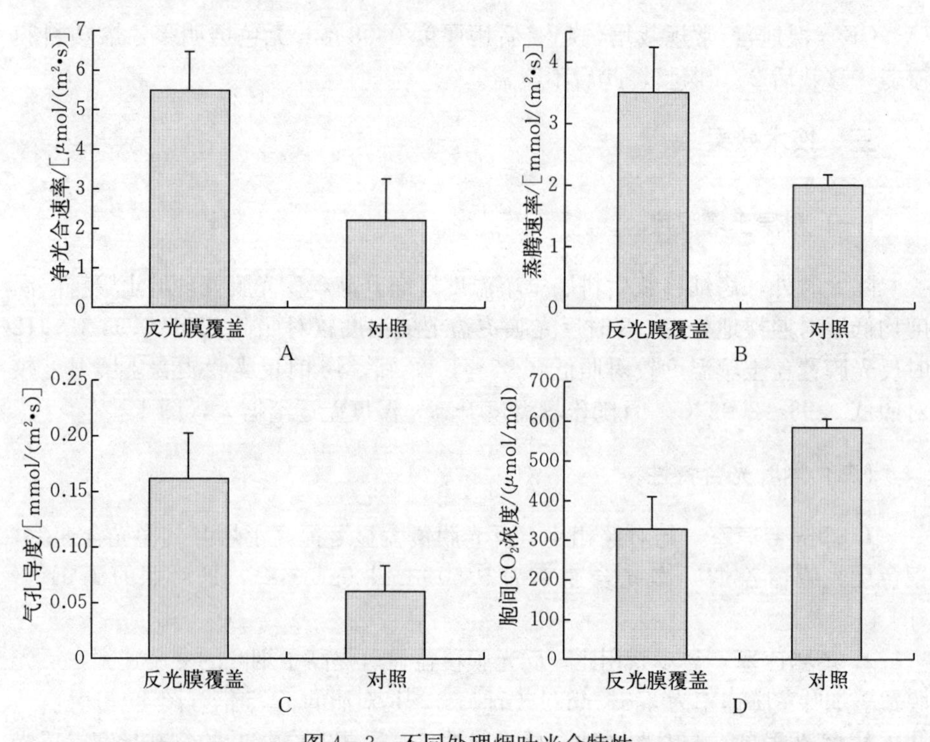

图 4-3　不同处理烟叶光合特性

A. 净光合速率　B. 蒸腾速率　C. 气孔导度　D. 胞间 CO_2 浓度

（三）烤后烟叶经济性状

1. 产量 反光膜覆盖处理烤后烟叶平均产量为 2 226.00 kg/hm²，略高于对照，但差异不显著（表 4-1）。

2. 均价和产值 反光膜覆盖处理烤后烟叶均价和产值分别为 24.80 元/kg 和 55 208.17 元/hm²，显著高于对照，其中均价较对照提高 0.90 元/kg，产值较对照提高 2 701.41 元/hm²（表 4-1）。

3. 上等烟比例 反光膜覆盖处理烤后烟叶上等烟比例为 48.32%，显著高于对照，较对照提高 8.16 个百分点（表 4-1）。

综合分析产量、均价、产值和上等烟比例各项指标，反光膜覆盖处理烤后烟叶经济性状优于常规栽培处理。

表 4-1 不同处理烤后烟叶经济性状

处理	产量/（kg/hm²）	均价/（元/kg¹）	产值/（元/hm²）	上等烟/%	中等烟/%
反光膜覆盖	2 226.00±47.97a	24.80±0.34a	55 208.17±1 139.63a	48.32±0.90a	43.80±0.46a
CK	2 197.50±58.98a	23.90±0.22b	52 506.76±1 114.33b	40.16±0.39b	45.31±0.96a

注：同列数据后标不同小写字母表示不同处理间差异显著（$P<0.05$）。

（四）烤后烟叶化学成分

1. 还原糖和总糖 对于中部和上部烟叶来说，反光膜覆盖处理显著提高了烤后烟叶还原糖含量和总糖含量，其中中部烟叶还原糖含量提高 8.1%，总糖含量提高 9.2%，上部烟叶总糖和还原糖含量均提高 5.0%（表 4-2）。

2. 总植物碱和总氮 总植物碱含量表现出与两糖含量相反的变化趋势，反光膜覆盖处理显著降低了烤后烟叶总植物碱含量，其中中部烟叶总植物碱含量下降 0.62%，上部烟叶总植物碱含量下降 0.54%。反光膜覆盖处理对总氮含量无明显影响（表 4-2）。

3. 淀粉 对于中部和上部烟叶来说，反光膜覆盖处理烤后烟叶淀粉含量均高于对照，其中中部烟叶较对照提高 3.37%，上部烟叶较对照提高 1.48%(表 4-2)。

表 4-2 不同处理烤后烟叶化学成分

部位	处理	还原糖/%	总糖/%	总植物碱/%	总氮/%	淀粉/%	两糖比	糖碱比
中部	反光膜覆盖	26.3a	29.7a	2.25b	1.88a	5.62a	0.89a	11.69a
	CK	18.2b	20.5b	2.87a	1.92a	2.25b	0.89a	6.34b
上部	反光膜覆盖	21.4a	24.6a	2.51b	1.93a	4.38a	0.87a	8.53a
	CK	16.4b	19.6b	3.05a	1.97a	2.90b	0.84a	5.38b

4. 化学成分协调性 在化学成分协调性方面，覆盖反光膜处理烤后烟叶糖碱比在适宜范围之内，对照处理由于糖含量偏低而总植物碱含量相对较高导致糖碱比偏低。两处理烤后烟叶两糖比例均在适宜范围以内（表4-2）。

（五）烤后烟叶感官质量

对中部和上部烟叶来说，反光膜覆盖处理烤后烟叶感官质量燃烧性和灰色指标得分无差异，而香气质、香气量、余味、杂气、刺激性指标得分均高于对照，综合得分也均高于对照。反光膜覆盖处理中部烟叶感官质量得分较对照提高1.2分，上部烟叶感官质量较对照提高0.8分。反光膜覆盖处理能够改善烤后烟叶的感官质量（表4-3）。

表4-3 不同处理烤后烟叶感官质量

部位	处理	香气质（15）	香气量（20）	余味（25）	杂气（18）	刺激性（12）	燃烧性（5）	灰色（5）	得分（100）
中部	反光膜覆盖	11.33	15.92	19.33	13.42	9.00	3.00	3.00	75.0
	CK	11.17	15.75	18.92	13.08	8.92	3.00	3.00	73.8
上部	反光膜覆盖	10.50	15.58	18.33	12.50	8.67	3.00	3.00	71.6
	CK	10.33	15.50	18.08	12.25	8.58	3.00	3.00	70.8

注：括号中数字为各感官质量评价指标满分值。

（六）烟田杂草

安康烟区杂草种类较多，在调查区域内，禾本科、蓼科、藜科、苋科、大戟科、田旋花科杂草均有发生。黎科杂草数量较多。反光膜覆盖显著抑制了杂草的发生（表4-4）。结果表明，反光膜覆盖能减少除草用工和除草剂的施用。

表4-4 不同处理下垄间及垄面杂草存活情况

杂草类别	杂草名称	杂草数量/（株/亩）	
		未覆盖	反光膜覆盖
禾本科	马唐	1 758	0
	早熟禾	1 700	0
蓼科	酸模叶蓼	2 025	0
藜科	藜	5 586	0
苋科	凹头苋	1 348	0
大戟科	铁苋菜	1 979	0
田旋花科	打碗花	2 128	0

（七）蚜虫数量及病害发生

反光膜覆盖处理显著降低了烟株蚜虫发生数量，未覆盖反光膜的烟株蚜虫发生数量为153头/株，而覆盖反光膜烟株的蚜虫发生数量为65头/株。这说明反光膜对蚜虫具有良好的驱避作用（图4－4）。

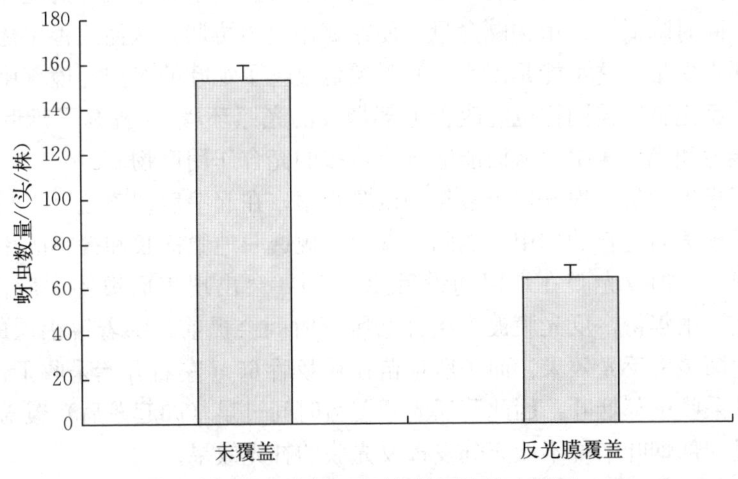

图4－4　不同处理下烟株蚜虫发生情况

反光膜覆盖显著降低了烟田病毒病的发病率和病情指数（表4－5）。这可能与反光膜对蚜虫具有良好的驱避作用，从而减少病毒病的传播媒介有关。

表4－5　不同处理下烟田病毒病发生情况

处理	发病率/%	病情指数
未覆盖	9.70±0.38	2.62±0.09
反光膜覆盖	2.35±0.12	1.50±0.06

四、技术讨论

反光膜覆盖技术已经在果树生产中普遍应用，有研究表明，反光膜覆盖可改善橘、桃等作物叶片内部的光照环境，提高光合速率，本研究也表明，反光膜覆盖提高了大田烟叶的气孔导度，降低了胞间 CO_2 浓度，这说明反光膜覆盖提高了烟叶对 CO_2 的固定能力，从而提高烟叶的光合作用。

反光膜覆盖对烟叶产量有一定影响，但效果不明显，而在玉米上的研究表明，反光膜覆盖可显著改善夏玉米光合特性，提高下部透射光的反光率，进而增加中下部叶片的受光，防止叶片早衰，提升光合能力，从而提高玉米产量。

这可能是因为玉米等作物是以果实和种子为收获对象，而烤烟是以叶片为收获对象，且必须在烟叶达到工艺成熟而非生理成熟时采收，导致产量的下降。此外，还可能与烟叶的采收模式有关，一般情况下，烟叶从下部烟叶开始采收 3～5 次，而下部烟叶采收后会提高中部烟叶的通风透光能力，相对抵消了反光膜对产量的提升幅度。绝大多数研究表明，反光膜覆盖显著提高了果实糖含量，提高了果实品质。本研究表明，反光膜覆盖显著提高了烤后烟叶的还原糖和总糖含量，同时降低了总植物碱含量，使糖碱比更为协调，从而改善了烤后烟叶的感官评吸质量，这可能是因为反光膜覆盖改善了烟叶的光照环境（中部烟叶采收后，反光膜覆盖同样也能改善上部烟叶的光照环境），提高了烟叶对 CO_2 的固定能力和光合速率，从而能够合成更多的光合作用产物。

需要指出的是，根据连续多年的试验观察，在起垄后即覆盖反光膜也能起到覆盖常规透明地膜的作用，能同时减少常规透明地膜覆膜和揭膜的用工成本和材料成本，但反光膜在烟田铺设后 40～50 d 会出现表面镀铝层脱落现象，尤其是在多雨年份，反光膜镀铝层开始脱落时间会提前，随着镀铝层的脱落，反光膜逐渐丧失反光效果。而一般烟苗在移栽后 60 d 左右开始采收下部烟叶，70～80 d 采收中部烟叶，因此若反光膜覆盖时间过早（如起垄后）覆盖，对烟叶尤其是中部烟叶来说不能充分发挥反光膜的补光效果。

第二节　烟叶保香增柔清洁烘烤模式

一、技术背景

我国用于烟叶烘烤的燃煤烤房遍布广大农村，燃煤烘烤能耗较高、污染重，致使烘烤成为烟草农业生产主要的污染来源。推广应用清洁烘烤模式，减少燃煤污染已成为现代烟草农业推进过程中急需解决的问题。科技是“美丽乡村”建设的重要支撑，发挥科技在“美丽乡村”创建过程中的推动作用需要注重政府决策、学科结合、企业参与之间的协同，重视亿万农民群众的主体地位和他们的实际生产需求。利用电能作为热源的热泵烤房，可实现大气污染物的零排放，可实现连续化作业，劳动强度低、生产效率高，能够较好地配合烟叶基地单元化运作。

我国现行密集烤房一般都采用开式排湿，直接向外界环境排出高温高湿空气，干燥速度快，导致烟叶收缩幅度小，烤后烟叶欠柔软。此外，也造成了大量的能量浪费，并容易导致烤房内温度的剧烈变化，对烤后烟叶质量造成不利影响。闭式循环空气源热泵烤房在整个烟叶烘烤过程中，烤房内循环的空气不与外界进行交换，利用蒸发器将空气中的水蒸气冷凝排出，热量可以循环利用，减少了能源浪费，最大程度保留烟叶中的致香物质。

在行业去库存、烟叶供给侧改革、提质增效工作稳步推进，在各行业都越来越强调节能减排，减工降本的背景下，本节介绍了闭式循环热泵烘烤设备及配套工艺，以期在达到烟叶烘烤增香、彰显烟叶风格的同时，实现降低燃煤排放、改善烘烤作业环境、助力"美丽乡村"建设的目的。

二、技术方案

（一）闭式循环保香增柔清洁烘烤的供热系统

1. 设计原理 闭式循环保香增柔清洁烘烤的供热系统具备制热、闭式循环除湿、辅助外排湿三大功能。

（1）制热模式。供热系统组成见图4-5。供热系统内的冷媒首先在蒸发器A中吸收来自外界环境的热量后，由液体蒸发为蒸汽，经压缩机压缩后送到冷凝器中，在高压下冷媒冷凝液化，放出热量加热来自装烟室的空气，液化后的冷媒经节流装置再次回到蒸发器A内，如此循环下去。

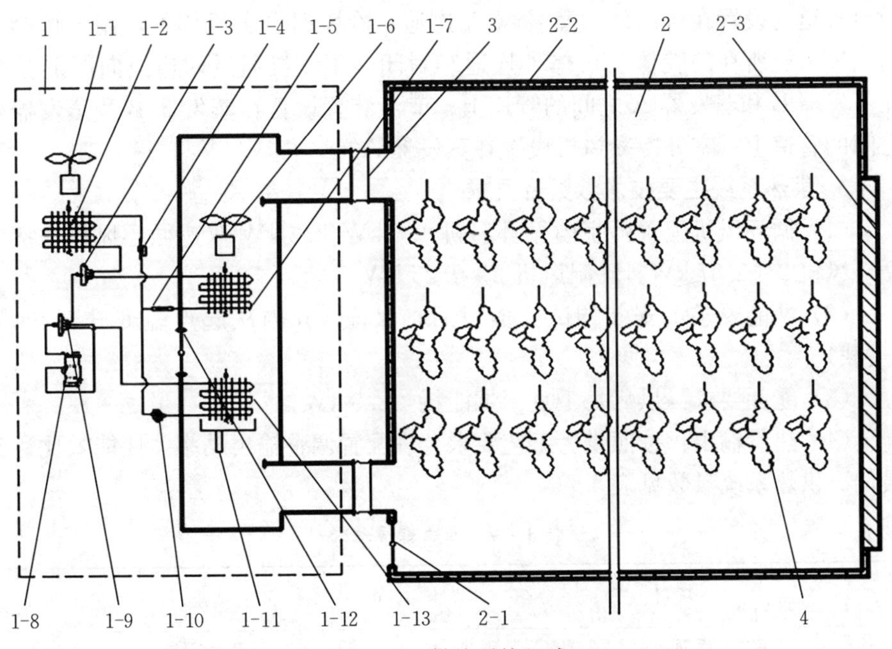

图4-5 供热系统组成

1. 体机 1-1. 室外循环风机 1-2. 蒸发器A 1-3. 四通换向阀A 1-4. 电磁阀 1-5. 单向阀 1-6. 室内循环风机 1-7. 冷凝器 1-8. 压缩机 1-9. 四通换向阀B 1-10. 节流装置 1-11. 冷凝水出水口 1-12. 冷风进风口 1-13. 蒸发器B 2. 装烟室 2-1. 辅助排湿口 2-2. 装烟室墙体 2-3. 装烟室门 3. 连接软管 4. 烟叶

（2）闭式循环除湿模式。装烟室内出来的湿热空气经过管道输送到蒸发器B中进行热交换，处理至低温干燥的状态，同时将冷凝下来的水排出系统外；处理后的低温干燥空气经过冷凝器进行热交换，处理至高温干燥的状态；处理后的空气经过室内循环风机额定输送，输送到装烟室内，干燥的高温空气经过置放在装烟室的烟叶，吸收烟叶里的水分后成为潮湿、高温的空气。

（3）辅助外排湿模式。在特殊情况下，当闭式循环除湿模式不能满足排湿需求时，冷风门开启补充新风，上辅助排湿风阀和/或下辅助排湿风阀开启，在循环风机作用下，外界干冷空气进入装烟室内，在气流压力作用下，装烟室内的高湿空气排出室外。

2. 供热系统组成 供热系统分为一体式和分体式两种，均包括2×7匹压缩机、冷凝器、2×蒸发器、电辅热、电力开关柜、冷风进风门、冷风门电动机、2×室外循环风机、室内循环风机、除湿风机、电磁阀、四通换向阀、单向阀、节流装置等。

一体机连接侧设有出风口和回风口；蒸发器B通过管道与设置在机体外的蒸发器A连通；室内循环风机，用于提供机体内气流流动的动力；冷凝器通过管道与设置在机体外的蒸发器A连通；冷风门设于机体上，用于控制室内循环风机所在的腔体与机体外连通和封闭；压缩机通过四通换向阀B连接在蒸发器B和蒸发器A之间的管道上；节流装置设置在蒸发器B和蒸发器A之间的管道上；室外冷凝风机设置在蒸发器A的一侧。

3. 供热系统主要技术参数及要求

（1）循环风机配置：室内循环风机1.8 kW/2.2 kW双速循环风机。室外循环风机2×0.37 kW。除湿风机2×0.25 kW。

（2）性能要求：安装调试完成以后，保证5 h内从起点温度升至68 ℃（空载）。

（3）能耗要求：烘烤每千克干烟能耗<2.5 kW。

（4）热量输出：按照烘烤工艺要求合理配置调整输出功率，使能效比达到最佳。供热系统参数见表4-6。

表4-6 供热系统参数

项目	要求
系列名称	闭式系统
机组规格	2×7匹
干燥温度	15～70 ℃
分风方式	顶出风，侧回风
电源	380 V，3 ph（三相交流电），50 Hz

（续）

项目	要求
除湿量（回风温度 50 ℃，相对湿度：45%）	40 kg/h
去湿量（回风温度 50 ℃，相对湿度：45%）	60 kg/h
辅助电加热功率	13.5 kW
压缩机输入功率	10.5 kW
风机输入功率	3.0 kW
标准除湿风量	4 000 m^3/h
标准循环风量	11 100 m^3/h
热管换热量	17.36 kW
标准制热量	57.54 kW
制冷系数（COP）	4.795
制冷剂	R134a
控制系统	PLC 可编程控制器＋触摸屏
控制模式	10 段智能控制
机组功能	除湿、排湿、加热、热回收、制冷

（二）闭式循环保香增柔清洁烘烤的装烟建筑系统

装烟建筑系统主要由装烟室，以及设置在装烟室上的进风口、回风口、辅助排湿风阀等组成。辅助排湿风阀设于装烟室的顶端（气流上升式）和底端（气流下降式），用于控制装烟室内气体的流出。

1. 原密集烤房加热室改造 为尽可能不改变现有烤房结构，在现有密集烤房基础上对其进行改造。把原烤房加热室和换热室拆除，然后把里面的加热器、换热器一并拆除。

在两柱子中心对称位置浇筑供热系统基础，供热系统基础土建见图 4－6。基础的尺寸为 2 000 mm×1 500 mm，厚度为 250 mm，出地面为 150 mm。机组的基础应采用抗压强度不低于 C15 等级的混凝土浇入事先制好的基础框架中，基础浇注的过程应是连续的。

2. 装烟室标准

（1）内室长 8 000 mm、宽 2 700 mm、高 3 500 mm，满足鲜烟装烟量不低于4 500 kg，烘烤干烟不低于 500 kg。装烟室主要包括地面、墙体、屋顶、挂烟架、装烟室门、观察窗、热风进（回）风口、辅助排湿口及排湿窗等结构。

（2）地面找水平，不设坡度。地面加设防水塑料布或采取其他防水措施。

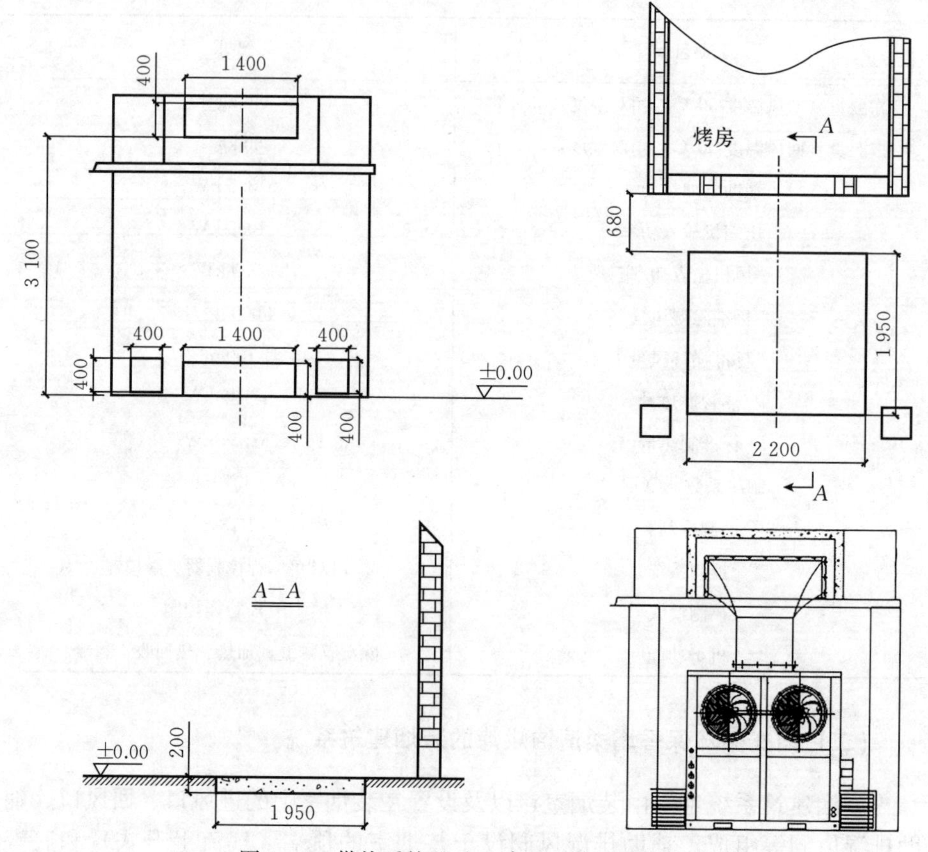

图 4-6　供热系统基础土建图（单元：mm）

（3）墙体为砖混结构或其他保温材料结构。砖混结构墙体砖缝要满浆砌筑，厚度 240 mm，墙体内外粉刷。

（4）屋顶与地面平行，不设坡度。预制板覆盖，厚度≥180 mm，或钢筋混凝土整体浇筑，厚度≥100 mm，加设防水薄膜或采取其他防水措施。

（5）挂烟架采用直木（100 mm 方木）、钢管（≥50 mm×30 mm，壁厚 3 mm）或角铁材料（50 mm×50 mm×5 mm）等，能承受装烟重量。挂烟架底棚高 1 300 mm，顶棚距离屋顶高度为 600 mm，棚间距 800 mm。

（6）装烟室门：在端墙上装设装烟室门，门厚度≥50 mm，采用彩钢复合保温板门，彩钢板厚度≥0.375 mm，聚苯乙烯内衬密度≥13 kg/m^3。采用两扇对开大门，保证装烟室全开，适应各种装烟方式。

（7）热风进（回）风口：热风进风口开设在隔热墙顶端，规格 2 700 mm×400 mm。热风回风口开设在隔热墙底端，规格 1 400×400 mm。

（8）辅助排湿口及排湿窗：在隔热墙底端两侧对称位置紧贴装烟室边墙各

开设一个辅助排湿口，规格 400 mm×400 mm。在辅助排湿口安装排湿窗，排湿窗采用铝合金百叶窗结构。

3. 烤房组装 机组组装后通过风管与烤房装烟室连接。

（1）供热系统安装位置的选择。

① 应安装在具有较大空间、通风良好的地方。

② 安装位置应确保进出风口及出水口畅通无阻。

③ 能方便地进行排水。

④ 安装基础或支架应固定坚实牢固。

⑤ 确保整机水平安装。

⑥ 请勿将主机安装在有污染、腐蚀性气体和灰沙、落叶等杂物易聚集的地方。

⑦ 安装位置不可靠近易燃、易爆和有明火的地方。

（2）供热系统的安装基础。

① 机组安装基础可以为混凝土结构，也可以用钢制拖架、加防震橡胶垫，基础表面应平整。

② 基础设计可按机组的运行重量设计（运行重量约为静止重量的 1.3 倍）。

（3）管道连接安装。根据空间位置或需要将室供热系统固定，同时应考虑安装位置能方便接管及维修。

① 管路连接。

A. 采用喇叭口连接的机组。只需将连接管接在室内外机的角阀上，连接时应注意如下几点：

a. 管道的弯曲加工用弯管器进行，弯曲半径较大时也可用手缓慢地弯曲。弯曲半径过小，容易造成管子损坏，弯曲半径限度要求不小于铜管外径的 6 倍。

b. 松开角阀连接螺母，卸下连接管堵头，在喇叭口处涂上冷冻机油，快速地将两者连接起来（要求在 5 min 内），喇叭口位置对好之后，再用扳手紧固螺母。

c. 当所需要的管长超过 5 m 时，需按要求加长铜管并补充制冷剂。

B. 采用焊接方式连接的机组。连接应注意如下几点：

a. 采用硬钎焊连接所有接头。

b. 铜管切割后需清除毛刺及管内异物。

c. 焊接时管内必须充氮。

② 充氮试漏。铜管连接之后从室内截止阀向室内充注氮气至压力为 1.5MPa，用肥皂液检查连接管各接头处是否有漏，若有漏，接头处必须重新处理。

注意：切勿用氧气或乙炔气试漏！

③ 冷凝水管的连接。

A. 冷凝水管的斜度和支撑。

a. 冷凝水管安装斜度至少为1/100。

b. 冷凝水管尽管可能短，并按顺坡度排水（途中无气穴）。

c. 对于长的冷凝水管可用悬挂螺栓，以确保1/100斜度（PVC管不能弯曲）。

d. 水平管长度尽可能短。

B. 冷凝水管的存水弯头。

a. 冷凝水侧排水管应安装存水弯头，安装存水弯头。

b. 每台室内机安装一只存水弯头。

c. 安装存水弯头时应考虑易于日后清洁。

（4）供热系统及风管的安装。

① 减少噪声和震动。

A. 在机器与回风和送风管间应装帆布接头，以防止噪声和震动自机组传到风管再传到烤房上。

B. 选用回风和送风管尺寸时，为使噪声最小，应考虑气流的速度。

C. 机组的安装接口按照施工图连接。

② 注意事项。

A. 送回风管必须保温，采用厚度不低于30 mm橡塑保温板保温。

B. 帆布接头的端面应装金属框架固定。

C. 空气过滤器必须容易拆洗。

D. 送回风管应由铁支架固定在楼层预制板上，风管接口用胶封严。

（三）闭式循环保香增柔清洁烘烤的智能控制系统

智能控制系统是保香增柔清洁烘烤模式的大脑中枢，是能否实现烟叶保香增柔的核心。智能控制系统含自控主机及配套执行器（冷风进风门、温湿度计），保证温湿度能够按照既定烘烤工艺实现自动控制，且能在加热、闭式循环除湿、辅助外排湿功能之间实现灵活切换。

1. 控制内容 智能控制系统以烘烤为主体任务，以整体控制分段控制为策略，以实现烤房内的干球温度和湿球温度为方向，当干球温度达到要求，湿球温度高于曲线的设定值时，系统进行除湿运行，当除湿效率不能满足要求时，开启电动风阀补充新风，进行辅助排湿。温度信号可自行选择上棚温度或下棚温度为控制对象。可以实现以下运行模式：

（1）制热模式。供热系统运行制热，根据温控幅差运行压缩机，控制室内温度，热泵能力不足时，电辅助加热逐级启动，温度达设定点后，电辅助加热逐级停止。室内湿度低于设定幅差，冷风门关闭；室内湿度高于设定幅差，冷风门开启，辅助排湿。本模式下系统运行以基本工艺曲线为基础，按各个曲线段自动转换，循环结束后自动退出运行。

（2）除湿模式。机组运行除湿回收模式，根据湿球温度温控幅差运行压缩机，控制室内湿球温度，热泵能力不足时，电辅助加热逐级启动，温度达设定点后，电辅助加热逐级停止。冷风门辅助排湿：室内湿度低于冷风门设定幅差，冷风门关闭；室内温度高于冷风门设定幅差，冷风门开启，辅助排湿。本模式下系统运行以基本工艺曲线为基础，按各个曲线段自动转换，循环结束后自动退出运行。

（3）智能模式。在此控制模式下，系统可以在制热模式和除湿模式之间自由切换。本模式下系统运行以基本工艺曲线为基础，按各个曲线段自动转换，循环结束后自动退出运行。

2. 控制要求

（1）能实现系统的自动加卸载，压缩机均衡运行及分时启动。

（2）能实现自动除湿能量回收、制热排湿。

（3）能实现各段按照曲线运行，在运行结束后能自动进入下一曲线运行。

（4）显示整体烘烤时间总长度，当前阶段的总时间长度，当前阶段已完成的总时间长度，上述时间以小时计，数据精确到小数点后一位。

（5）掉电自动记忆各种参数。来电后，系统保持掉电前的工作状态：掉电前开机状态，来电后机器自动进入原来工作状态，掉电前停机状态，来电后系统不开机。

（6）采用PID控制算法，自动调节控制进风门打开的角度，使烤房内的湿度控制在设定范围内。

（7）具有完善的保护功能。

① 三相缺相、逆相、欠压、超压保护。

② 压缩机高压、低压保护。

③ 温湿度超限保护。

④ 具有传感器故障提示功能。

⑤ 具备系统保护与故障提示功能。

⑥ 室内循环风机具有风速调节功能。

⑦ 具有完善的显示和查询功能。

A. 显示压缩机、风机、电加热等运行状态。

B. 显示各阶段干球温度、湿球温度的设置状态参数。

C. 显示系统运行状态。

D. 显示对应阶段的室内设置干湿球温度以及选择的控制对象（上棚或下

棚干湿球温度）的实际运行参数。

3. 控制方法

（1）温湿度智能控制方法。

① 启动闭式循环热泵系统，设定目标干球温度 T_{dset} 和目标湿球温度 T_{wset}；

② 检测装烟室内的干球温度和湿球温度，通过与目标干球温度 T_{dset} 和目标湿球温度 T_{wset} 比较，实现对压缩机启停及制热和除湿模式的切换控制，具体包括：

A. 压缩机启停状态控制：

若满足条件 1：$T_{d\ room}<T_{d\ set}-A1$，且 $T_{w\ room}<T_{w\ set}+A3$，则压缩机开启，吸热电磁阀开启，除湿电磁阀关闭，系统为制热模式。

若满足条件 2：$T_{d\ room}<T_{d\ set}-A1$，且 $T_{w\ room}\geqslant T_{w\ set}+A3$，则压缩机开启，除湿电磁阀开启，吸热电磁阀关闭，系统为除湿模式。

其中，$T_{d\ room}$ 为检测周期时间 $t1$ 内的干球温度均值，$T_{w\ room}$ 为检测周期时间 $t1$ 内的湿球温度均值，$A1$ 为压缩机开启干球温控幅差，$A3$ 为压缩机湿球温控幅差。

若既不满足条件 1 也不满足条件 2，则压缩机处于停机状态，吸热电磁阀、除湿电磁阀处于关闭状态。

压缩机停机期间，基于检测周期时间 $t1$ 重新进行干球温度和湿球温度循环检测，实现对压缩机的启停状态控制。

B. 压缩机启动运行后，循环检测及制热和除湿模式切换控制：

压缩机启动运行后，基于检测周期时间 $t1$，继续检测装烟室内干球温度均值 $T_{d\ room}$ 和湿球温度均值 $T_{w\ room}$，并进行以下控制：

若满足条件 3：$T_{d\ room}<T_{d\ set}+A2$，且 $T_{w\ room}<T_{w\ set}+A3$，则压缩机保持开启，吸热电磁阀开启，除湿电磁阀关闭，系统为制热模式。其中，$A2$ 为压缩机停止干球温控幅差。

若满足条件 4：$T_{d\ room}<T_{d\ set}+A2$，且 $T_{w\ room}\geqslant T_{w\ set}+A3$，则压缩机保持开启，除湿电磁阀开启，吸热电磁阀关闭，系统为除湿模式。

若满足条件 5：$T_{d\ room}\geqslant T_{d\ set}+A2$；则吸热电磁阀关闭，除湿电磁阀关闭，压缩机停止工作。

压缩机停机期间，基于检测周期时间 $t1$，重新进行干球温度和湿球温度检测，直至达到压缩机开启运行条件，开始下一个运行循环。

③ 电加热辅助设备启动及关闭控制。

基于闭式循环热泵烟叶烤房系统还包括电加热辅助设备，设定电加热停止运行平衡时间 $t2$，具体在对温湿度进行控制时还包括以下步骤：

A. 闭式循环热泵运行过程中，基于检测周期时间 $t1$，检测装烟室内干球温度，计算装烟室内干球温度的均值，并与目标干球温度进行对比：

若室内循环风机运行，且 $T_{d\ room} \leqslant T_{d\ set} - A4$，电加热辅助设备启动；否则，电加热辅助设备处于关闭状态。

B. 电加热辅助设备启动后，基于检测周期时间 $t1$，检测装烟室内干球温度，计算装烟室内干球温度的均值，并与目标干球温度进行对比：

若 $T_{d\ room} \geqslant T_{d\ set}$，且维持 $t2$ 时间以上，电加热辅助设备关闭。

C. 基于检测周期时间 $t1$，通过检测判断装烟室内干球温度的均值，并与目标干球温度进行对比，实现对电加热辅助设备启动及关闭的循环控制。

控制参数设定见表 4－7。所述压缩机开启干球温控幅差 $A1$ 的调整范围为 0.1～5.0 ℃，压缩机停止干球温控幅差 $A2$ 的调整范围为－0.1～5.0 ℃，压缩机湿球温控幅差 $A3$ 的调整范围为 0.1～5.0 ℃。

所述检测周期时间 $t1$ 为 5～10 s。

当系统关机或电加热辅助设备进入禁止模式或电加热辅助设备防过热开关受热断开时，电加热辅助加热关闭。

所述电加热开启干球温控幅差 $A4$ 的调整范围为 0.1～5.0 ℃。

所述电加热停止运行平衡时间 $t2$ 为 5～10 s。

本方案通过检测装烟室内干球温度和湿球温度，以此作为基础与目标干球温度 $T_{d\ set}$ 和目标湿球温度 $T_{w\ set}$ 进行对比，并结合压缩机开启干球温控幅差 $A1$、压缩机停止干球温控幅差 $A2$、电加热开启干球温控幅差 $A4$ 以及装烟室内湿球温度均值 $T_{w\ room}$ 与装烟室内目标湿球温度 $T_{w\ set}$、压缩机湿球温控幅差 $A3$ 进行对比，根据对比结果对压缩机启停、吸热电磁阀启停、除湿电磁阀启停、电加热辅助加热启停进行调节，通过吸热电磁阀启停和除湿电磁阀的启停实现对制热模式和除湿模式的切换，使压缩机能够合理启停以及在制热和除湿模式间进行切换，保证烤房温湿度和目标温湿度相吻合，实现温度与湿度的兼顾，控制效果好。

表 4－7　控制参数设定

参数名称	符号	调整范围
压缩机开启干球温控幅差	$A1$	0.1～5.0 ℃
压缩机停止干球温控幅差	$A2$	－0.1～5.0 ℃
压缩机湿球温控幅差	$A3$	0.1～5.0 ℃
电加热开启干球温控幅差	$A4$	0.1～5.0 ℃
计算周期时间	$t1$	5～10 s
电加热停止运行平衡时间	$t2$	5～10 s

控制方法的原理见图 4-7。

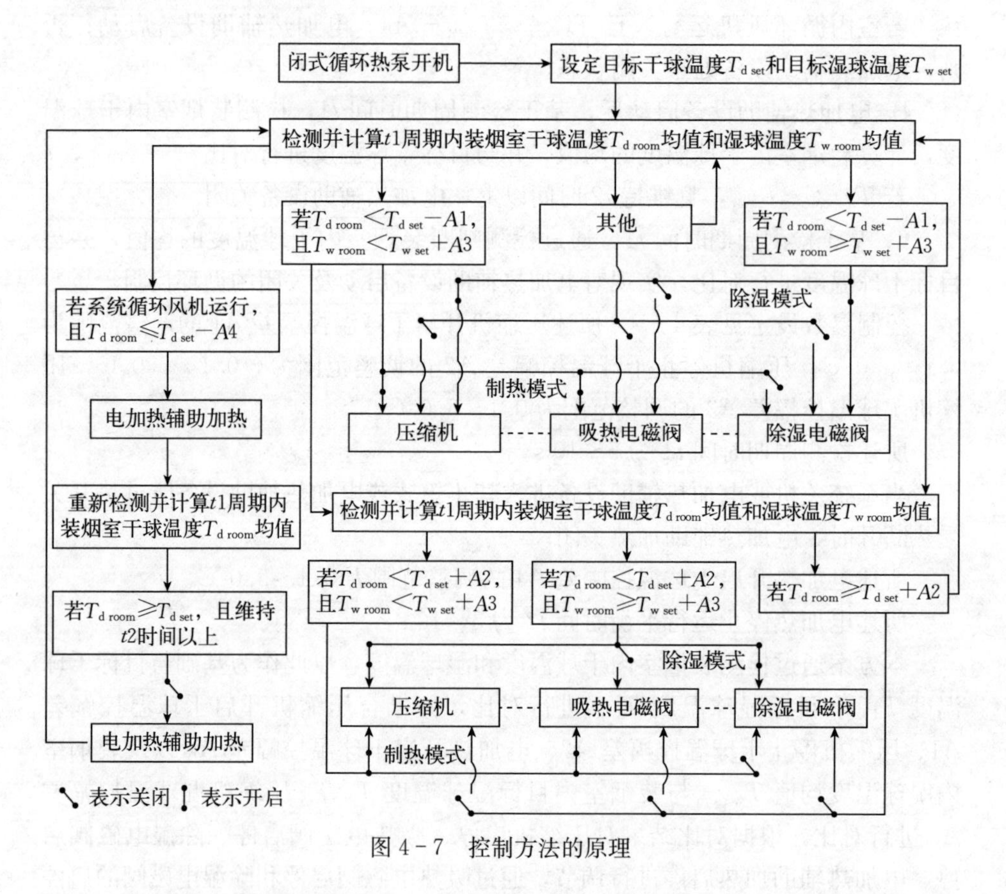

图 4-7　控制方法的原理

（2）辅助排湿智能控制方法。为解决现有闭式循环热泵烟叶烤房在特殊情况下通过冷凝排湿难以满足烟叶烘烤需要的问题，提出了一种闭式循环热泵烟叶烤房辅助排湿智能控制方法，湿球温度的升幅（也就是排湿量确定冷风门的开启角度）能满足辅助排湿要求即可，尽可能减少辅助外排湿的影响，提高烟叶柔软性和香气质量，减少外排湿时的能量损耗。

闭式循环热泵烟叶烤房辅助排湿智能控制方法，包括如下步骤：

① 设定不同烘烤温度段的目标湿球温度 $T_{w\ set}$、冷风门辅助排湿湿球温控幅差 $A1$ 和冷风门开启角度参照湿球幅差 $A2$。

② 检测装烟室内的湿球温度，并将湿球温度 $T_{w\ room}$ 与装烟室内的目标湿球温度 $T_{w\ set}$、冷风门辅助排湿湿球温控幅差 $A1$、冷风门开启角度参照湿球幅差 $A2$ 进行对比。

③ 根据对比结果对冷风门的开闭及其开启角度进行调节，实现对装烟室内湿球温度的辅助调节，具体包括：

若 $T_{w\ room} < T_{w\ set} + A1 + [1/9] \times A2$，冷风门完全关闭。

若 $T_{w\ set} + A1 + [1/9] \times A2 \leqslant T_{w\ room} < T_{w\ set} + A1 + [2/9] \times A2$，冷风门开启10°。

若 $T_{w\ set} + A1 + [2/9] \times A2 \leqslant T_{w\ room} < T_{w\ set} + A1 + [3/9] \times A2$，冷风门开启20°。

若 $T_{w\ set} + A1 + [3/9] \times A2 \leqslant T_{w\ room} < T_{w\ set} + A1 + [4/9] \times A2$，冷风门开启30°。

若 $T_{w\ set} + A1 + [4/9] \times A2 \leqslant T_{w\ room} < T_{w\ set} + A1 + [5/9] \times A2$，冷风门开启40°。

若 $T_{w\ set} + A1 + [5/9] \times A2 \leqslant T_{w\ room} < T_{w\ set} + A1 + [6/9] \times A2$，冷风门开启50°。

若 $T_{w\ set} + A1 + [6/9] \times A2 \leqslant T_{w\ room} < T_{w\ set} + A1 + [7/9] \times A2$，冷风门开启60°。

若 $T_{w\ set} + A1 + [7/9] \times A2 \leqslant T_{w\ room} < T_{w\ set} + A1 + [8/9] \times A2$，冷风门开启70°。

若 $T_{w\ set} + A1 + [8/9] \times A2 \leqslant T_{w\ room} < T_{w\ set} + A1 + A2$，冷风门开启80°。

若 $T_{w\ room} \geqslant T_{w\ set} + A1 + A2$，冷风门开启90°。

所述冷风门辅助排湿湿球温控幅差 $A1$ 的设定范围为0.1～5.0℃。$A1$ 主要是为了实现以冷凝除湿为主，辅助外排湿为辅；只要湿球温度升幅在 $A1$ 设定范围以内，则以冷凝除湿方式进行除湿。冷风门开启为辅助排湿，因此，$A1$ 值设置会高于完全依赖冷风门开启排湿的烤房，优选 $A1$ 的设定范围为0.6～1.5℃，实现以冷凝除湿为主。

所述冷风门开启角度参照湿球温控幅差 $A2$ 的设定范围为0.1～5.0℃。

所述湿球温度的检测步骤包括：在 $t1$ 时间周期内，检测装烟室内湿球温度，并计算装烟室内湿球温度的均值，以此作为湿球温度 $T_{w\ room}$；所述时间周期 $t1$ 为1～10 s。

本闭式循环热泵烟叶烤房辅助排湿智能控制方法，根据湿球温度的升幅也就是排湿量确定冷风门的开启角度，能满足辅助排湿要求即可，尽可能减少辅助外排湿的影响，提高烟叶柔软性和香气量，减少外排湿时的能量损耗；本控制方法根据装烟室内湿球温度 $T_{w\ room}$ 与装烟室内目标湿球温度 $T_{w\ set}$、冷风门辅助排湿湿球温控幅差 $A1$、冷风门开启角度参照湿球温控幅差 $A2$ 进行对比，自动选择冷风门的开闭及其开启角度，经过实践验证，能够做到烘烤过程以冷凝除湿为主，在特殊情况下开启辅助外排湿功能，防止因冷凝除湿不能满足除湿要求时出现的烤坏烟现象，保证烟叶烘烤质量。

4. 操作系统

（1）主界面。主页面上显示烘干工艺的相关数据。当采用上棚的干湿球温度时，上棚的干湿球背景有蓝色指示。当采用下棚的干湿球温度时候，上棚的下湿球背景有蓝色指示。操作系统主界面见图 4－8。

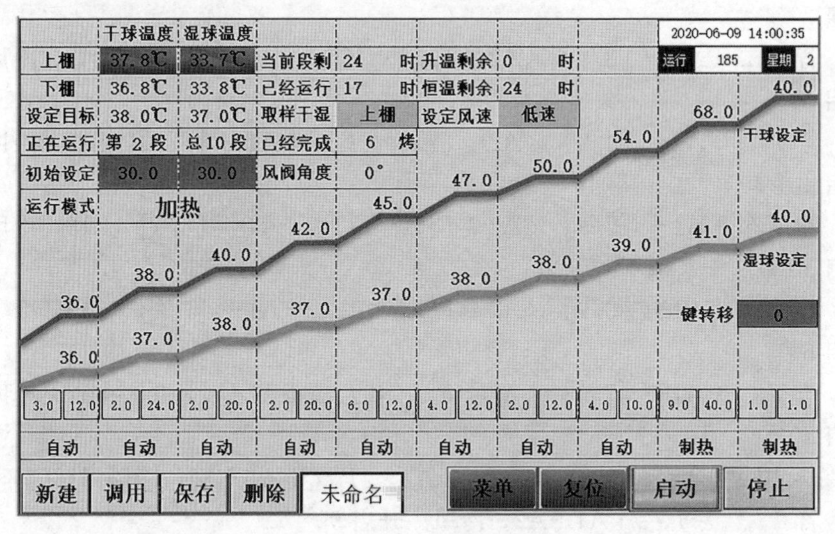

图 4－8　操作系统主界面

（2）开机及关机。系统运行时，启动按钮为绿色，停止按钮为灰色，运行时候若要结束烘烤，则点击停止按钮，界面上会弹出对话框进行二次确认，防止误操作（图 4－9）。关机只是系统关闭，烘干工艺初始化请点击复位按钮。

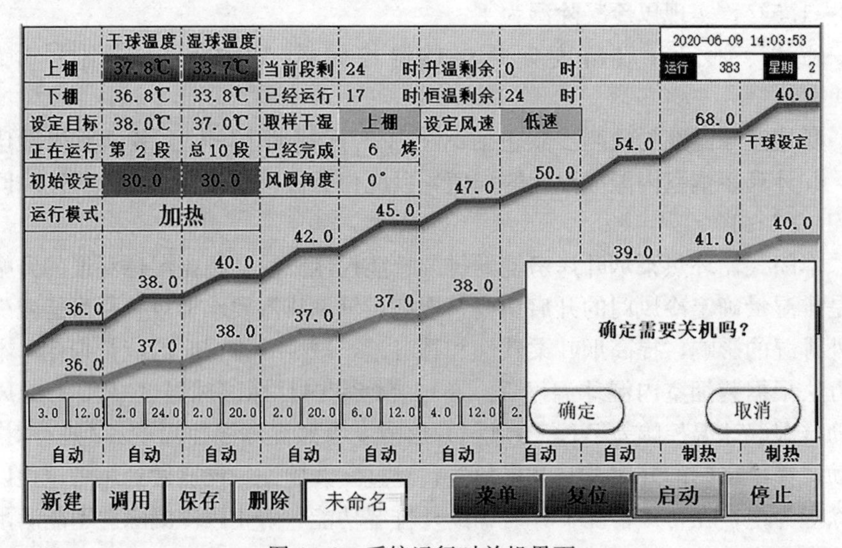

图 4－9　系统运行时关机界面

系统处于停止状态时，启动按钮为灰色，停止按钮为红色，停止运行中，点击启动按钮，机组会弹出对话框确认烘干工艺（图 4－10）。

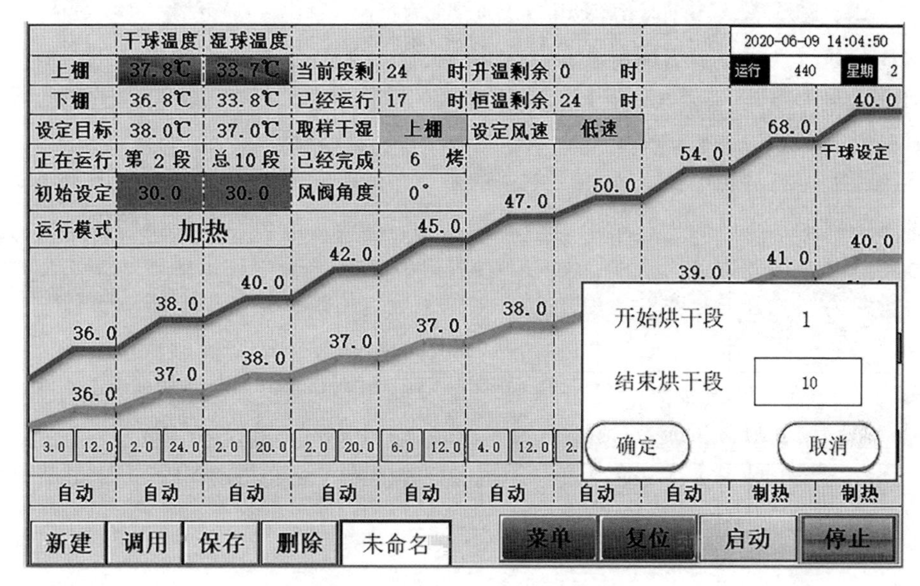

图 4－10　系统停止时启动界面

当需要烘干工艺从头时，点击复位按钮，会弹出对话框再次确认，防止误操作（图 4－11）。

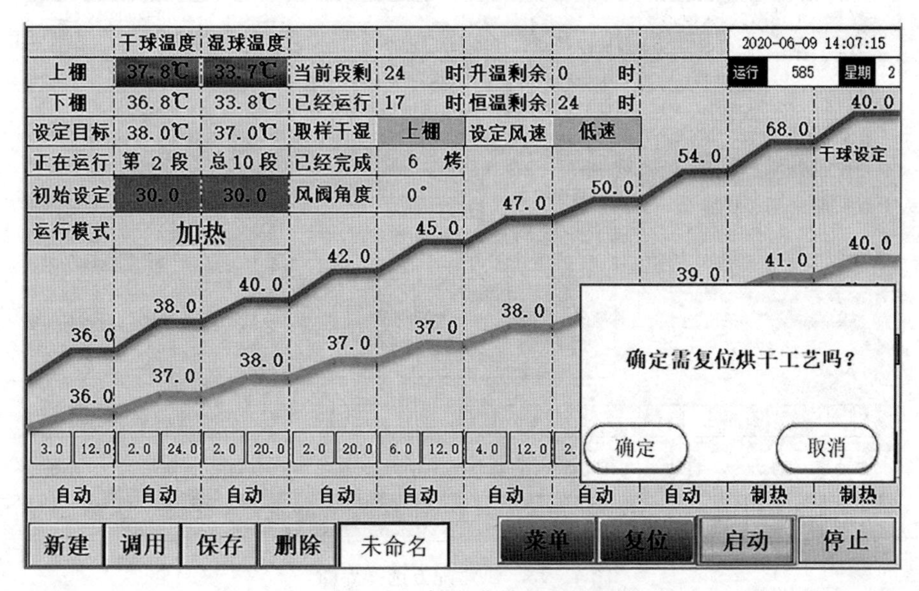

图 4－11　复位烘干工艺界面

系统的一些重要提示会滚动指示，如故障报警，烘干工艺结束（图 4－12）。

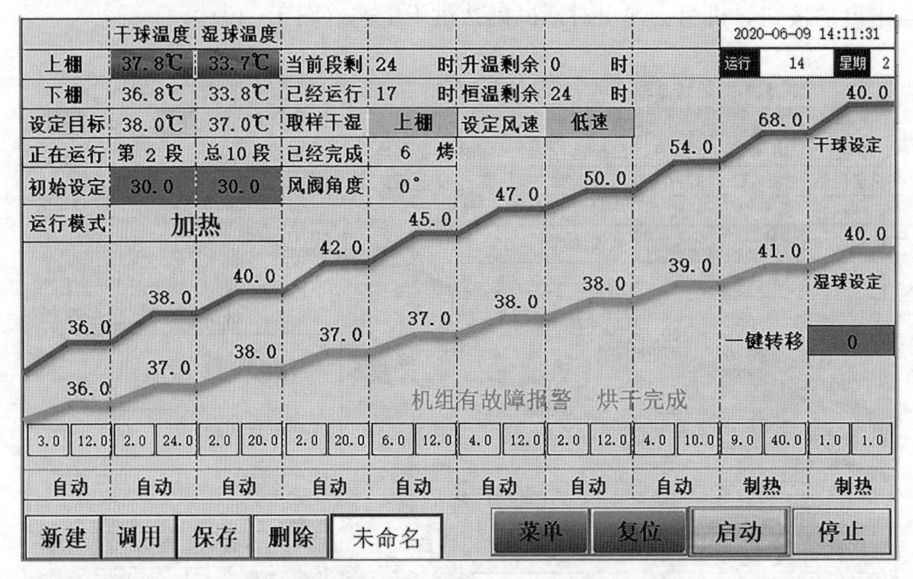

图 4－12　系统滚动指示界面

（3）烘烤配方选择与设置。主页面中烘干设定的数据，可以保持到配方中，机组内置三种配方，用户可以自己新建或删除。点击调用，可以从现有配方中调用（图 4－13）。

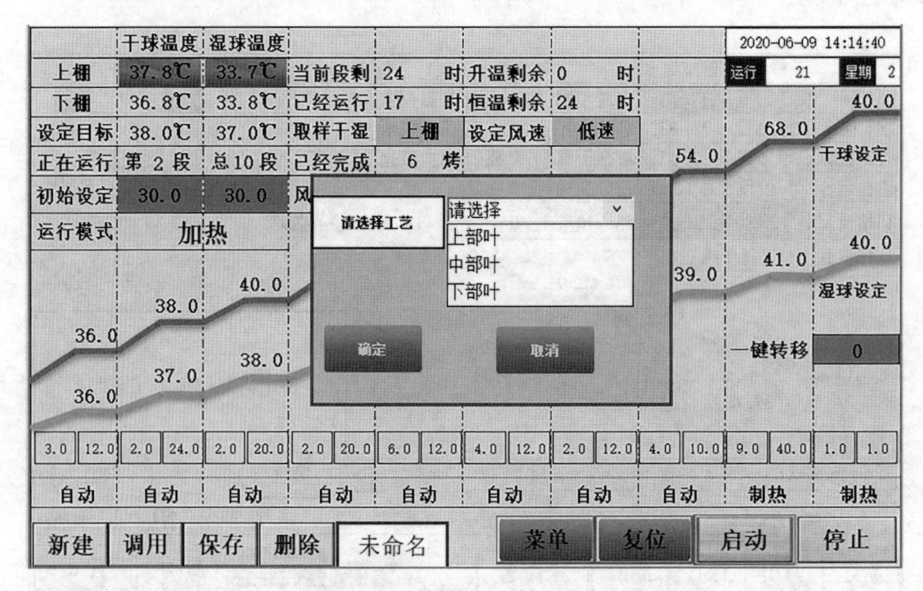

图 4－13　烘烤配方选择界面

在现有配方的数据中，修改时，会有保存的提醒（图 4 - 14）。

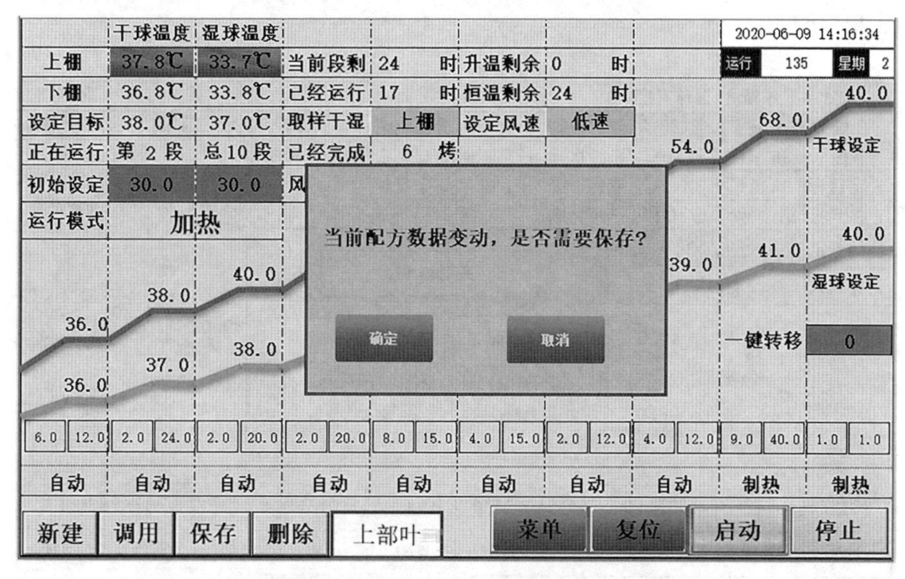

图 4 - 14　烘烤配方数据修改界面

如果选择确认，那么数据保存到当前配方中，如果选择取消，那么系统将数据另放至未命名配方中。

在当前配方运行中，点击新建，那么系统会将数据复制到未命名配方中。点击保存，机组可以将当前数据保存到指定名称的配方中（图 4 - 15）。

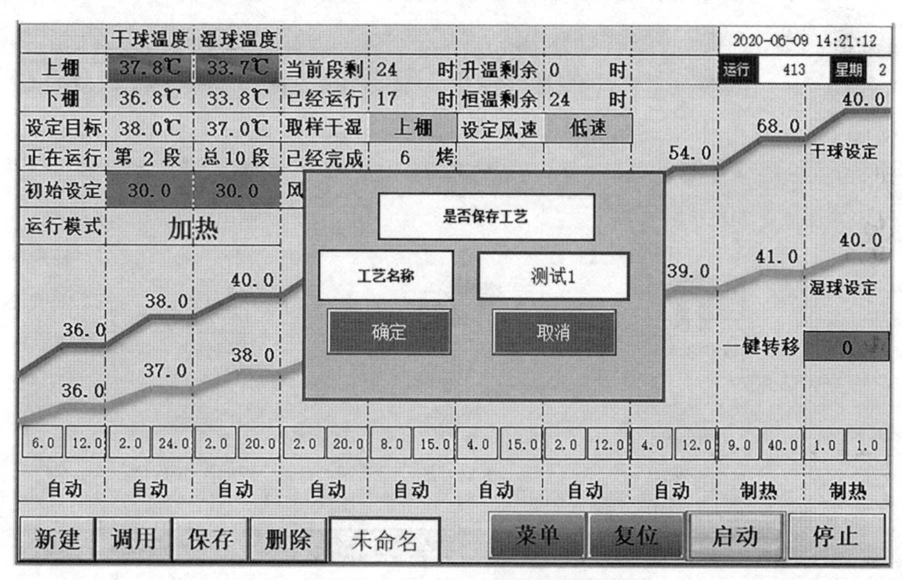

图 4 - 15　新建烘烤工艺界面

点击删除，系统会弹出确认对话框，删除后，系统自动进入未命名配方（图4-16）。

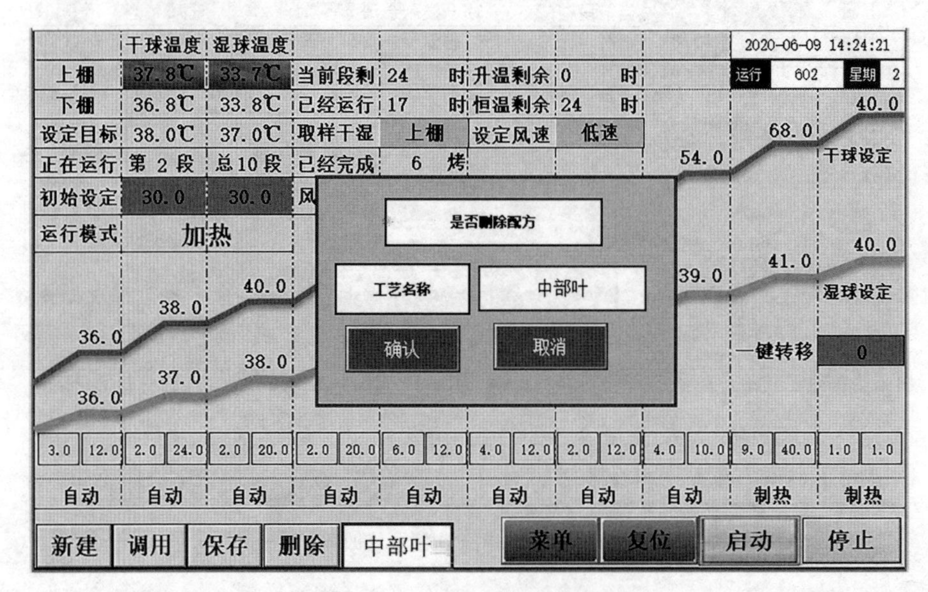

图4-16 烘烤配方删除界面

（4）菜单界面。在主页面上点击菜单界面按钮，会显示操作界面（图4-17）。在页面上点击图标，会分别进入子页面。

图4-17 菜单界面

① 机组状态。按相应的按钮会分别进入时间数据和参数状态（图 4－18）。

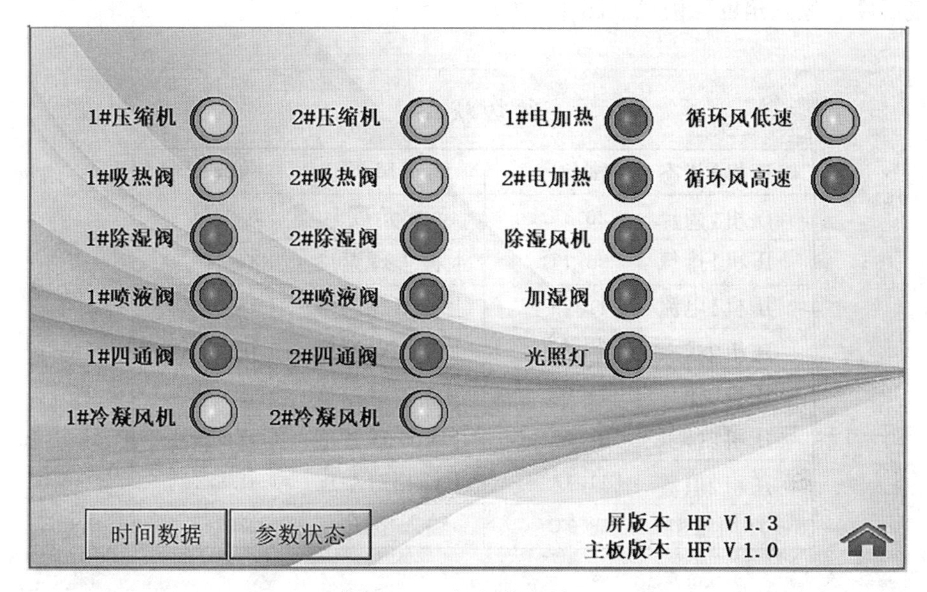

图 4－18　机组状态界面

A. 时间数据。时间数据界面显示压缩机、电加热开启时间、累计开启时间等数据（图 4－19）。

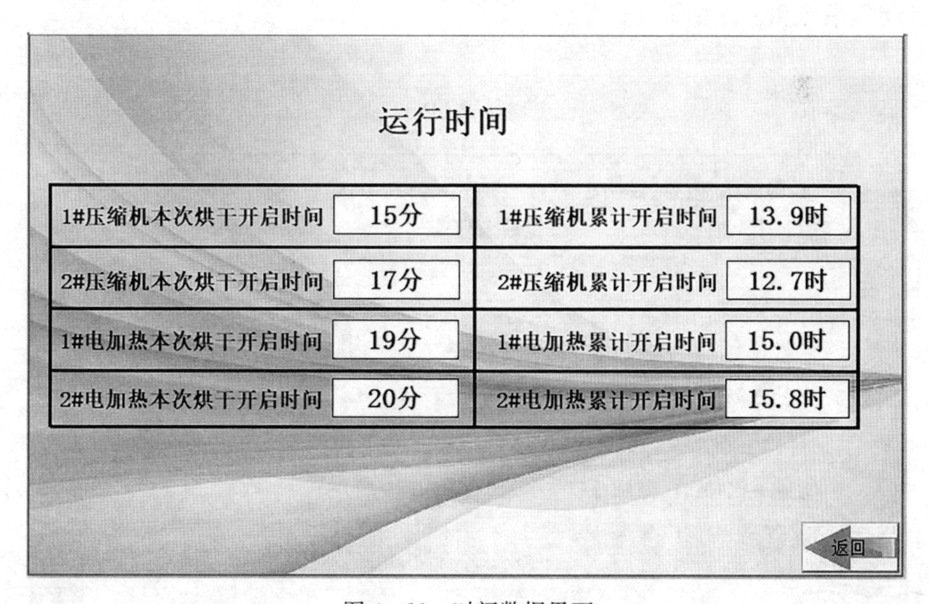

图 4－19　时间数据界面

B. 参数状态。状态参数界面显示压缩机状态、干球温度、温球温度、环境温度、风阀角度等信息（图 4－20）。

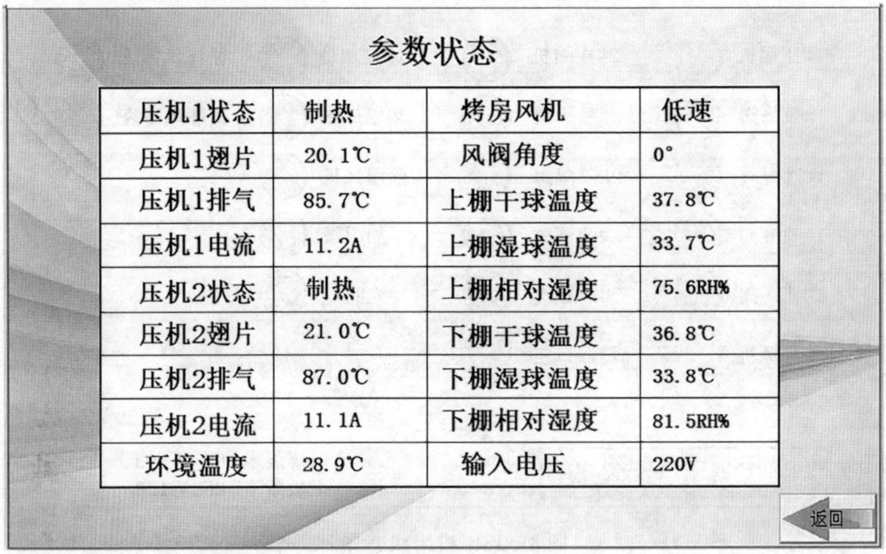

参数状态

压机1状态	制热	烤房风机	低速
压机1翅片	20.1℃	风阀角度	0°
压机1排气	85.7℃	上棚干球温度	37.8℃
压机1电流	11.2A	上棚湿球温度	33.7℃
压机2状态	制热	上棚相对湿度	75.6RH%
压机2翅片	21.0℃	下棚干球温度	36.8℃
压机2排气	87.0℃	下棚湿球温度	33.8℃
压机2电流	11.1A	下棚相对湿度	81.5RH%
环境温度	28.9℃	输入电压	220V

返回

图 4－20　状态参数界面

② 手动控制。手动控制界面可以手动设置排湿风阀的角度，手动开启或关闭压缩机和电加热等（4－21）。

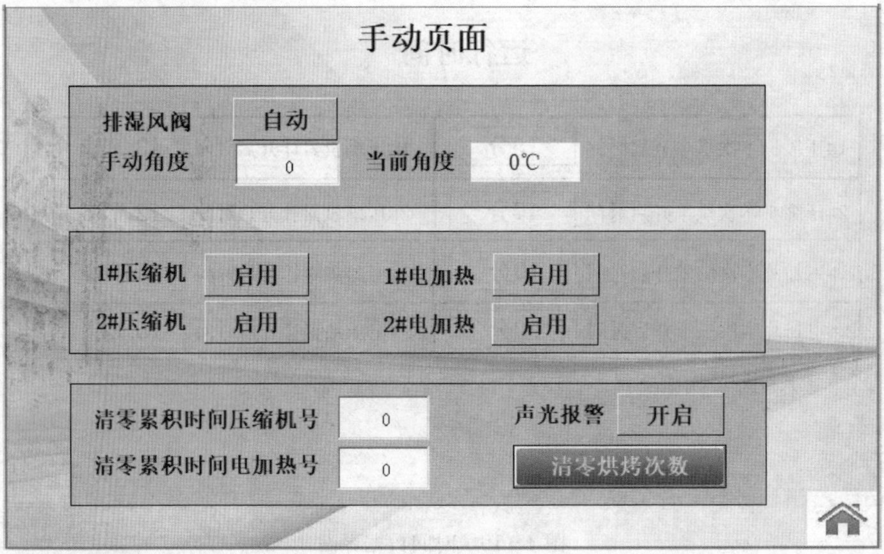

手动页面

排湿风阀　自动
手动角度　0　当前角度　0℃

1#压缩机　启用　1#电加热　启用
2#压缩机　启用　2#电加热　启用

清零累积时间压缩机号　0　声光报警　开启
清零累积时间电加热号　0　清零烘烤次数

图 4－21　手动控制界面

③ 历史记录。历史记录界面显示不同烘烤时间设定干湿球温度、实际干湿球温度数据。具有数据导出、数据清零、时间段选择按钮供操作（图 4-22）。

序号	时间	设定干球温度	设定湿球温度	实际干球温度	实际湿球温度
1	2020-06-11 10:04:36	38.0 ℃	37.0 ℃	36.5 ℃	33.7 ℃
2	2020-06-11 09:59:08	38.0 ℃	37.0 ℃	36.5 ℃	33.7 ℃
3	2020-06-11 09:53:39	38.0 ℃	37.0 ℃	36.5 ℃	33.7 ℃
4	2020-06-11 09:48:11	38.0 ℃	37.0 ℃	36.5 ℃	33.7 ℃
5	2020-06-11 09:42:43	38.0 ℃	37.0 ℃	36.5 ℃	33.7 ℃
6	2020-06-11 09:16:26	38.0 ℃	37.0 ℃	36.5 ℃	33.7 ℃
7	2020-06-11 09:10:58	38.0 ℃	37.0 ℃	36.5 ℃	33.7 ℃
8	2020-06-11 09:05:29	38.0 ℃	37.0 ℃	36.5 ℃	33.7 ℃
9	2020-06-11 09:00:01	38.0 ℃	37.0 ℃	36.5 ℃	33.7 ℃
10	2020-06-11 08:54:33	38.0 ℃	37.0 ℃	36.5 ℃	33.7 ℃
11	2020-06-09 15:12:44	38.0 ℃	37.0 ℃	36.5 ℃	33.7 ℃
12	2020-06-09 15:07:16	38.0 ℃	37.0 ℃	36.5 ℃	33.7 ℃

数据导出　数据清零　时间段选择

图 4-22　历史记录界面

可以点击时间段选择按钮，根据时间段筛选出需要查询的数据。数据每 5 min记录一次，总共可以记录 20 000 h 的数据（图 4-23）。

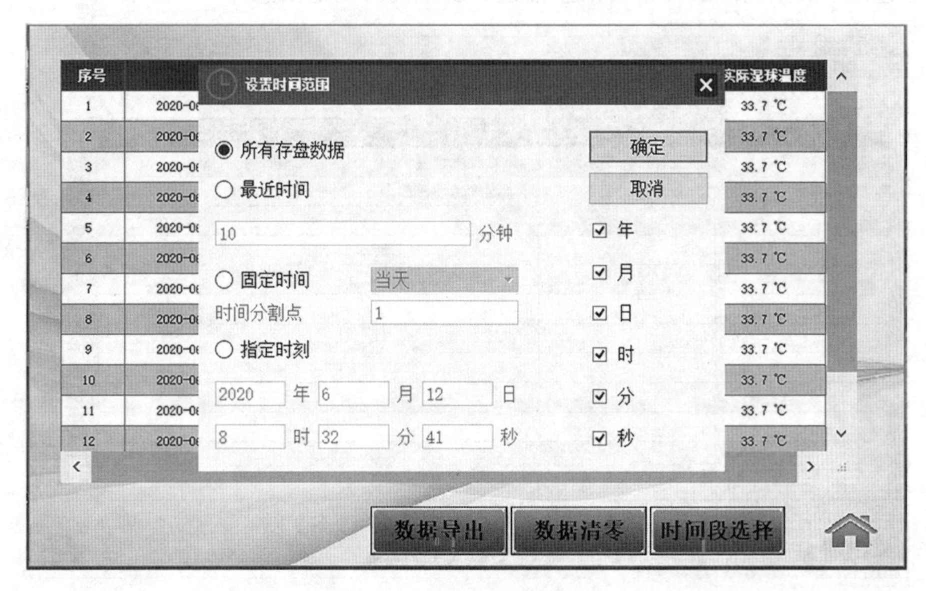

图 4-23　时间段选择界面

点击数据导出，可以显示数据导出对话框（图 4-24），将 U 盘插入 USB 端口，系统会将选择好的时间段中的数据保存到 U 盘根目录，文件为：烘干历史数据.csv。

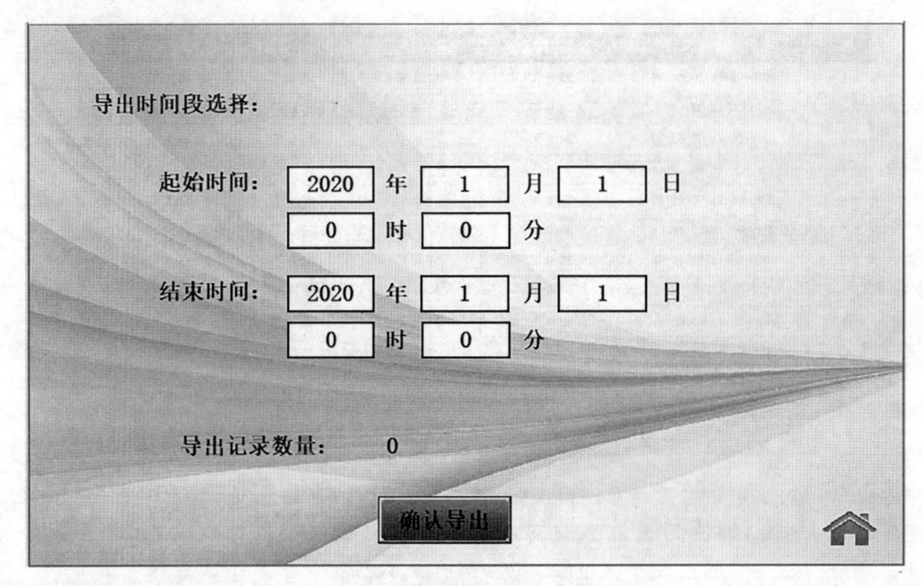

图 4-24　数据导出界面

④ 故障报警。通过菜单界面可进入故障报警界面（4-25），显示系统运行过程中发生故障及异常的信息描述、发生的时间等信息。

实时报警

日期	时间	报警描述
2020/02/11	10:32:33	1#排气温度过高
2020/02/11	10:32:33	环境温度传感器故障

历史报警　报警复位

图 4-25　故障报警界面

按报警复位，可以手动清除故障。按历史报警，可以进入历史故障的查阅。在此界面下按历史记录清除，可以清零历史故障（图 4－26）。

历史报警

日期	时间	报警描述	结束时间
2020/02/11	10:32:33	1#排气温度过高	
2020/02/11	10:32:33	环境温度传感器故障	
2020/02/11	10:31:23	1#盘管传感器故障	
2020/02/11	10:31:23	回风温度故障	

实时报警　历史记录清除

图 4－26　历史报警界面

⑤ 工厂参数。本部分仅对系统设计人员和工厂维修人员开放。为了保障系统可靠有效地完成烘烤任务，系统设计人员和工厂维护人员可以对系统参数进行适当的调整与优化。

(四) 闭式循环保香增柔清洁烘烤模式配套烘烤工艺

本烘烤工艺主要在上烟集团遵义进化单元和毕节黔西单元进行应用示范，也可为其他基地单元提供借鉴。烘烤工艺具体操作如下：

(1) 第一阶段。变片期（干球温度 36～38 ℃，湿球温度 36～37 ℃）。

第一个温度点 36 ℃：装炉后开启风机内循环，逐渐升温，根据外界温度高低在1～3 h 内将干球温度升到 36 ℃，湿球温度 36 ℃，风速 20～25 Hz，稳温 8～10 h。此温度点为预热阶段，对烟叶变化不做要求。

第二个温度点 38 ℃：将干球温度由 36 ℃升至 38 ℃，湿球温度 37 ℃，风速 25～30 Hz，升温时间 2 h。稳温 24 h 以上，中温保湿，全炉烟叶变黄 7～8 成，叶片变软凋萎。

(2) 第二阶段。凋萎期（干球温度 40～42 ℃，湿球温度 36～38 ℃）。

第三个温度点 40 ℃：逐步加大火力，以每小时升温 1 ℃的速度，将干球温度升到40 ℃，风速 30～35 Hz。前期稳温保湿，湿球温度控制在 38 ℃；后期逐步排湿，湿球温度控制在 37 ℃。在干球温度 40 ℃稳温至高温棚烟叶达到黄片青筋，一般需 12 h。

第四个温度点 42 ℃：加大火力，以每 1 小时升温 1 ℃的速度，将干球温度逐步升到 42 ℃，湿球温度保持 37～38 ℃，风速 35～40 Hz，稳至低温棚烟叶达到黄片青筋，主脉发软。凋萎期间根据湿球温度灵活掌握冷风口的开启，在低温棚烟叶未达到黄片青筋、主脉发软的情况下干球温度不允许超过 42 ℃，一般需 20 h 以上。

(3) 第三阶段。变筋期（干球温度 44～46 ℃，湿球温度 36～37 ℃）。

第五个温度点 44 ℃：转火后慢升温，2～3 h 升 1 ℃，将干球温度从 42 ℃升到 44 ℃，湿球温度控制在 37 ℃，风速 40～45 Hz，稳温延时，直至高温棚烟叶主筋变白、叶片呈小卷筒状。

第六个温度点 46 ℃：2～3 h 升 1 ℃，将干球温度升到 46 ℃，湿球温度控制在 37～38 ℃，风速保持 45～40 Hz，稳至低温棚烟叶主筋变白、叶片呈小卷筒状。变筋期一般需 24～36 h，在此过程中若烟叶未达到变黄要求，则严禁升温、严禁集中大排湿。

(4) 第四阶段。干片期（干球温度 50～54 ℃，湿球温度 38～39 ℃）。

第七个温度点 50 ℃：以每小时升温 1 ℃的速度，将干球温度从 46 ℃升到 50 ℃，湿球温度控制在 38 ℃，风速 40 Hz，稳温至高温棚烟叶基部全干、叶片呈大卷筒状。

第八个温度点 54 ℃：以每小时升温 1 ℃的速度，将干球温度升到 54 ℃，湿球温度控制在 39 ℃，风速 40～35 Hz，稳温至低温棚烟叶呈大卷筒状，继续延时，保证低温棚叶片全干。一般稳温 10 h 以上。依据湿球温度灵活掌握排湿，叶片基部未达到全干时，不允许超过 54 ℃。

(5) 第五阶段。干筋期（干球温度 65～68 ℃，湿球温度 40～43 ℃）。

第九个温度点 68 ℃：以每小时 2 ℃的速度将干球温度从 54 ℃升到 68 ℃，湿球温度控制在 40 ℃～43 ℃，风速保持 35 Hz，稳温至全炉烟筋干 1/3，将风速降到 30 Hz，直至烟筋全干。闭式循环保香增柔清洁烘烤模式配套烘烤工艺参数见表 4-8。

表 4-8　闭式循环保香增柔清洁烘烤模式配套烘烤工艺参数

干温/℃	湿温/℃	升温时间/h	稳温时间/h	目标任务	风机风速/Hz
36	36	1～3	8～10	预热	低速运转（20～25）
38	37	2	24	高温棚变黄 7～8 成	低速运转（25～30）
40	37	2	12	高温棚黄片青筋，主脉发软	中速运转（30～35）
42	37	2	20	低温棚黄片青筋，主脉发软	中高速运转（35～40）

（续）

干温/℃	湿温/℃	升温时间/h	稳温时间/h	目标任务	风机风速/Hz
44（下部） 45（中上部）	37	4 6	12	高温棚黄片白筋，勾尖，1/3 干燥	高速运转（40～45）
46（下部） 47（中上部）	37～38	4	12	低温棚黄片白筋，勾尖，1/3 干燥	高速运转（40～45）
50	38	4	12	高温棚大卷筒	中速运转（40）
54	39	4	12	低温棚大卷筒	中速运转（35～40）
68	42	7	24 以上	全炉烟筋全干	中速运转（30～35）

三、技术效果

（一）设备性能

1. 升温性能 起点温度（装烟室室温）为 26 ℃，目标温度设定为 68 ℃，升温时间设为 0，对闭式循环热泵烤房进行了空载条件下的升温测试，从图 4-27可以看出，在 50 ℃之前，闭式循环热泵烤房升温迅速，从起点温度 26 ℃升至 50 ℃时间为 26 min，升温速率大约为 1 ℃/min。50～57 ℃升温速率有所下降，从 50 ℃升至 57 ℃时间为 71 min，升温速率平均大约为 0.1 ℃/min。57～68 ℃升温速率再次下降，从 57 ℃升至 68 ℃时间为 283 min，升温速率平均大约为 0.04 ℃/min。从空载测试结果来看，闭式循环热泵烤房能够满足烟叶烘烤对温度的要求。

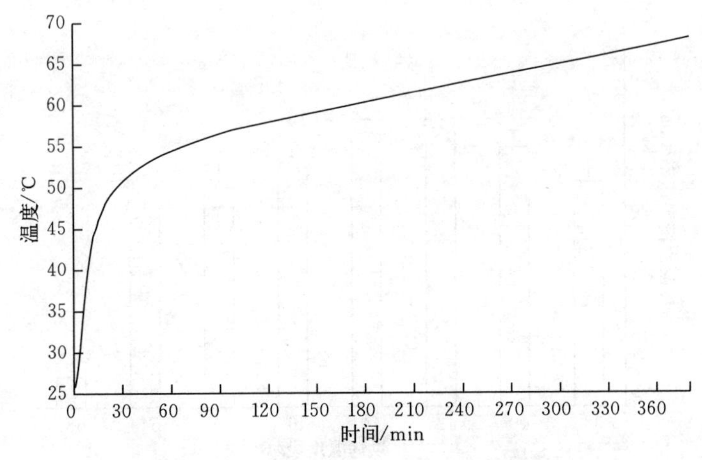

图 4-27 闭式循环热泵烤房升温性能

2. 稳温性能 在烟叶烘烤过程中，烟叶干球温度的波动在允许范围之内。在湿球温度方面，除定色前期实际湿球温度与设定湿球温度基本吻合外，烟叶变黄期、定色后期和干筋期实际湿球温度均高于设定湿球温度 0.5 ℃（图 4-28）。这可能是由于闭式循环热泵烤房属于持续性慢排湿，排湿速率慢导致。根据设备这一特点，在烘烤曲线设置时，设定湿球温度均比制定的烘烤工艺湿球温度调低 0.5 ℃，以使实际湿球温度能够满足烘烤工艺曲线要求。

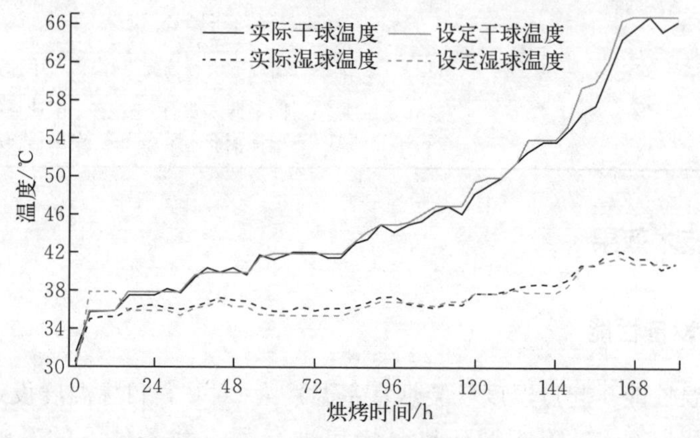

图 4-28 烘烤过程中干湿球温度实时变化

3. 除湿速率 闭式循环热泵烤房主要通过湿热空气冷凝除湿，在烘烤过程中，冷凝水流出速率表现出先升高后下降的趋势。38 ℃时冷凝水流出速率平均为 22.35 kg/h，此后逐渐升高，至 42 ℃时达到最高，冷凝水流出速率平均为 30.40 kg/h，此后冷凝水流出速率逐渐下降，干筋期冷凝水流出速率最低，平均为 7.32 kg/h（图 4-29）。

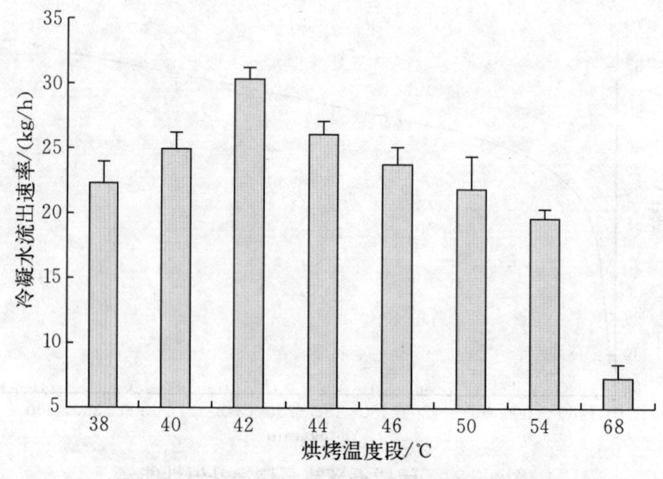

图 4-29 闭式循环热泵烤房冷凝水流出速率

4. 能耗 在 50 ℃之前，闭式循环热泵烤房耗电量缓慢匀速增加，50 ℃之后耗电量迅速增加。从不同烘烤阶段单位时间耗电量来看，烘烤 72 h（变黄期）耗电 337 kW·h，每小时平均耗电 4.68 kW·h。烘烤 90 h 耗电 437 kW·h，对应 42.1～45 ℃阶段每小时平均耗电 5.56 kW·h。烘烤 106 h 耗电 542 kW·h，对应 45.1～47 ℃阶段每小时平均耗电 6.56 kW·h。烘烤 120 h 耗电 647 kW·h，对应 47.1～50 ℃阶段每小时平均耗电 7.5 kW·h。烘烤 134 h 耗电 770 kW·h，对应 50.1～54 ℃阶段每小时平均耗电 8.79 kW·h。烘烤 168 h 耗电 1 158 kW·h，对应 54.1～68 ℃阶段每小时平均耗电 11.41 kW·h（图 4-30）。

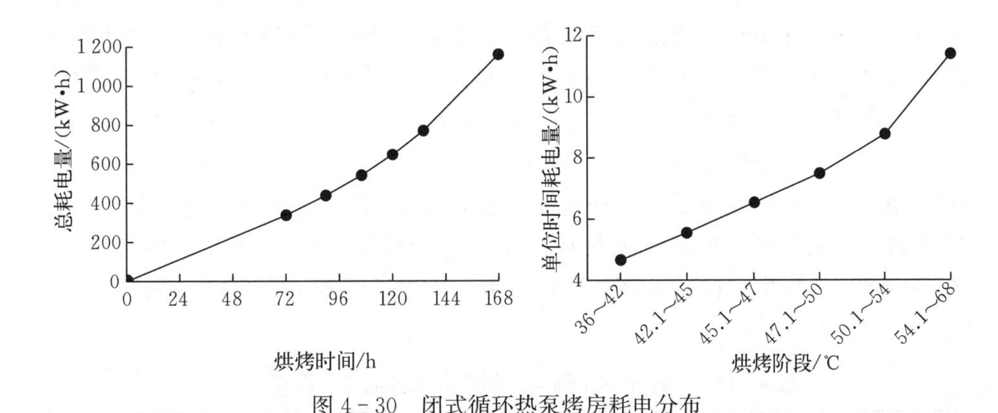

图 4-30 闭式循环热泵烤房耗电分布

干筋期平均每小时耗电量和总耗电量均最大。变黄期虽然每小时平均耗电量最小，但因烘烤时间最长，变黄期总耗电量仅次于干筋期。定色后期耗电量高于定色前期（表 4-9）。

表 4-9 不同烘烤阶段闭式循环热泵烤房耗电量

项目	变黄期	定色前期	定色后期	干筋期
总耗电量/(kW·h)	337	205	228	388
烘烤时间/h	72	34	28	34

不同类型烤房能耗具有较大差异。对于热泵烤房来说，开式循环热泵烤房需要吸入外界干冷空气，同时向外界排出湿热空气，导致热量损耗，而闭式循环热泵烤房基本不与外界发生气体交换，热量损失少，因此闭式循环热泵烤房电耗小于开式循环热泵烤房，每千克干烟电耗成本下降 0.51 元。燃煤烘烤同样需要与外界发生热量交换，损失热量，在三种类型烤房中能耗最高。综合比较闭式循环热泵烤房每千克干烟能耗成本较燃煤烤房下降 0.64 元（表 4-10）。

表 4-10　不同类型烤房能耗成本

烤房类型	烤后烟重量/kg	总耗电量/(kW·h)	每千克干烟耗电量/(kW·h)	总耗煤量/kg	每千克干烟耗煤量/kg	每千克干烟能耗成本/元
闭式循环热泵烤房	508.0	1 158.0	2.28	0.0	0.0	1.14
开式循环热泵烤房	464.0	1 533.0	3.30	0.0	0.0	1.65
开式循环燃煤烤房	512.0	323.0	0.63	650.0	1.27	1.78

注：燃煤按照当地价格 1.15 元/kg 计算，电按照当地用电价格 0.5 元/(kW·h) 计算。

5. 大气排放　仅从烘烤阶段大气排放来考虑，闭式循环热泵烤房利用电能进行烘烤，在烘烤阶段能够实现大气零排放，但从全周期考虑，假设所用电能是通过燃煤发电，从表 4-11 中可以看出，每烘烤产出 1 kg 干烟，燃煤烤房粉尘排放量、氮氧化物排放量远高于热泵烤房，二氧化硫排放量也高于热泵烤房，二氧化碳排放量高于闭式循环热泵烤房，但低于开式循环热泵烤房。因闭式循环热泵烤房耗电量低于开式循环热泵烤房，闭式循环热泵烤房粉尘、二氧化硫、二氧化碳、氮氧化物排放量均低于开式循环热泵烤房（表 4-11）。在三种类型烤房中，闭式循环热泵烤房大气排放量最低，是一种节能环保的烘烤设备。

表 4-11　1 kg 干烟不同类型烤房大气排放（全周期考虑）

烤房类型	耗煤量/kg	耗电量/(kW·h)	粉尘/kg	SO_2/kg	CO_2/kg	NO_x/kg
闭式循环热泵烤房	0.0	2.28	0.006 2	0.003 1	2.27	0.006 2
开式循环热泵烤房	0.0	3.30	0.009 0	0.004 6	3.29	0.008 9
开式循环燃煤烤房	1.27	0.63	0.620 5	0.006 9	2.90	0.035 8

注：0.4 kg 标准煤发电量为 1 kW·h，1 kg 原煤发热量相当于 0.714 3 kg 标准煤，1 kg 标准煤产生 2.493 kg 二氧化碳、0.075 kg 二氧化硫、0.037 5 kg 氮氧化物、0.68 kg 粉尘。电厂生产 1 kW·h 电排放 0.997 2 kg 二氧化碳、0.001 38 kg 二氧化硫、0.002 7 kg 氮氧化物、0.002 72 kg 粉尘。

（二）烤后烟叶收缩率

两种烤房烤后烟叶收缩率具有一定差异。采用冷凝除湿模式的闭式循环热泵烤房烤后烟叶长度收缩率略高于开式循环热泵烤房，但差异不显著。闭式循环热泵烤房烤后烟叶宽度收缩率显著高于开式循环热泵烤房（图 4-31）。

（三）烤后烟叶柔软性

不同类型烤房及装烟方式烤后烟叶柔软度见图 4-32。不同排/除湿方式热泵烤房烤后烟叶柔软性具有明显差异。开式排湿热泵烤房烤后烟叶柔软度值平均为65.1 mN，而闭式除湿热泵烤房烤后烟叶柔软度值平均为39.5 mN，显著低于开式排湿热泵烤房。柔软度反应材料的挺硬性，柔软度值越大，柔软性越差。说明闭式除湿模式烤后烟叶柔软性优于开式排湿模式。从图4-32中还可以看出，不同装烟方式对烤后烟叶也具有一定影响，烟夹装烟烤后烟叶柔软度值大于挂杆装烟但差异不显著，说明烟夹装烟烤后烟叶柔软性略差于挂杆装烟。

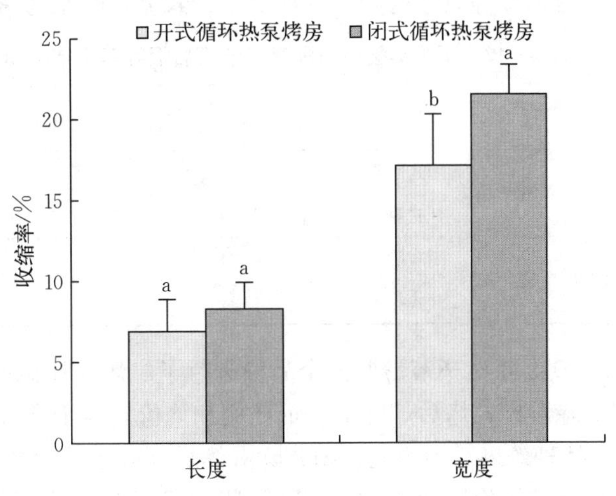

图4-31　不同排湿/除湿模式烤房烤后烟叶收缩率

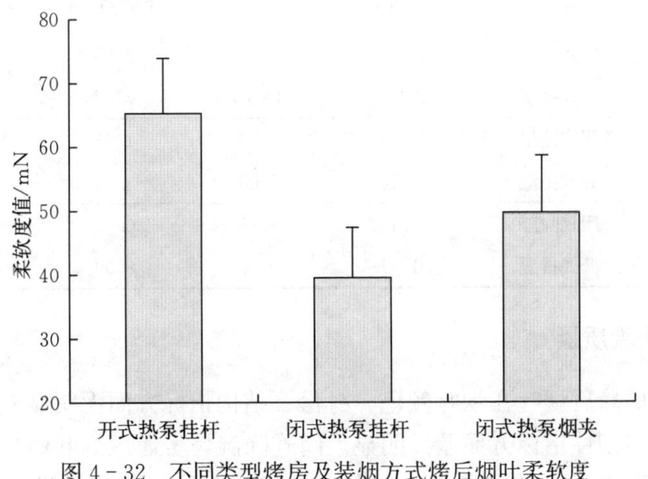

图4-32　不同类型烤房及装烟方式烤后烟叶柔软度

（四）烤后烟叶等级结构和均价

不同类型烤房配套工艺烤后烟叶等级结构和均价见表4-12。闭式循环热泵烤房K326品种烤后中部烟叶上等烟比例较开式循环热泵烤房提高23.84个百分点，下等烟比例下降5.38个百分点，均价提高3.59元/kg。闭式循环热泵烤房K326品种烤后上部烟叶上等烟比例较开式循环热泵烤房提高2.6个百分点，下等烟比例下降5.2个百分点，均价提高0.93元/kg。闭式循环热泵烤房烤后烟叶等级结构和均价均优于开式循环热泵烤房。

表 4-12　不同类型烤房配套工艺烤后烟叶等级结构和均价（遵义凤冈，2019）

品种部位	处理	上等烟/%	中等烟/%	下等烟/%	均价/(元/kg)
K326 中部	闭式除湿	79.13	13.45	7.42	29.18
	开式排湿	55.29	31.91	12.80	25.59
K326 上部	闭式除湿	66.84	20.85	12.31	23.09
	开式排湿	64.24	18.25	17.51	22.16

2019 年对毕节黔西三个品种进行了烘烤对比试验，从表 4-13 可以看出，闭式除湿模式烤后烟叶上等烟比例和均价均高于开式排湿模式。其中以韭菜坪 2 号品种效果最为明显，闭式除湿烤后烟叶上等烟比例较开式排湿高 10.88 个百分点，均价增加 3.84 元/kg。闭式循环热泵烤房烤后烟叶等级结构和均价均优于开式循环热泵烤房。

表 4-13　不同类型烤房配套工艺烤后烟叶等级结构和均价（毕节黔西，中部烟叶）

品种	处理	上等烟/%	中等烟/%	下等烟/%	均价/(元/kg)
韭菜坪 2 号	闭式除湿	93.72	0.00	6.28	33.53
	开式排湿	82.84	11.70	5.47	29.69
毕纳 1 号	闭式除湿	98.27	0.00	1.73	35.10
	开式排湿	96.56	0.00	3.44	34.65
云烟 87	闭式除湿	93.14	6.86	0.00	33.99
	开式排湿	91.91	0.00	8.09	32.71

（五）外观质量

两类烤房烤后烟叶在烟叶颜色、身份、结构指标方面无明显差异，但在油分、色度、柔韧性指标方面差异明显。闭式除湿烤房烤后烟叶油分、色度、柔韧性得分均高于开式排湿烤房，其中以韭菜坪 2 号品种效果最为明显，云烟 87 和 K326 差异较小（表 4-14）。综合来看，各品种闭式除湿烤房外观质量得分均高于开式排湿烤房。

表 4-14　不同类型烤房烤后中部烟叶外观质量赋分

品种	处理	颜色	成熟度	身份	结构	油分	色度	柔韧性	总分
K326	闭式除湿	9.0	9.0	9.0	9.0	7.5	7.5	8.0	59.0
	开式排湿	9.0	9.0	9.0	9.0	7.4	7.3	7.5	58.2

（续）

品种	处理	颜色	成熟度	身份	结构	油分	色度	柔韧性	总分
韭菜坪2号	闭式除湿	8.7	9.0	9.0	9.0	7.5	7.5	8.0	58.7
	开式排湿	8.5	8.5	9.0	9.0	6.8	6.5	7.0	55.1
毕纳1号	闭式除湿	8.9	8.9	9.0	9.0	7.5	7.5	8.0	58.8
	开式排湿	8.9	8.9	9.0	9.0	7.0	7.3	7.6	57.7
云烟87	闭式除湿	9.0	9.0	9.0	9.0	7.5	7.5	8.0	59.0
	开式排湿	9.0	9.0	9.0	9.0	7.3	7.4	7.8	58.5

注：按照上烟集团烟叶质量评价标准赋分。

（六）化学成分

不同类型烤房烤后烟叶化学成分见表4-15。2019年，对K326中部烟叶来说，闭式循环烤房还原糖含量低于开式排湿热泵烤房，导致两糖比也略低，两种排湿方式烤房对总糖、烟碱、总氮、蛋白质含量影响不大，糖碱比均偏高，氮碱比适宜。对于K326上部烟叶来说，闭式循环烤房烤后烟叶还原糖和总糖含量高于开式排湿烤房，两糖比、糖碱比更趋适宜。对于韭菜坪2号中部烟叶来说，闭式循环烤房烤后烟叶还原糖、总糖含量显著高于开式排湿烤房。对于毕纳1号中部烟叶来说，还原糖、总糖、烟碱、总氮含量均低于开式排湿烤房。对于云烟87中部烟叶来说，闭式循环烤房烤后烟叶总糖、还原糖含量低于开式排湿烤房，但烟碱、总氮含量高于开式排湿烤房。总体来看，不同品种化学成分在两种烤房表现出不同的差异性，无明显规律性变化。

2021年，对于K326中部烟叶来说，闭式循环烤房烤后烟叶还原糖和总糖含量均高于开式循环烤房，烟碱含量均偏低，两类烤房烤后烟叶总氮、蛋白质和淀粉含量无明显差异。在化学成分协调性方面，闭式循环热泵烤房烤后烟叶两糖比在适宜范围内，而开式循环热泵烤房两糖比较低。由于闭式循环热泵烤后烟叶糖含量较高而烟碱含量偏低，导致糖碱比偏高。两类烤房烤后烟叶氮碱比无明显差异。

表4-15　不同类型烤房烤后烟叶化学成分

年度	品种	处理	还原糖/%	总糖/%	总植物碱/%	总氮/%	淀粉/%	蛋白质/%	两糖比	糖碱比	氮碱比
2019	K326中部	闭式除湿	26.8	38.2	1.51	1.58	—	5.00	0.70	17.75	1.05
		开式排湿	28.5	38.3	1.49	1.44	—	4.58	0.74	19.13	0.97
	K326上部	闭式除湿	21.8	28.5	2.37	1.74	—	5.09	0.76	9.20	0.73
		开式排湿	19.4	27.0	2.58	2.02	—	5.89	0.72	7.52	0.78
	韭菜坪2号中部	闭式除湿	25.9	30.6	1.32	1.67	5.81	—	0.85	19.62	1.27
		开式排湿	15.2	17.1	1.65	2.06	1.22	—	0.89	9.21	1.25

（续）

年度	品种	处理	还原糖/%	总糖/%	总植物碱/%	总氮/%	淀粉/%	蛋白质/%	两糖比	糖碱比	氮碱比
2019	毕纳1号中部	闭式除湿	28.8	31.0	1.02	1.22	5.61	—	0.93	28.24	1.20
		开式排湿	31.4	34.2	1.36	1.55	6.01	—	0.92	23.09	1.14
	云烟87中部	闭式除湿	19.8	21.5	2.20	2.12	2.74	—	0.92	9.00	0.96
		开式排湿	27.0	29.8	1.97	1.86	4.34	—	0.91	13.71	0.94
2021	K326中部	闭式除湿	26.9	30.4	1.65	1.56	2.47	4.35	0.88	16.30	0.95
		开式排湿	17.3	27.6	1.79	1.56	2.70	4.45	0.63	9.66	0.87

（七）感官质量

不同类型烤房烤后烟叶感官质量见表4-16。2019年，闭式除湿烤房K326中部烟叶香气量、余味指标得分高于开式排湿烤房，总得分也高于开式排湿烤房。K326上部烟叶感官评吸得分在除湿烤房、排湿烤房差异不明显。闭式除湿烤房韭菜坪2号中部烟叶在香气质、香气量、余味、杂气、刺激性指标方面得分均高于开式排湿烤房，总得分也显著高于开式排湿烤房。闭式除湿烤房毕纳1号中部烟叶感官评吸得分略低于开式排湿烤房。闭式除湿烤房云烟87中部烟叶在香气质、余味、杂气、刺激性指标方面得分高于开式排湿烤房，总得分也高于开式排湿烤房。综合来看，除毕纳1号外，K326、韭菜坪2号、云烟87中部烟叶感官质量均以闭式除湿烤房优于开式排湿烤房，其中以韭菜坪2号表现最为明显。

2021年闭式除湿烤房K326中部烟叶香气质、香气量、杂气、刺激性指标得分高于开式排湿烤房，总得分也高于开式排湿烤房。感官质量评价以闭式循环烟叶烤房优于开式循环烟叶烤房。

表4-16 不同类型烤房烤后烟叶感官质量

年度	品种	处理	香气质(15)	香气量(20)	余味(25)	杂气(18)	刺激性(12)	燃烧性(5)	灰色(5)	得分(100)
2019	K326中部	闭式除湿	11.50	16.06	19.38	13.06	8.94	3.00	3.00	74.9
		开式排湿	11.50	15.94	19.06	13.06	8.94	3.00	3.00	74.5
	K326上部	闭式除湿	10.94	15.88	18.69	12.69	8.63	3.00	3.00	72.8
		开式排湿	11.06	15.88	18.75	12.69	8.63	3.00	3.00	73.0
	韭菜坪2号中部	闭式除湿	11.56	16.25	19.50	13.31	8.94	3.00	3.00	75.6
		开式排湿	11.00	15.88	18.69	12.69	8.69	3.00	3.00	72.9
	毕纳1号中部	闭式除湿	11.44	16.13	19.19	13.13	8.88	3.00	3.00	74.8
		开式排湿	11.56	16.13	19.44	13.31	8.94	3.00	3.00	75.4
	云烟87中部	闭式除湿	11.31	15.94	19.00	12.88	8.81	3.00	3.00	73.9
		开式排湿	11.06	15.94	18.81	12.69	8.75	3.00	3.00	73.3

（续）

年度	品种	处理	香气质（15）	香气量（20）	余味（25）	杂气（18）	刺激性（12）	燃烧性（5）	灰色（5）	得分（100）
2021	K326 中部	闭式除湿	11.50	15.75	19.13	13.00	8.88	3.00	3.00	74.3
		开式排湿	11.25	15.63	19.13	12.75	8.75	3.00	3.00	73.5

注：括号内是上烟集团烟叶质量评价标准赋分。

第三节　天然气集中供热烘烤技术

一、技术背景

密集烤房在减轻劳动强度、提高烤烟烘烤质量、适应烤烟生产规模化发展等方面的优势，使其已成为我国烟叶烘烤设备的发展方向。但是密集烤房存在的一些问题也不容忽视，如采用燃煤供热，烤房温湿度精确控制难度大。此外，随着烤房群规模的不断扩大，煤炭能源燃烧释放的粉尘、碳氧化合物、硫化物和多芳烃等也给周围环境带来较大污染。据测算，一个 20 座规模的烤房群，整个烘烤季节能排放 4～5 t 烟尘，因此需要寻找新型清洁替代能源。国内不少学者已开始将太阳能利用、空气源热泵、余热回收利用、气化炉供能等各种节能技术应用于密集烘烤，并取得了初步成效。世界烤烟生产先进的国家如美国、加拿大等，普遍使用以天然气为能源的密集烘烤设备，并正向自动化控制方向发展。

与燃煤相比，天然气能源热值高、清洁、无污染，与燃煤密集烤房相比能明显减少烟尘、二氧化硫等排放，而将液化天然气（liquefied natural gas，LNG）用低温槽车进行运输，到达 LNG 气化站后气化供应，则能解决天然气管道无法到达的城市或农村利用天然气的问题。采用天然气集中供热和自动控制系统，密集烘烤过程中升温灵活，排湿顺畅，便于操作，可避免人为过失造成的对烤烟质量的影响，而且可实现连续化作业，劳动强度低、生产效率高，非常适应现代烟草农业生产规模化、产业化发展，能够较好地配合基地单元化运作。

本节针对我国烟叶烘烤设备对煤炭依赖度高、环境污染重、烘烤用工量大的问题，介绍了利用 LNG 为气源，集 LNG 气化技术、水暖集中供热技术设计建造的天然气水暖集中供热密集烤房，并对其烘烤效果进行了介绍，旨在探寻一条可实现烘烤用工量少、环境污染小、社会效益好、经济高效的密集烘烤新途径。

二、技术方案

（一）系统组成

天然气水暖集中供热密集烤房由 LNG 气化站、集中供热系统、烤房系统和远程监控系统组成（图 4 - 33）。LNG 气化站主要由液化天然气储罐、储罐增压器、调压计量加臭设备、空温式气化器、水浴式加热器、BOG（Boi - off Gas，蒸发气体）空温加热器、供气监控设备等设备组成。集中供热系统主要由锅炉主机、进口燃烧器、循环水泵、全自动控制柜、分水缸、补水泵、引风机等设备组成。烤房系统主要由烤房基础部分、钢铝复合翅片管式换热器、电动球阀、百叶排湿窗、循环风机、温湿度控制仪、冷风进风门等部分组成。远程监控系统主要由分布在不同站点的密集烤房控制器、监控中心计算机和无线通信链路所构建的无线局域网等组成。

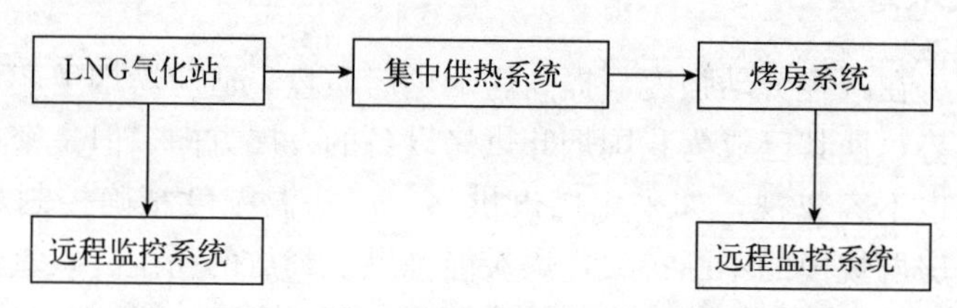

图 4 - 33　天然气水暖集中供热密集烤房系统组成

（二）设计原理

液化天然气（LNG）气化站工艺流程见图 4 - 34。液化天然气由低温槽车运至 LNG 气化站，通过卸车台设置的专用卸车增压器对槽车增压，利用压差将 LNG 送至 LNG 储罐。在工作条件下，通过储罐增压器将储罐内的 LNG 增压，增压后的 LNG 进入空温式气化器，LNG 吸热发生相变，转化为气态天然气，当天然气在空温式气化器出口温度较低时，通过水浴式加热器升温，最后经调压、计量、加臭后供给常压锅炉。低温槽车内 LNG 卸完后，尚有高压低

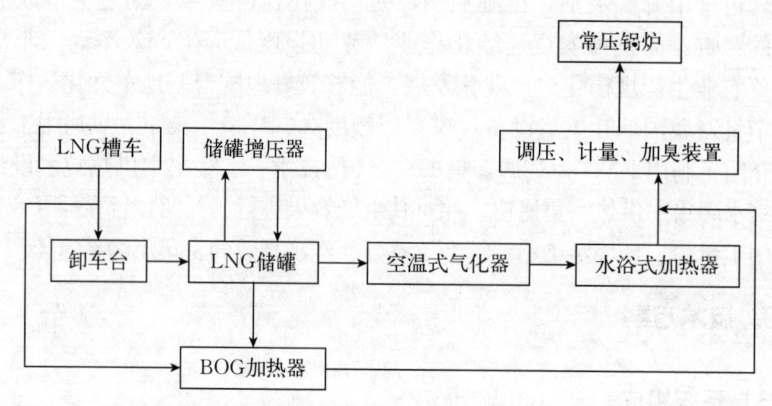

图 4 - 34　液化天然气（LNG）气化站工艺流程

温天然气，为节约资源，降低成本，特设计一路低温气体天然气回收管线。槽车及储罐排出的 BOG 气体为低温状态，且流量不稳定，BOG 工艺将其加热后，同气化加热工艺的常温天然气一并输入调压系统。

水暖集中供热及远程监控系统设计原理见图 4-35。以 LNG 气化站输出的天然气为燃料加热锅炉水，来自锅炉（额定出力 1.4 mW，本体水容积 3.1 m^3，可为 25 座烤房供热）的高温水经循环水泵加压后通过供水管网送至各个烤房。进入烤房的水流量是根据烤房烘烤进程热量需求由控制仪调节电动球阀，达到稳定加热的目的。高温水在换热器内与循环风进行热交换，将循环风加热，而经热交换的热水由回水管网除污后重新返回锅炉加热，从而完成水系统的加热、冷却、再加热的封闭循环。运行过程中，排污及泄漏而损失的水量，由自动控制的补水泵将水处理器处理后的软水补进膨胀水箱再供入循环系统。烘烤过程中的实时数据通过无线通信链路传送到监控中心计算机。监控中心计算机收集各个烤房的烘烤过程数据并建立数据库，以多种人机界面（图表、曲线等方式）监视群内各个烤房的烘烤过程并及时进行参数调整和反馈，以达到集中监视、分别控制的目的。

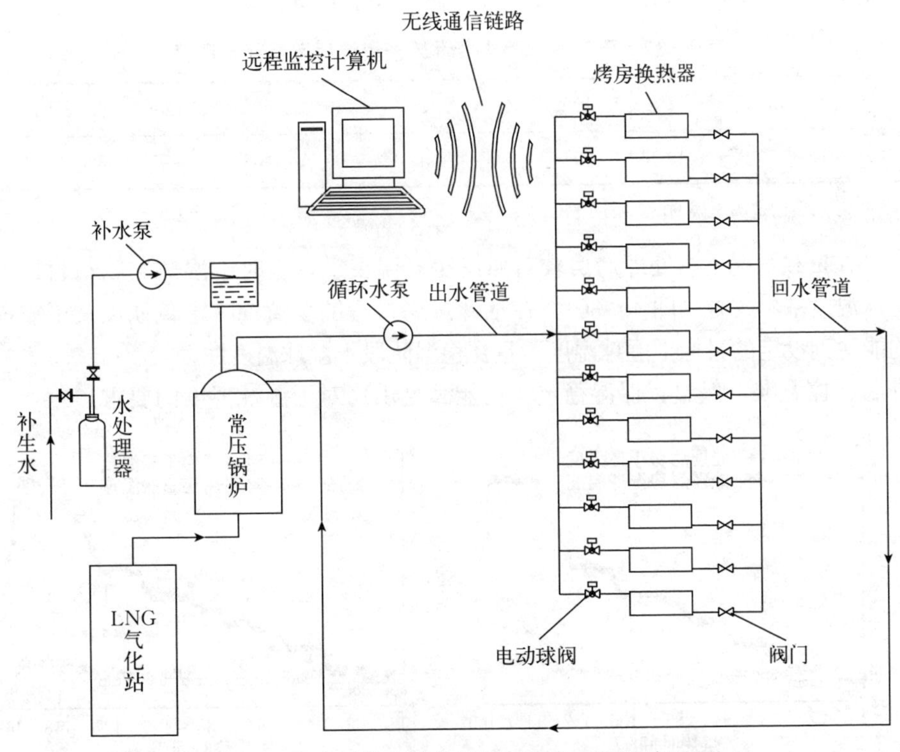

图 4-35　水暖集中供热及远程监控系统设计原理

三、技术效果

2012年8—9月科研人员在陕西省延安市南泥湾现代烟草农业示范园进行了天然气集中供热烤房的烘烤效果研究。供试烤烟品种为秦烟96上部烟叶，按优质烟栽培技术种植。供试烤房为天然气水暖集中供热密集烤房（处理）和燃煤密集烤房（对照），两种不同配置烤房土建规格统一为装烟室长8 000 mm、宽2 700 mm、高3 500 mm，气流方向均为下降式。

（一）空载及负载条件下烤房升温性能

天然气水暖集中供热密集烤房空载升温情况见表4-17。将电动球阀开至最大，对处理烤房进行了空载条件下的升温测试，从表4-17中可以看出，处理烤房升温灵敏，点火时外界温度19.5 ℃，25 min即升至36 ℃，30 min升至45 ℃，1 h即升至60 ℃，1.5 h升至68 ℃，此后升温速度逐渐减缓，经4 h最高温度可达到76 ℃。此外，在炉温升到45 ℃时，选取二棚5个测点进行温度测试，5个测点温度分别为44 ℃、43.9 ℃、45 ℃、45.5 ℃、45.2 ℃，平面温差在1.5 ℃之内，说明处理烤房运行平稳，性能良好。

表4-17 天然气水暖集中供热密集烤房空载升温情况

时间/min	0	10	25	30	60	90	120	240
温度/℃	19.5	25	36	45	60	68	70	76

注：水温设定为上限90 ℃，下限85 ℃。

在负载情况下，处理烤房较对照烤房升温灵敏，实时干湿球温度与目标干湿球温度基本吻合（图4-36）。在烟叶烘烤过程的变黄期、定色期以及干筋期均能达到设定的目标干湿球温度，且在稳温阶段干湿球温度波动较小(±0.5 ℃)，升温、控温准，保温、保湿稳定，均能满足烘烤对干湿球温度的要求。

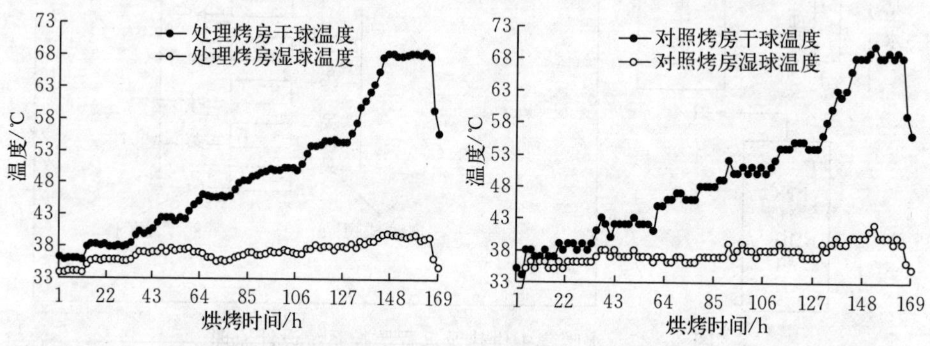

图4-36 天然气供热烤房（处理烤房）和燃煤烤房（对照烤房）实时干湿球温度

（二）烤后烟叶等级结构

天然气供热烤房（处理烤房）烤后烟叶上等烟比例较对照烤房（燃煤烤房）提高 2.7 个百分点，橘黄烟比例提高 13.4 个百分点，而下等烟比例和青杂烟比例均下降了 0.8 个百分点（表 4 - 18）。综合来看，处理烤房烤后烟叶等级结构优于对照烤房。

表 4 - 18　两类烤房烤后烟叶等级结构

供热类型	上等烟比例/%	中等烟比例/%	下等烟比例/%	橘黄烟比例/%	柠檬黄烟比例/%	青杂烟比例/%
处理烤房	54.4	38.1	7.5	70.1	22.4	7.5
对照烤房	51.7	40	8.3	56.7	35	8.3

（三）密集烘烤成本

两类烤房鲜烟装烟量相同，但天然气供热烤房（处理烤房）单炉烤后烟干重高于燃煤烤房（对照烤房）。处理烤房和对照烤房在烟叶烘烤的采收、编装烟及烤后烟叶出炉分级环节单炉用工成本相同，但由于处理烤房单炉烤后烟干重高于对照烤房，所以处理烤房在采收、编装烟及解烟分级环节每千克干烟用工成本低于对照烤房。此外，天然气集中供热密集烘烤采用集中供热和远程监控系统，烘烤操作用工大大下降，1 人即可实现 25 座烤房的烘烤管理，而燃煤密集烤房一般 10 座烤房需要 2 人昼夜轮换进行烘烤操作。综合烘烤各环节用工，处理烤房较对照烤房千克干烟烘烤用工成本下降 0.86 元（表 4 - 19）。

表 4 - 19　两类烤房千克干烟烘烤用工成本

供热类型	单炉总鲜重/kg	单炉总干重/kg	采收、编装烟用工/元	烘烤操作用工/元	解烟分级用工/元	千克干烟烘烤用工成本/元
处理烤房	3 160	577	2.17	0.10	1.39	3.66
对照烤房	3 160	520	2.40	0.58	1.54	4.52

两类烤房千克干烟烘烤能耗成本见表 4 - 20。两类烤房在能耗方面差别较大，对照烤房千克干烟烘烤需用煤约 1.39 kg，处理烤房千克干烟烘烤需用气 1.08 m^3，但由于天然气价格远高于煤炭价格，所以导致用气成本要高于用煤成本。由于处理烤房需要有循环水泵来持续进行热水循环，所以用电成本也要高于对照烤房，但若将循环水泵电耗分摊至 25 座烤炉，则处理烤房千克干烟电耗成本由 0.86 元降至 0.53 元，和对照烤房基本相当。此外，处理烤房千克干烟所需热量低于对照烤房，这说明处理烤房热能利用率高于对照烤房。

综合烘烤用工及能耗成本，处理烤房较对照烤房高 2.36 元/kg 干烟。但本研究只利用了 25 座烤房中的 5 座，热水循环仍在 25 座烤房进行，从而损耗了部分热量。此外，循环水泵的电耗只能由 5 座烤房分摊，如 25 座烤房全部利用，则气耗和电耗成本会相应降低。

表 4-20　两类烤房千克干烟烘烤能耗成本

供热类型	煤耗			气耗			烤房电耗		水泵电耗		千克干烟烘烤能耗成本/元	千克干烟烘烤总成本/元
	质量/kg	热量/MJ	成本/元	用量/m^3	热量/MJ	成本/元	用量/(kW·h)	成本/元	用量/(kW·h)	价格/元		
处理	0	0	0	1.08	37.98	3.56	0.64	0.45	0.59	0.41	4.42	8.08
对照	1.39	40.74	0.70	0	0	0	0.72	0.50	0	0	1.20	5.72

注：煤按 0.5 元/kg 计算，天然气按 3.3 元/m^3 计算，电按 0.7 元/(kW·h) 计算，煤热值按标准煤 29 306 kJ/kg 计算，天然气热值按国家标准 35 167 kJ/m^3 计算，天然气集中供热烤房气耗为 5 座烤房平均值。

（四）大气污染物排放量

两类烤房烘烤过程中大气污染物排放量差异较大，处理烤房 SO_2 排放量约为对照烤房的 1/15，CO 排放量约为对照烤房的 1/3。此外，在烘烤过程中，处理烤房无烟尘排放（表 4-21）。

表 4-21　两类烤房大气污染物排放量

供热类型	每炉 SO_2 排放量/kg	每炉烟尘排放量/kg	每炉 CO 排放量/kg
处理	0.88	0	15.6
对照	12.4	15.5	43.2

注：按照中华人民共和国生态环境部燃料燃烧排放大气污染物物料衡算办法计算。燃煤含硫率 1%，CO 排放量按烟煤计算，烟尘排放量按原煤计算。

四、技术讨论

目前全国大面积推广的密集烤房，存在对煤的依赖性问题，每烤 1 kg 干烟需要 1.5～2.0 kg 煤炭，能耗较高，污染较大，致使烘烤成为烟草农业生产主要的污染来源。减少烘烤过程中燃煤污染已成为现代烟草农业推进过程中急需解决的问题。天然气作为一种公认的清洁能源，能够减少因烘烤造成的环境污染。对一个 100 连建的密集烤房群来说，使用天然气集中供热烘烤每烤次约减少 SO_2 排放 1 100 kg，减少 CO 排放 2 700 kg，减少烟尘排放 1 550 kg，大气污染物排放量大大降低，环保效应巨大。

本研究表明天然气水暖集中供热密集烤房升温灵敏，控温精确，能够满足烟叶烘烤对温湿度的要求。正常情况下，天然气水暖集中供热密集烤房烧火及系统运行每班仅需 1 人操作和控制，能够大幅度降低操作人员的劳动强度，节省劳动用工，与燃煤密集烤房相比，操作更为安全、方便、快捷。烤后烟叶上等烟比例和橘黄烟比例较燃煤密集烤房大幅度提高，在颜色、油分、色度等方面明显改善。这可能与天然气水暖集中供热密集烤房干湿球温度控制精度高有关。天然气水暖集中供热密集烤房温湿度上下波动一般不超过 0.5 ℃，只要烘烤工艺设置合理，就能够保证烟叶在相对稳定且适宜的温湿度环境下发生一系列有利于改善烟叶品质的生理生化变化。但燃煤密集烤房温度波动大，操作不当容易造成温湿度猛升骤降，温度波动越大，干物质损失越大，烤后烟叶质量越差。

虽然天然气水暖集中供热密集烤房较燃煤密集烤房表现出烘烤操作技术简便、节省用工、能保证烟叶烘烤质量等优势，但一次性投资成本较高，且由于目前天然气价格远高于煤炭价格，致使天然气水暖集中供热密集烘烤能耗成本偏高，现阶段进行大面积推广有一定难度。随着国家对环保要求的提高，天然气水暖集中供热密集烤房可以作为一种改善烘烤作业环境，降低烘烤操作技术难度，确保有较好的生态效益、社会效益和经济效益，做到可持续发展的技术储备。

第四节　基于碳晶板供热的新型烘烤设备与配套技术

一、技术背景

设施设备是烟叶烘烤的基础。密集烤房自 2009 年建设技术规范发布以来，在全国已全面推广应用，其节省用工、操作简便的优势得到充分体现，但是存在着烤后烟结构僵硬和香气量降低的问题。具体表现为：现有密集烤房一般都采用打开冷风门直接向外界环境排出空气的方式来降低烤房内的相对湿度，保证烟叶干燥的进行，干燥速度快，烤后烟叶欠柔软。高温高湿空气的排出造成了大量能量浪费，也容易导致烤房内温度的剧烈变化，对烤后烟叶质量造成不利影响，香气物质损失较大。

同时，现有密集烤房主要燃料为燃煤，燃煤燃烧过程中产生的 SO_2、NO_x、烟尘等均排放到大气中，对环境造成了较为严重的污染，致使烘烤成为烟草农业生产主要的污染来源。近几年，随着人们环保意识的增强，在某些产区已经陆续出现因燃煤烘烤污染而导致的民事纠纷，因此，推广应用清洁烘烤模式，减少烘烤过程中燃煤污染已成为现代烟草农业推进过程中急需解决的问题。

本节介绍了在烟草行业去库存、烟叶供给侧改革、提质增效工作稳步推进，以及在行业越来越强调减工降本、提质增效、节能减排的背景下，山东临沂烟区开展基于碳晶板供热的烤烟固香增柔新型烘烤设备及配套技术研究的成果。采用远红外加热，保证烟叶内部和表面同时干燥，可提高烟叶柔软性，同时采用微风循环，减少香气损失。此外，固香增柔新型烘烤设备以电能为能源，能有效实现烟叶清洁烘烤，以期在达到烟叶烘烤固香增柔效果的同时，实现降低燃煤排放、改善烘烤作业环境、助力“美丽乡村”建设的目的。

二、技术方案

（一）烤房主体

1. 结构

（1）主体结构。烤房主体由货运冷藏集装箱改造而成，集装箱外径长12 m，宽2.3 m，高2.6 m。使用厚度50 mm岩棉板将集装箱分隔成两部分，前端为装烟室，后端为放置自控设备的空间。其中，前端长度为11.5 m，后端0.5 m，后端安装防雨罩，防止漏雨。装烟2层，上层挂烟架距离顶部0.5 m，上、下层挂烟架距离为0.8 m，下层挂烟架距离底部1.3 m。

（2）镀锌钢网。为方便烟农上烟，解决烤后烟叶掉落影响碳晶板工作效果，在下层碳晶板上端设计镀锌钢网，烟农可直接进行上烟操作了。

（3）分风挡板。在研发过程中，发现烤房平面温差过大。为了解决平面温差过大问题，安装3处分风挡板，分别在装烟室距离隔热墙1/4、1/2和3/4处设置分风挡板，第一道挡板高度为18 cm，第二道挡板高度为23 cm，第三道挡板高度为28 cm。

2. 保温性能 对普通砖混烤房和集装箱烤房两种主体材料的传热系数进行检测，普通砖混烤房传热系数为1.99 W/(m^2·K)，集装箱烤房传热系数为0.41 W/(m^2·K)（表4-22），集装箱烤房保温性能是普通砖混烤房的5倍。

表4-22 不同类型烤房传热系数

烤房类型	热侧表面平均温度/℃	冷侧表面平均温度/℃	平均热阻/(K/W)	传热系数/[W/(m^2·K)]
普通砖混烤房	34.66	26.52	0.44	1.99
集装箱烤房	43.15	21.98	3.24	0.41

3. 可移动性 设备使用废旧冷藏集装箱作房体，具有结构简单、不破坏耕地、不使用建筑材料、即安即用等优点，而且可以根据烟叶布局调整进行搬迁，克服了传统烤房无法移动的缺点，实现了资源有效调配利用，节约了重复

建设成本。

（二）供热系统

用碳晶电热板作为新型烘烤设备的热源。

1. 工作原理 碳晶电热板是最近几年才发展起来的一种新型电发热材料，具有独特的面状发热特性。碳晶是把短小的碳纤维进行改性，之后再对其进行打磨处理，以此来制成碳元素的细小颗粒（平均粒径小于 2 μm）。碳晶与远红外发射剂混合成浆料，将其印刷或涂抹在基板上，再经过高温固化干燥后就成为碳晶膜，用导线将这个薄膜的两端进行连接，即成为碳晶电热板。碳晶电热板产生的热能以远红外辐射和对流的形式对外传递，它的远红外法向全发射率可以达到 0.95。这一特性使得碳晶板能够发射远红外辐射光线，并且能够提高辐射传热的热穿透能力。碳晶板具有远红外发射功能，其远红外传热和对流传热的比例约为 7∶3，其发射的远红外线能穿透烟叶内部，使烟叶内部和表面水分同时蒸发和散失。根据此原理建造的基于碳晶板供热的烟叶烤房可以实现以电能为能源，以远红外辐射传热为主、对流传热为辅进行烟叶烘烤，在实现烟叶清洁烘烤的同时，达到烟叶内部和外部同时干燥，提高烟叶柔软性。此外，碳晶板供热的烟叶烤房建造成本低（约为热泵烤房建造成本的一半），具有很好的应用前景。因此，基于碳晶板供热的烟叶烤房将有助于实现烟叶清洁、经济、高效烘烤。

碳晶电热板主要工作原理如下：一是碳晶电热板发热是由于碳原子在电场作用下做布朗运动，产生剧烈的摩擦和撞击而产生热量，电能和热能转换率在98%以上。二是碳晶电热板产生的热量，主要以远红外热辐射方式对外传递，其中，热辐射占比 69%，热对流占比 31%。三是远红外辐射到烟叶表面时，一部分透过烟叶，继续往前辐射，传递热量，因此不需要较高风速，烤房内的热量就能分布均匀；另外一部分远红外辐射被烟叶吸收后，引起烟叶内部水分激烈的分子共振，产生热量，促使烟叶内部温度上升，达到烟叶内部水分和表面水分同步散失的目的。四是碳晶电热板是碳粉在高温高压下压缩而成的，外面添加了四层还氧树脂，不怕水、不怕踩踏。此外，碳分子之间产生热量的布朗运动为无氧运动，同时，碳晶板具有优异的平面制热特性，供热时整个平面同步升温，连续供热，升温速度快，升温性能稳定，具有使用寿命长、制热连续、热平衡效果好等优点。

2. 基本性能

（1）相对辐射能谱。图 4-37 为实验测得的碳晶板样品的相对辐射能谱曲线。测试环境条件：21 ℃、相对湿度 17%。红外线通常按波长划分为 3 个波段：近红外波段 1～3 μm、中红外波段 3～5 μm、远红外波段 5～14 μm。其中，远红外波段占比最大，约为75%。

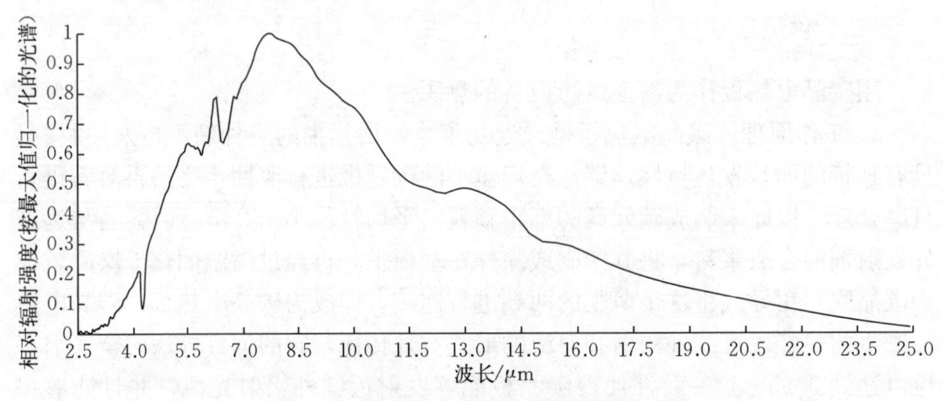

图4-37　碳晶板样品的相对辐射能谱曲线

（2）表面温度分布性能。图4-38为实验测得的碳晶板样品的红外辐射能谱。测试环境条件：温度21℃，相对湿度17%。测量得到的碳晶板表面平均温度为58.3℃，最高温度为93.6℃，最低温度为40.6℃。从红外图谱中可以看出，碳晶板中心区域的表面温度分布比较均匀。

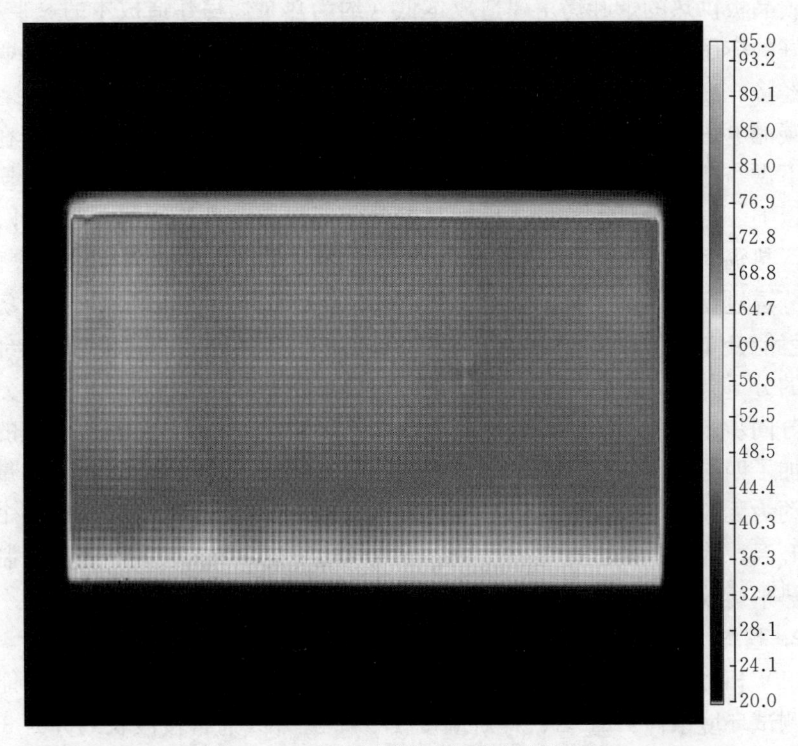

图4-38　碳晶板样品的红外辐射能谱

（3）电热辐射转换效率。电热辐射转换效率为加热器在额定电压下工作达到热平衡后，将输入的电功率转换成输出的总辐射通量的百分比。本研究中测得的电热辐射转换效率为67%，标准要求为≥55%。因此，该碳晶板样品符合标准。

（4）仿真模拟结果。图4－39、图4－40、图4－41和图4－42所示分别为计算得到的烟叶区域、烟叶区域上平面、烟叶区域下平面以及烤房中轴z截面的温度分布云图。在烟叶区域进行的热量传递过程中，通过烟叶区域（即多孔介质区域）的总传热量为2 125.6 W，其中，通过辐射传热方式的传热量为1 451.8 W。计算可得，烟叶区域进行的热量传递过程中，辐射传热占比为68.3%，对流传热占比为31.7%。需要指出的是，由于本研究中水分蒸发速率及蒸发量未知，忽略了水分蒸发过程，该简化假设可能会导致热功率低于实际加热功率。

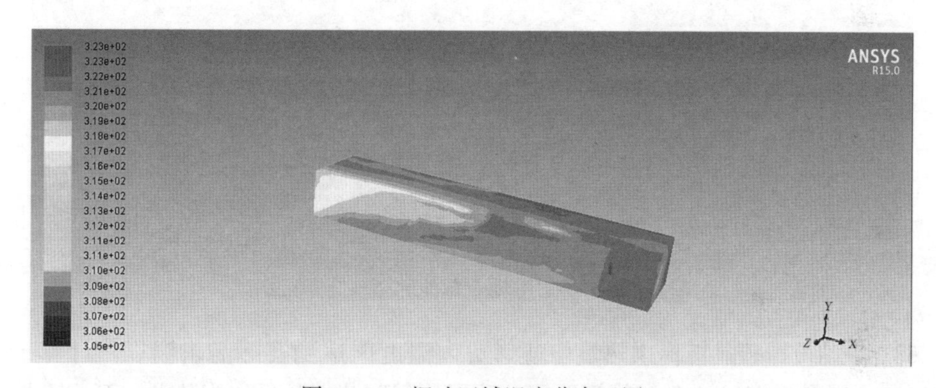

图4－39　烟叶区域温度分布云图

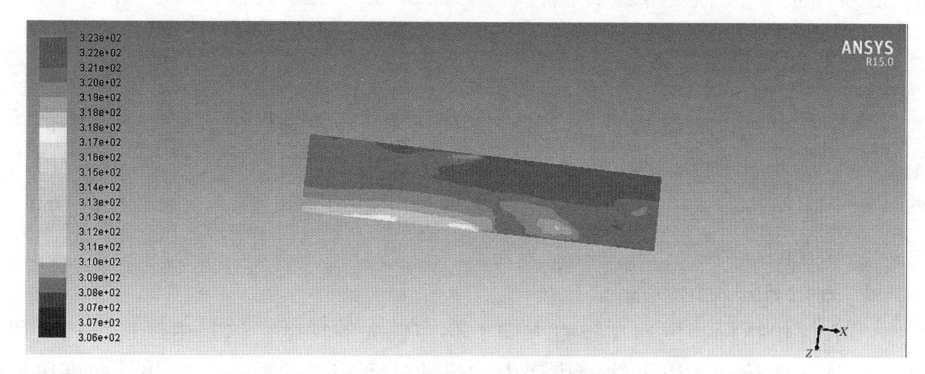

图4－40　烟叶区域上平面的温度分布云图

3. 碳晶板布局　根据上述碳晶板检测性能，以及现有碳晶板功率，结合烟叶烘烤在变黄、定色、干筋期重点温度段的热量需求，特别是干筋后期

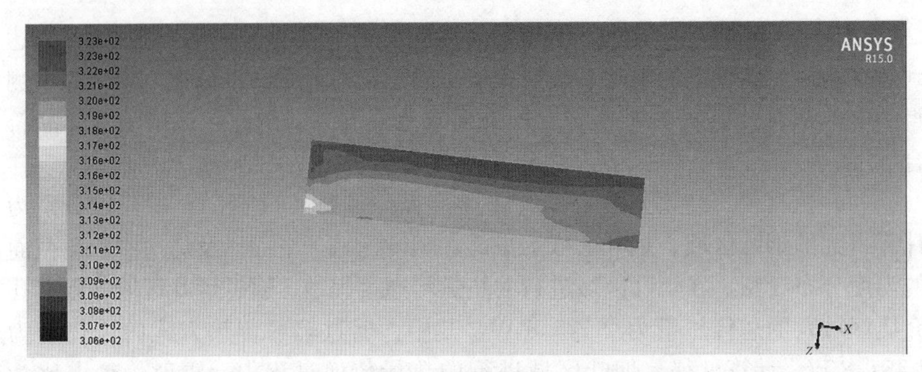

图 4-41　烟叶区域下平面的温度分布云图

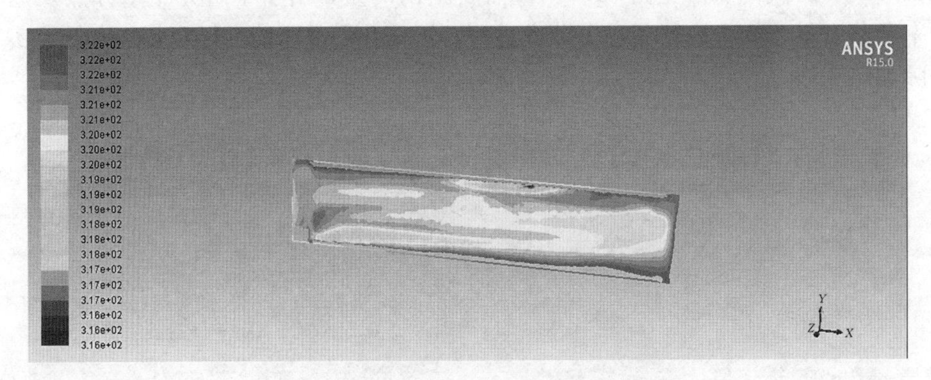

图 4-42　烤房中轴 z 截面的温度分布云图

(68～70 ℃)，碳晶板提供热量保证烤房内温度能达到实际需求温度，计算了烤房内碳晶板布局。在集装箱地面、顶层均匀安装碳晶板作为热源，其中，地面 32 块、顶层 22 块，单块碳晶板功率为 500 W。

(三) 通风排湿系统

在碳晶电热板定型基础上，对烤房内空气循环体系进行研究，主要模拟普通烤房自然通风工作原理，引入空气动力学、流体力学等相关概念，对烤房内空气循环系统进行进一步优化设计，实现烟叶烘烤微风循环，达到烟叶烤黄、烤软、烤香的目的。

1. 评价方法及比较基础

(1) 评价指标。风速在竖直方向上存在较大的梯度，这是由烤房结构及风的运行规律所致，所以无法使烤房内的风速达到完全的统一。因此，允许风速在竖直方向上存在一定的梯度，但要保证其在水平方向上的梯度尽可能小。

评价室内气流一般用到两个指标：平均风速和风速分布不均匀系数。两个指标的表达式如下：

$$v_h = \frac{1}{n}\sum_{i=1}^{n} v_i$$

$$Jh = \frac{\sqrt{\frac{\sum_{i=1}^{n}(v_i - v_h)^2}{n}}}{v_h}$$

式中，n 为测量点的数量；v_h 为处于 h 高度平面的气流平均速度（m/s）；Jh 为处于 h 高度平面的气流不均匀系数（0～1，该值越小，代表气流分布均匀性越好）；v_i 为第 i 个测量点的气流速度（m/s）。

烟叶区域上、下平面和烤房中轴截面见图 4-43。分别取烟叶区域（多孔介质区域）的上表面和下表面，以及烤房的中轴截面（Z 剖面）进行速度场云图展示。同时，计算两个水平面［即烟叶区域（多孔介质区域）的上表面和下表面］的平均风速和风速分布不均匀系数。风速分布不均匀系数测量点分布如图 4-44 所示。为了尽可能使计算的结果更具有代表性，以平面中轴线为对称轴，在两侧选取一共 64 个测量点作为计算点。

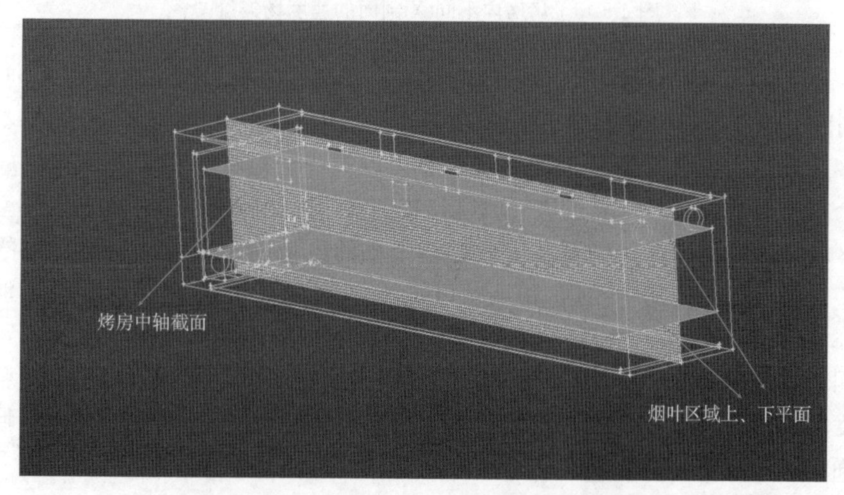

图 4-43　烟叶区域上、下平面和烤房中轴截面

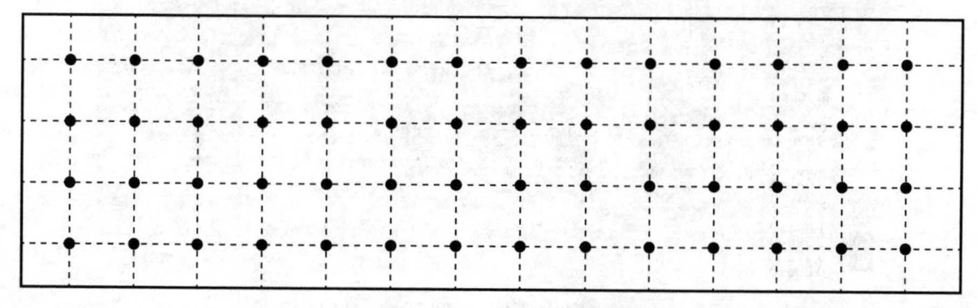

图 4-44　风速分布不均匀系数测量点分布

（2）烤房原型模拟结果。图 4－45 所示为烤房内不同 X 剖面的速度场矢量图。从速度矢量方向可以看出，在下部，气流从烤房左侧向右侧流动，在上部，经由循环风机，气流从烤房右侧向左侧流动，在烤房内形成了空气循环体系，模拟结果基本符合客观规律。

图 4－45　烤房内不同 X 剖面的速度场矢量图

图 4－46、图 4－47、图 4－48 和图 4－49 所示分别为烤房内不同 X 剖面、Z 剖面、烟叶区域上平面和下平面的速度场云图。模拟结果的流场分布基本符合客观规律。由烤房 Z 剖面速度场分布可以看出，热气流在装烟室内形成了一个很明显的大漩涡，靠近进气风扇和装烟室门区域风速较大，而在装烟室中间区域风速非常微弱，甚至在中后部一个小的区域内出现了没有热气流的现象。计算可得，烤房 Z 剖面和烟叶区域上平面和下平面的平均流速分别为 1.38 m/s、0.64 m/s 和 1.85 m/s。烟叶区域下平面速度明显高于上平面，这是因为进气风扇的全压是循环风扇的 2 倍。除此之外，还可以看出热气流整体速度的连续性较差，整体上气流组织形式基本无规律可循。特别是烟叶区域上平面，在其左侧区域热风流速为 0.08～0.3 m/s，流动性差。

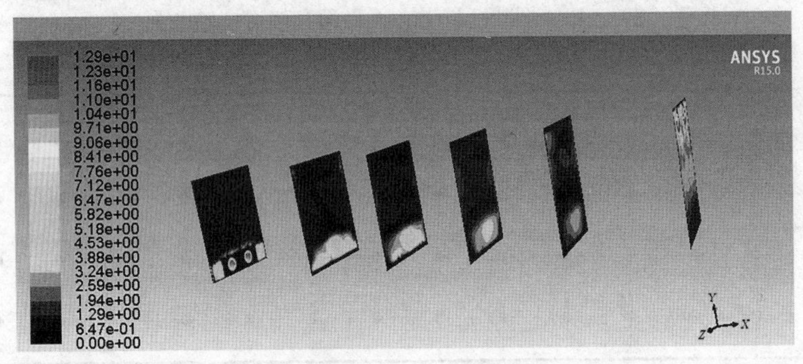

图 4－46　烤房内不同 X 剖面的速度场云图

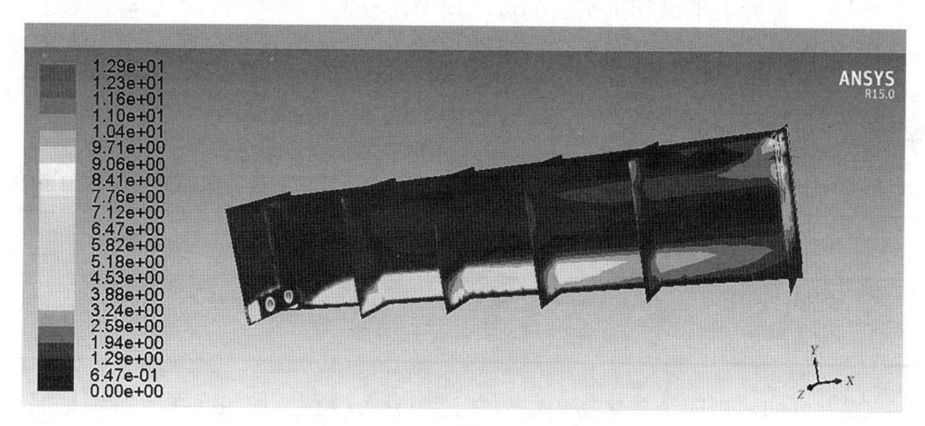

图 4-47 烤房内不同 Z 剖面的速度场云图

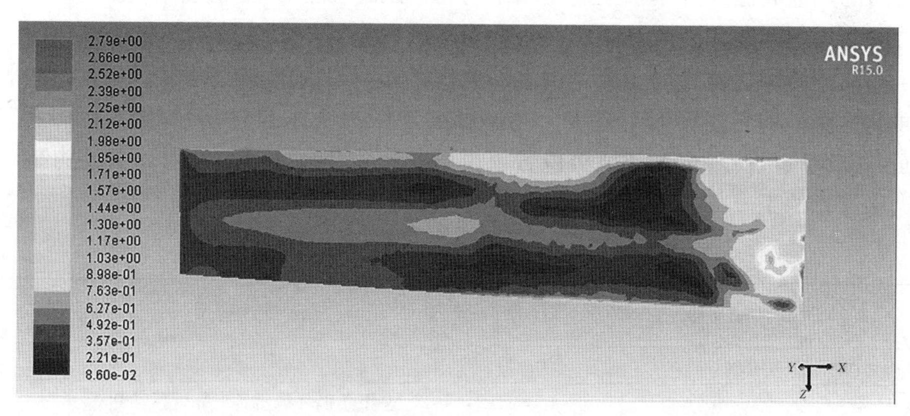

图 4-48 多孔介质区域（即烟叶区域）上平面的速度场云图

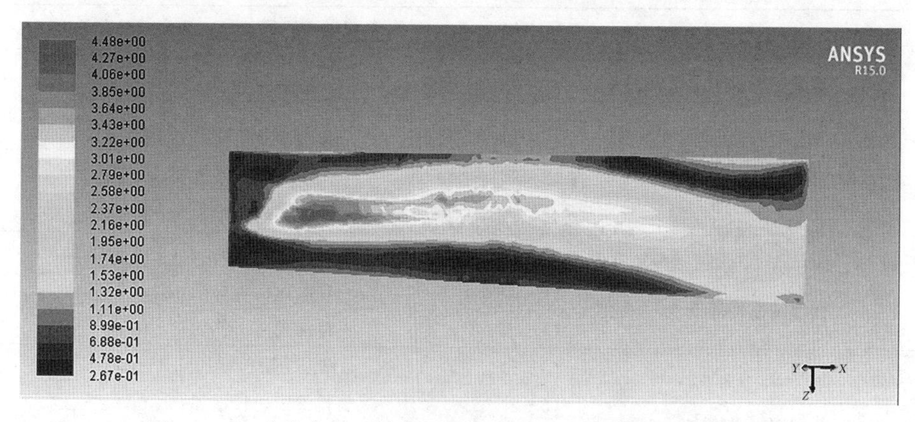

图 4-49 多孔介质区域（即烟叶区域）下平面的速度场云图

同时，烟叶上平面和下平面的流场均匀性较差。计算可得，烟叶区域上平面和下平面对应的风速分布不均匀系数分别为 0.50 和 0.72，即风速分布不均匀。烤房原型的烟叶区域上平面和下平面的平均风速和对应的风速分布不均匀系数如表 4-23 所示。

表 4-23 烤房原型的烟叶区域上平面和下平面的平均风速和对应的风速分布不均匀系数

项目	平均风速/(m/s)	风速分布不均匀系数
上平面	0.64	0.50
下平面	1.85	0.72

综上可知，当前结构烤房内的气体流场分布存在不均匀问题，特别是烟叶上部区域在烤房长度方向存在明显的速度梯度。由于气体的流动会显著影响烤房内的热量和温度分布，上述流场不均匀性问题可能导致烤房内温度和烤制质量的不均匀问题。因此，需要对现有烤房进行流场均匀性结构优化设计。

（3）结构优化计算工况。由上面分析可知，目前的原型烤房烟叶上、下平面的气流不均匀性较大。造成上述问题的原因可能来自烤房结构以下几个方面：进风风机位置、循环风机位置、排湿窗位置及尺寸等。针对烤房结构制定优化计算的工况如表 4-24 所示。

表 4-24 针对烤房结构制定优化计算的工况

优化方向	序号	结构条件
0	(0-0)	原型
1 左下角循环风机间距缩小	(1-1)	左下角循环风机各自靠近移动 0.05 m
	(1-2)	左下角循环风机各自靠近移动 0.1 m
	(1-3)	左下角循环风机各自靠近移动 0.15 m
2 右上角循环风机间距增大	(2-1)	右上角循环风机各自远离移动 0.05 m
	(2-2)	右上角循环风机各自远离移动 0.1 m
	(2-3)	右上角循环风机各自远离移动 0.15 m
3 排湿窗间距增大	(3-1)	排湿窗间距增大 0.1 m
	(3-2)	排湿窗间距增大 0.2 m
	(3-3)	排湿窗间距增大 0.3 m
4 排湿窗高度降低	(4-1)	排湿窗向下移动 0.1 m
	(4-2)	排湿窗向下移动 0.2 m
	(4-3)	排湿窗向下移动 0.3 m
5 排湿窗尺寸增大	(5-1)	排湿窗边长增加 0.05 m
	(5-2)	排湿窗边长增加 0.1 m
	(5-3)	排湿窗边长增加 0.15 m

2. 左下角循环风机位置对空气循环体系影响的仿真分析

（1）仿真方案设计。在表 4-24“左下角循环风机间距缩小”中，分别将左下角循环风机各自靠近移动（如图 4-50 箭头方向所示）0.05 m、0.1 m 和 0.15 m。随后对优化工况的烤房中轴截面（z 剖面）、烟叶区域的上平面和下平面的速度场云图进行展示，并计算风速分布不均匀系数，从而得出较优的循环风机分布距离。

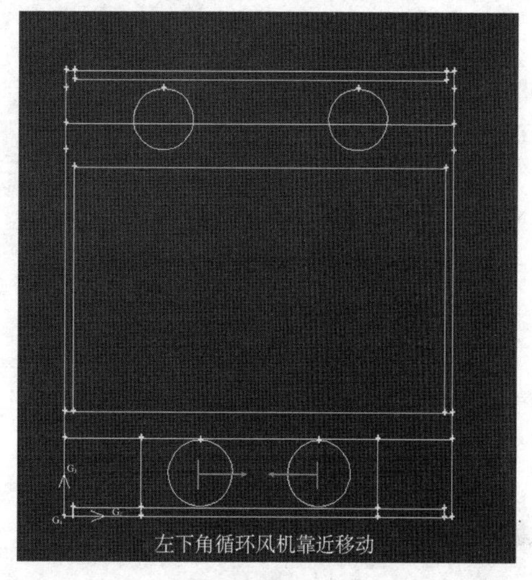

图 4-50　优化工况 1 示意图

（2）仿真结果分析。

① 左下角循环风机各自靠近移动 0.05 m。图 4-51、图 4-52、图 4-53 和图 4-54 所示分别为优化工况（1-1）烤房内不同 X 剖面、Z 剖面、烟叶区域上平面和下平面的速度场云图。其中，烤房 Z 剖面、烟叶区域上平面和烟叶区域下平面的平均流速分别为 1.26 m/s、0.61 m/s 和 1.67 m/s。

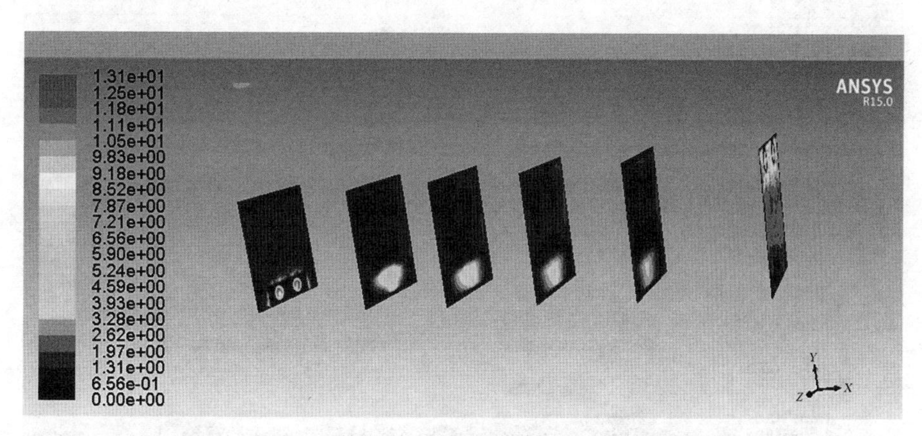

图 4-51　优化工况（1-1）烤房内的不同 X 剖面的速度场云图

② 左下角循环风机各自靠近移动 0.1 m。图 4-55、图 4-56、图 4-57 和图 4-58 所示分别为优化工况（1-2）烤房内不同 X 剖面、Z 剖面、烟叶区域上平面和下平面的速度场云图。其中，烤房 Z 剖面、烟叶区域上平面和烟叶区域下平面的平均流速分别为 1.15 m/s、0.61 m/s 和 1.61 m/s。

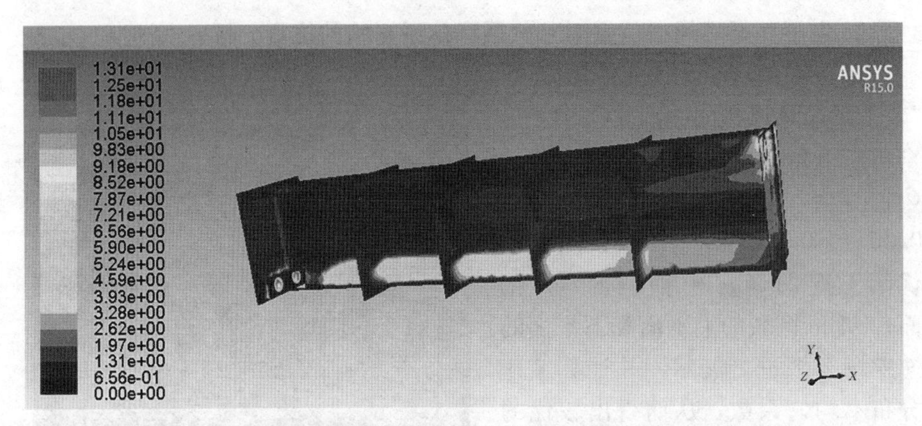

图 4-52 优化工况（1-1）烤房内的不同 Z 剖面的速度场云图

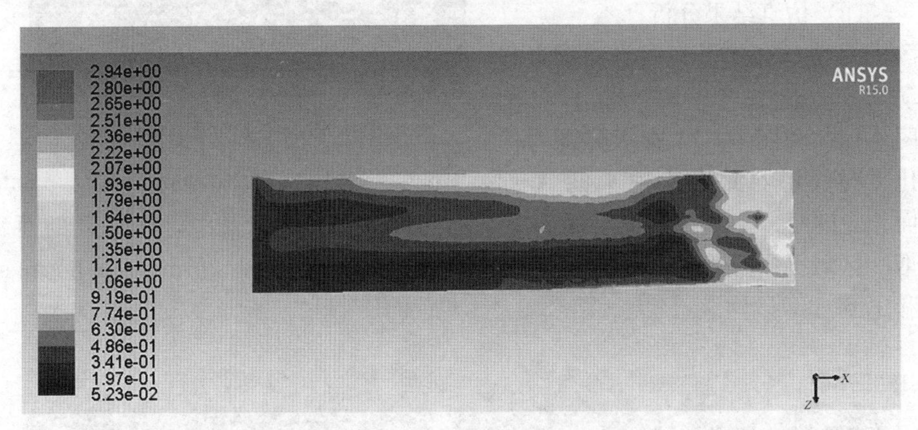

图 4-53 优化工况（1-1）多孔介质区域（即烟叶区域）上平面的速度场云图

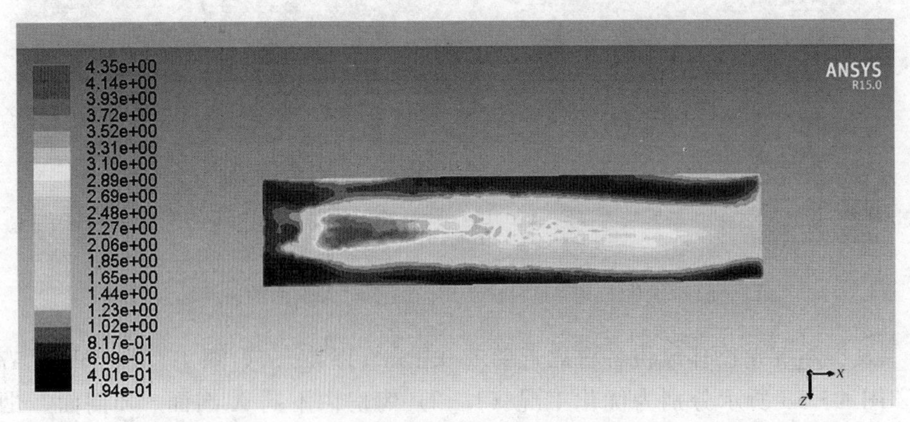

图 4-54 优化工况（1-1）多孔介质区域（即烟叶区域）下平面的速度场云图

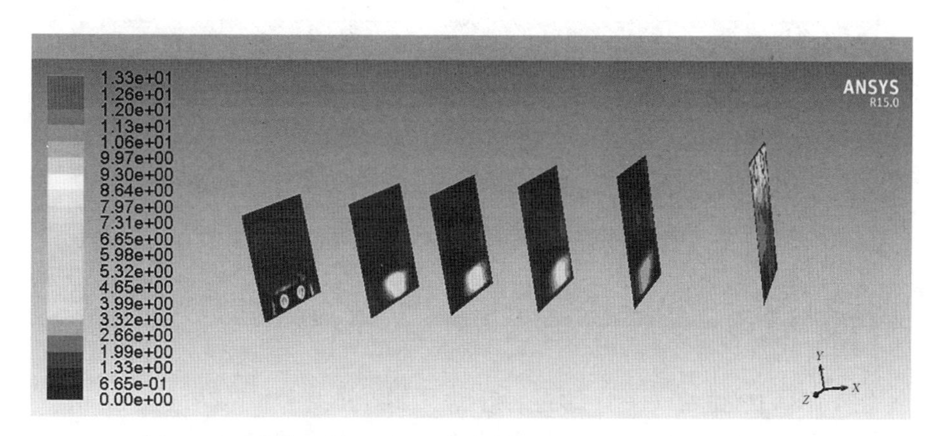

图 4－55　优化工况（1－2）烤房内的不同 X 剖面的速度场云图

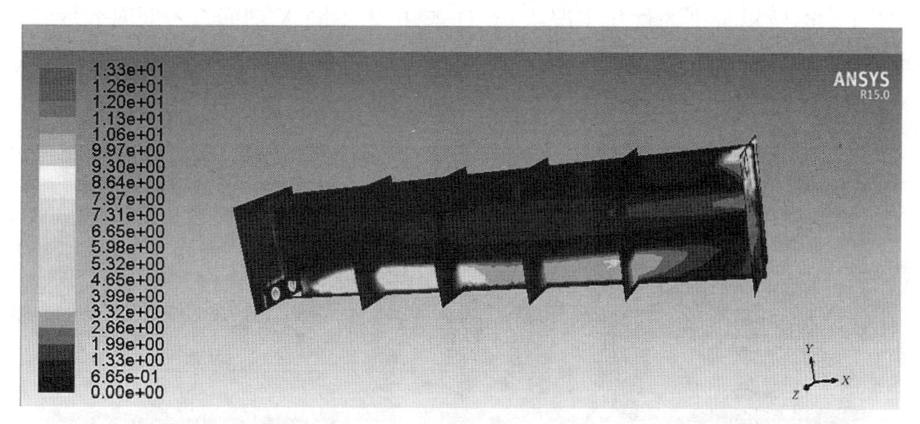

图 4－56　优化工况（1－2）烤房内的不同 Z 剖面的速度场云图

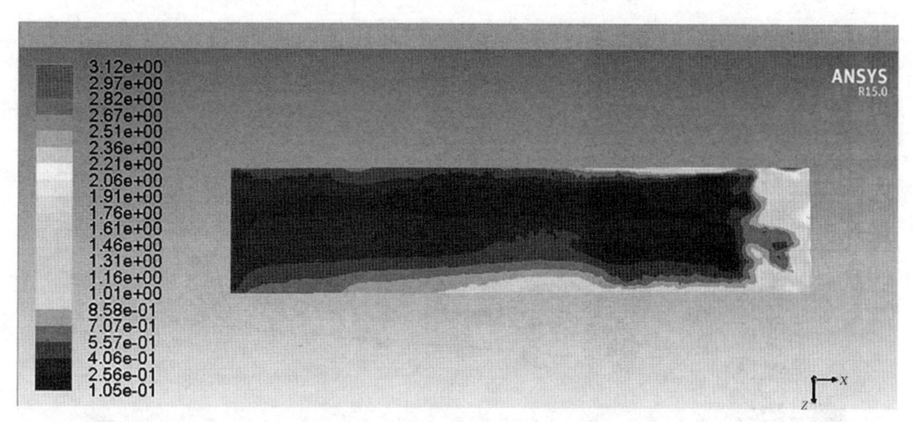

图 4－57　优化工况（1－2）多孔介质区域（即烟叶区域）上平面的速度场云图

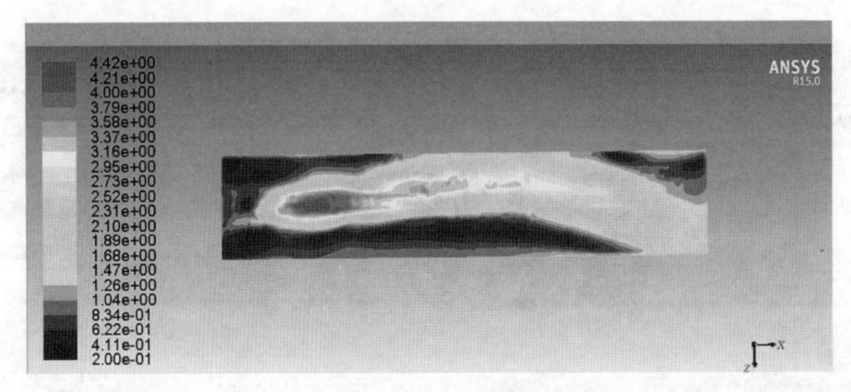

图 4-58　优化工况（1-2）多孔介质区域（即烟叶区域）下平面的速度场云图

③ 左下角循环风机各自靠近移动 0.15 m。图 4-59、图 4-60、图 4-61 和图 4-62 所示分别为优化工况（1-3）烤房内不同 X 剖面、Z 剖面、烟叶区域上平面和下平面的速度场云图。其中，烤房 Z 剖面、烟叶区域上平面和烟叶区域下平面的平均流速分别为 2.97 m/s、0.73 m/s 和 1.81 m/s。

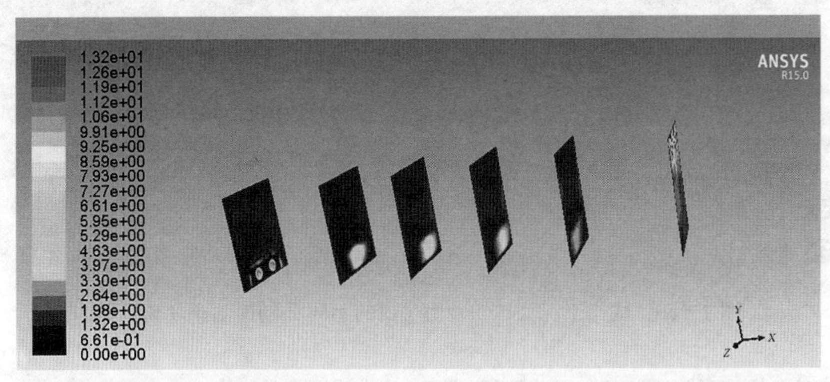

图 4-59　优化工况（1-3）烤房内的不同 X 剖面的速度场云图

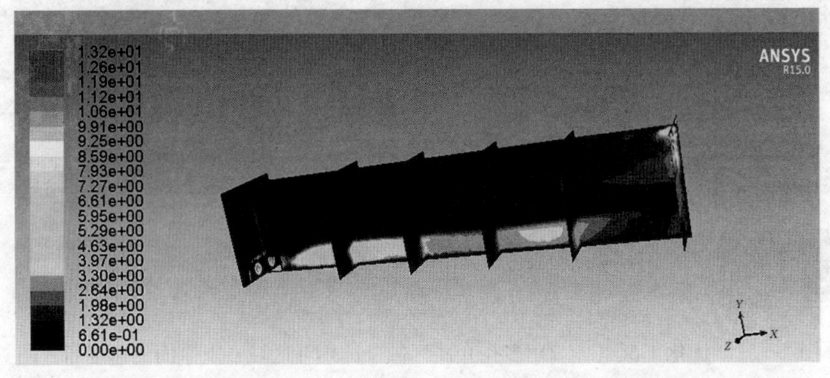

图 4-60　优化工况（1-3）烤房内的不同 Z 剖面的速度场云图

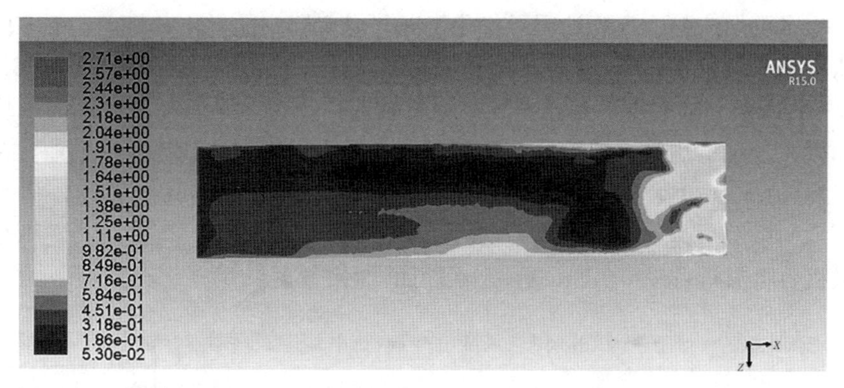

图 4-61　优化工况（1-3）多孔介质区域（即烟叶区域）上平面的速度场云图

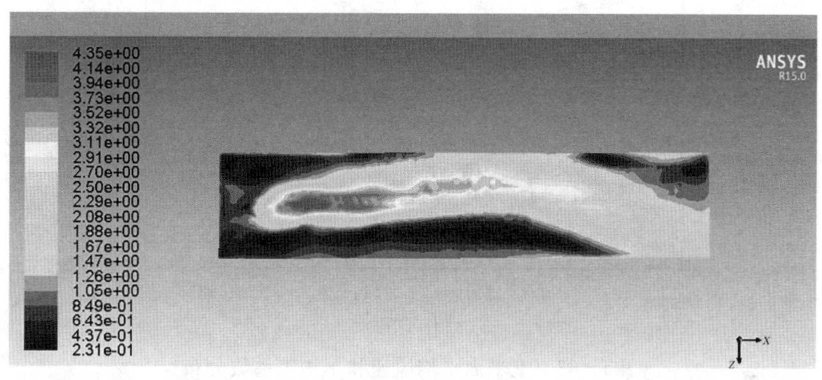

图 4-62　优化工况（1-3）多孔介质区域（即烟叶区域）下平面的速度场云图

④ 对比与分析。将优化改进方案与烤房原型的流场分布进行对比。四种结构的烟叶上、下平面的平均风速和风速分布不均匀系数如表 4-25 所示。

表 4-25　上、下平面的平均风速和风速分布不均匀系数

项目	序号	优化	平均风速/(m/s)	风速分布不均匀系数
上平面	(0)	原型	0.64	0.50
	(1-1)	左下角循环风机各自靠近移动 0.05 m	0.56	0.46
	(1-2)	左下角循环风机各自靠近移动 0.1 m	0.61	0.49
	(1-3)	左下角循环风机各自靠近移动 0.15 m	0.73	0.50
下平面	(0)	原型	1.85	0.72
	(1-1)	左下角循环风机各自靠近移动 0.05 m	1.67	0.60
	(1-2)	左下角循环风机各自靠近移动 0.1 m	1.61	0.66
	(1-3)	左下角循环风机各自靠近移动 0.15 m	1.81	0.68

为了更加清楚、直观地展示优化工况与烤房原型的对比，将上、下平面的平均风速和风速分布不均匀系数以折线图的形式展示，结果如图 4 - 63 和图 4 - 64所示。随着左下角循环风机逐渐靠近移动，上平面和下平面的平均风速和风速分布不均匀系数总体上均呈现出先减小后增大的趋势。特别地，在优化工况（1 - 1）中，即左下角循环风机各自靠近移动 0.05 m 时，上、下平面的不均匀系数均达到最小，且平均风速相比烤房原型降低。因此，将左下角循环风机各自靠近移动 0.05 m 是一个可行的优化方案。

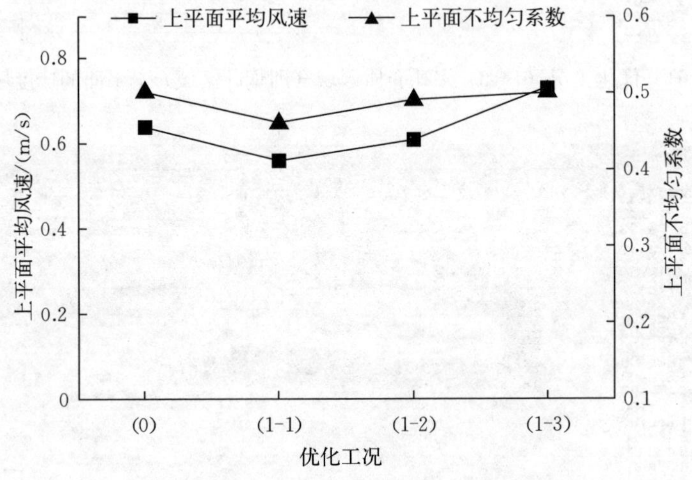

图 4 - 63　上平面平均风速和不均匀系数分布

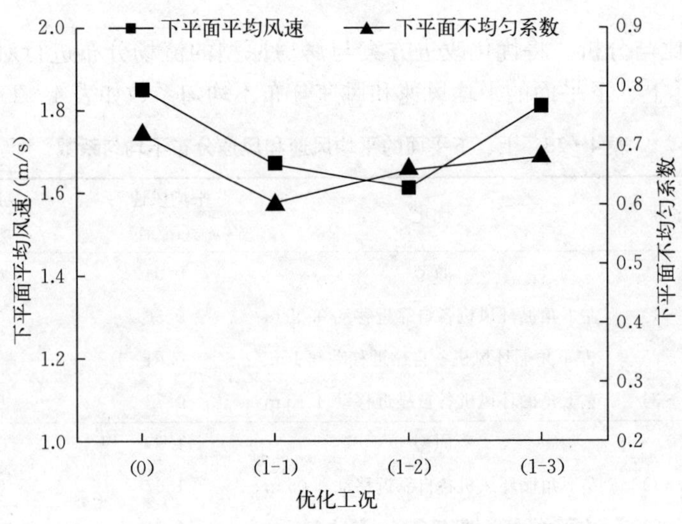

图 4 - 64　下平面平均风速和不均匀系数分布

3. 右上角循环风机位置对空气循环体系影响的仿真分析

（1）仿真方案设计。在优化工况 2“右上角循环风机间距增大”中，分别将右上角循环风机各自远离移动（如图 4-65 箭头方向所示）0.05 m、0.1 m 和 0.15 m。随后对优化工况的烤房中轴截面（Z 剖面）、烟叶区域的上平面和下平面的速度场云图进行展示，并计算风速分布不均匀系数，从而得出较优的右上角循环风机分布距离。

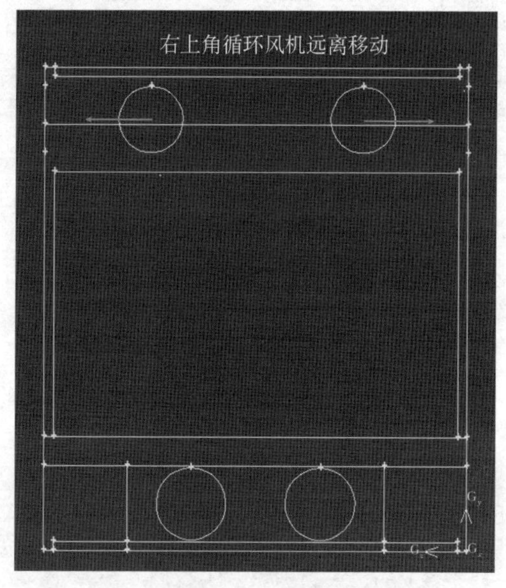

图 4-65　优化工况 2

（2）仿真结果分析。

① 右上角循环风机各自远离移动 0.05 m。图 4-66 至图 4-69 所示分别为优化工况（2-1）烤房内不同 X 剖面、Z 剖面、烟叶区域上平面和烟叶区域下平面的速度场云图。其中，烤房 Z 剖面、烟叶区域上平面和烟叶区域下平面的平均流速分别为 1.17 m/s、0.47 m/s 和 1.70 m/s。

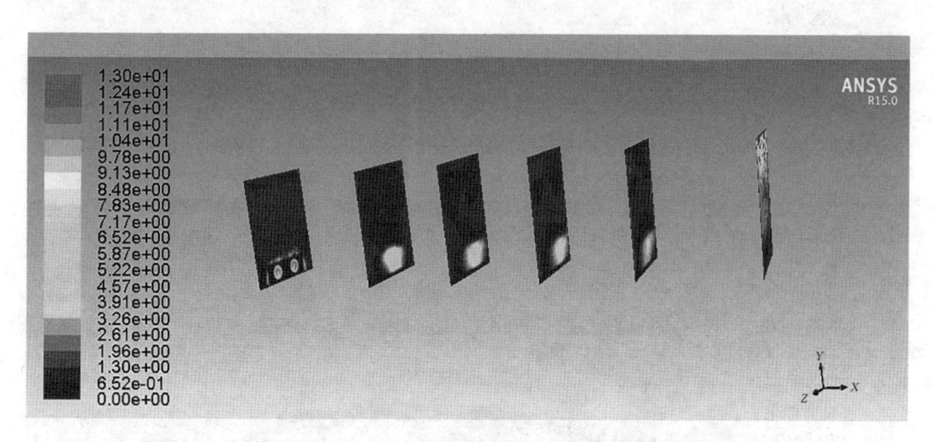

图 4-66　优化工况（2-1）烤房内的不同 X 剖面的速度场云图

② 右上角循环风机各自远离移动 0.1 m。图 4-70 至图 4-73 所示分别为优化工况（2-2）烤房内不同 X 剖面、Z 剖面、烟叶区域上平面和烟叶区域下平面的速度场云图。其中，烤房 Z 剖面、烟叶区域上平面和烟叶区域下平面的平均流速分别为 1.20 m/s、0.49 m/s 和 1.53 m/s。

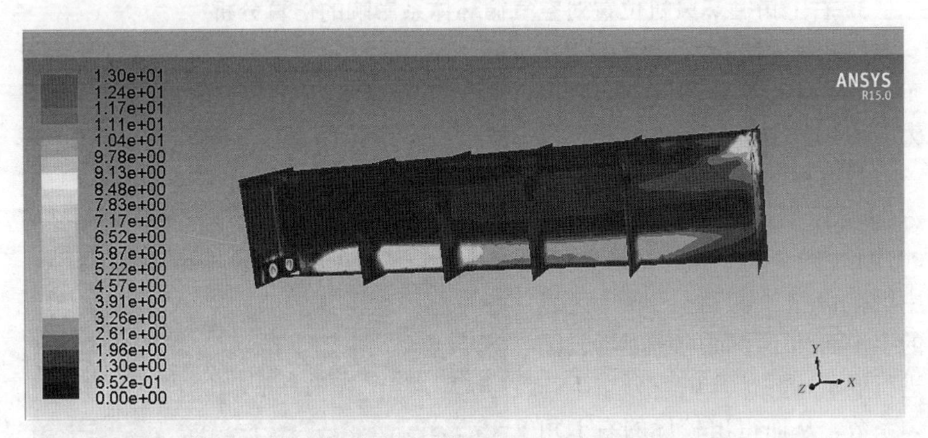

图 4-67　优化工况（2-1）烤房内的不同 Z 剖面的速度场云图

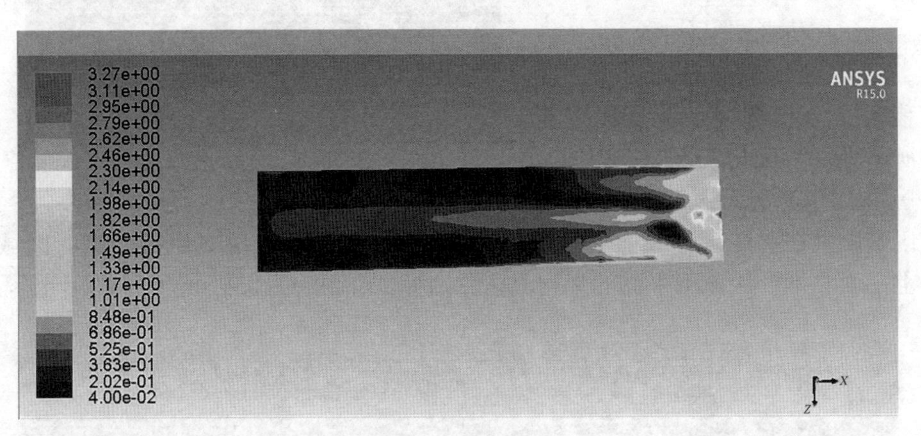

图 4-68　优化工况（2-1）多孔介质区域（即烟叶区域）上平面的速度场云图

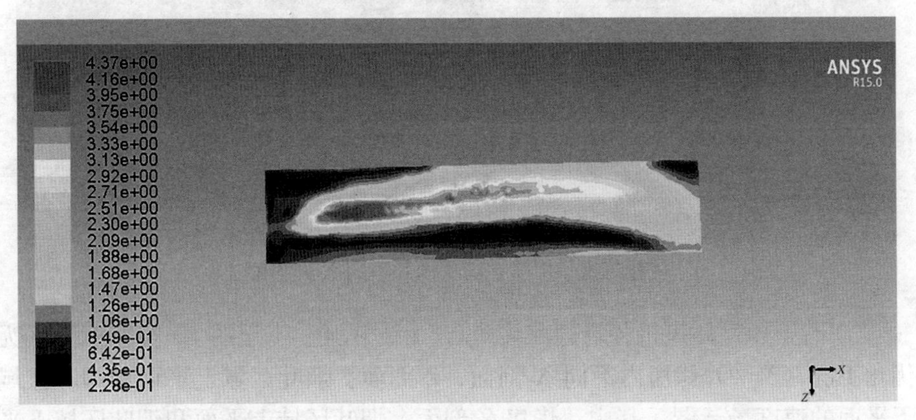

图 4-69　优化工况（2-1）多孔介质区域（即烟叶区域）下平面的速度场云图

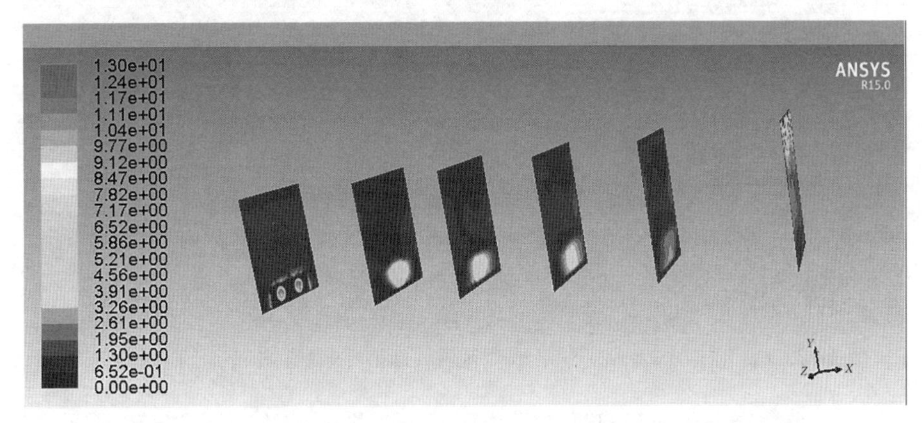

图 4-70　优化工况（2-2）烤房内的不同 X 剖面的速度场云图

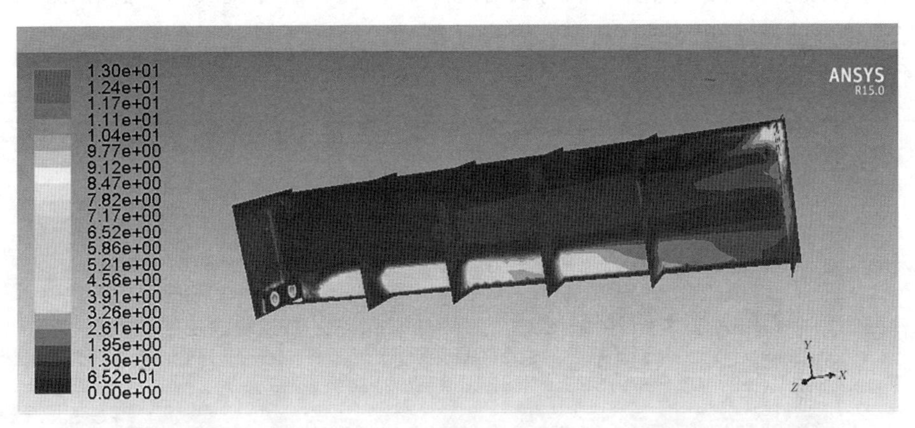

图 4-71　优化工况（2-2）烤房内的不同 Z 剖面的速度场云图

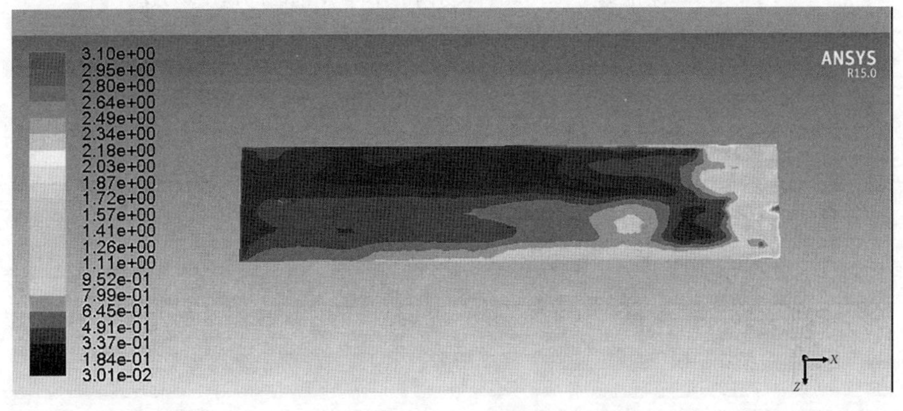

图 4-72　优化工况（2-2）多孔介质区域（即烟叶区域）上平面的速度场云图

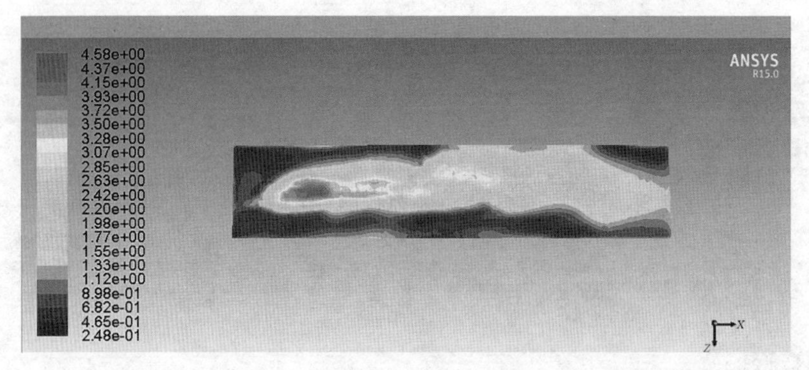

图 4-73　优化工况（2-2）多孔介质区域（即烟叶区域）下平面的速度场云图

③ 右上角循环风机各自远离移动 0.15 m。图 4-74 至图 4-77 所示分别为优化工况（2-3）烤房内不同 X 剖面、Z 剖面、烟叶区域上平面和烟叶区域下平面的速度场云图。其中，烤房 Z 剖面、烟叶区域上平面和烟叶区域下平面的平均流速分别为 1.24 m/s、0.47 m/s 和 1.64 m/s。

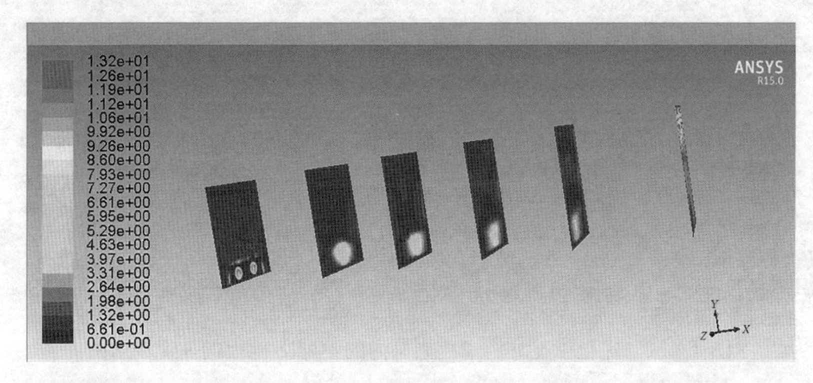

图 4-74　优化工况（2-3）烤房内的不同 X 剖面的速度场云图

图 4-75　优化工况（2-3）烤房内的不同 Z 剖面的速度场云图

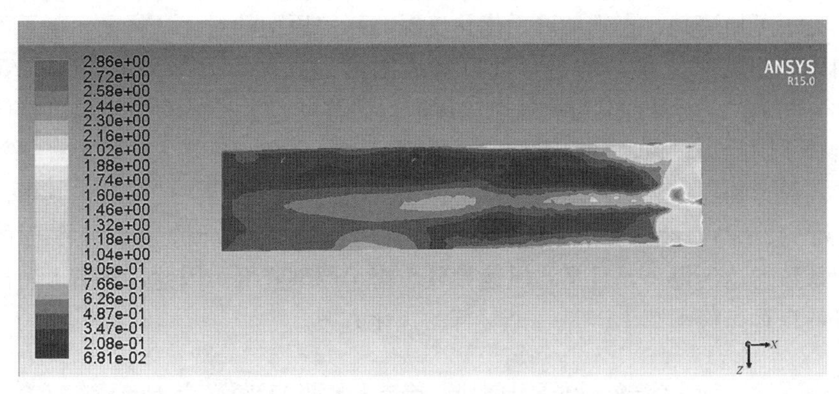

图 4-76　优化工况（2-3）多孔介质区域（即烟叶区域）上平面的速度场云图

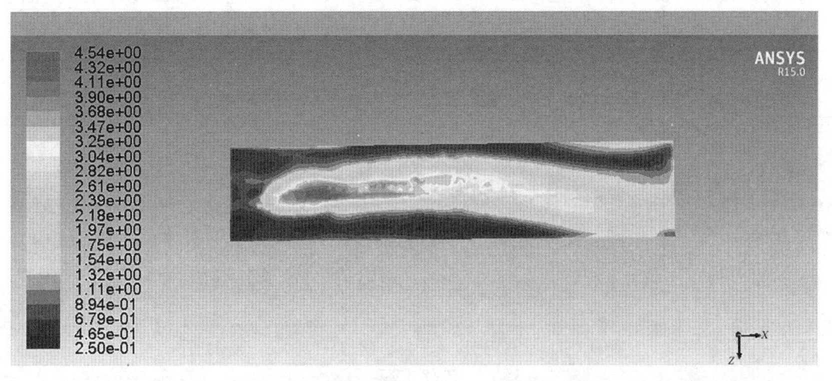

图 4-77　优化工况（2-3）多孔介质区域（即烟叶区域）下平面的速度场云图

④ 对比与分析。将优化改进方案与烤房原型的流场分布进行对比。四种结构的烟叶上、下平面的平均风速和风速分布不均匀系数如表 4-26 所示。

表 4-26　上、下平面的平均风速和风速分布不均匀系数

项目	序号	优化	平均风速/(m/s)	风速分布不均匀系数
上平面	(0)	原型	0.64	0.50
	(2-1)	右上角循环风机各自远离移动 0.05 m	0.47	0.47
	(2-2)	右上角循环风机各自远离移动 0.1 m	0.49	0.35
	(2-3)	右上角循环风机各自远离移动 0.15 m	0.47	0.51
下平面	(0)	原型	1.85	0.72
	(2-1)	右上角循环风机各自远离移动 0.05 m	1.70	0.76
	(2-2)	右上角循环风机各自远离移动 0.1 m	1.53	0.60
	(2-3)	右上角循环风机各自远离移动 0.15 m	1.64	0.67

为了更加清楚、直观地展示优化工况与烤房原型的对比，将上、下平面的平均风速和风速分布不均匀系数以折线图的形式展示，结果如图 4 - 78 和图 4 - 79所示。随着右上角循环风机逐渐远离移动，上平面的平均风速整体呈现出减小的趋势，风速分布不均匀系数则呈现出先减小后增大的趋势；下平面的平均风速和风速分布不均匀系数整体呈现出先减小后增大的趋势。其中，优化工况（2 - 2），即右上角循环风机各自远离移动 0.1 m 时，上、下平面的不均匀系数均达到最小，且平均风速相较于烤房原型降低。因此，将右上角循环风机各自远离移动 0.1 m 是一个可行的优化方案。

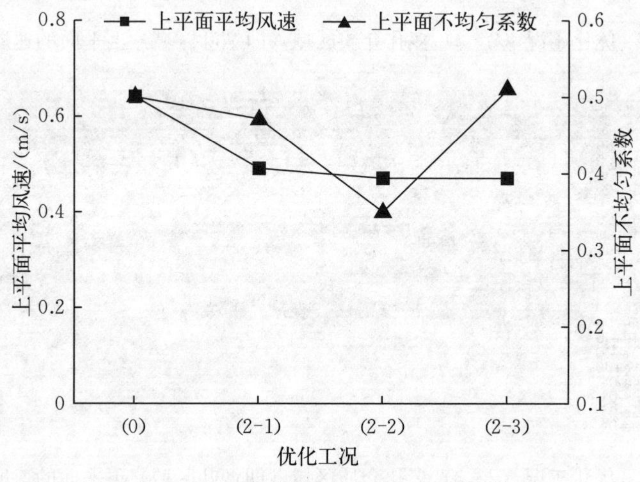

图 4 - 78　上平面平均风速和不均匀系数分布

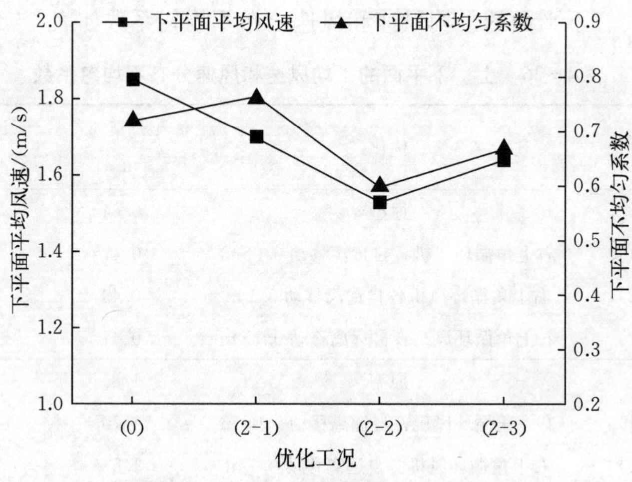

图 4 - 79　下平面平均风速和不均匀系数分布

4. 排湿窗位置对空气循环体系影响的仿真分析（1）

（1）仿真方案设计。在优化工况 3“排湿窗间距增大”中，分别将排湿窗间距增大（如图 4－80 箭头方向所示，中间排湿窗位置不变）0.1 m、0.2 m 和 0.3 m。随后对优化工况的烤房中轴截面（Z 剖面）、烟叶区域的上平面和下平面的速度场云图进行展示，并计算风速分布不均匀系数，从而得出较优的循环风机分布距离。

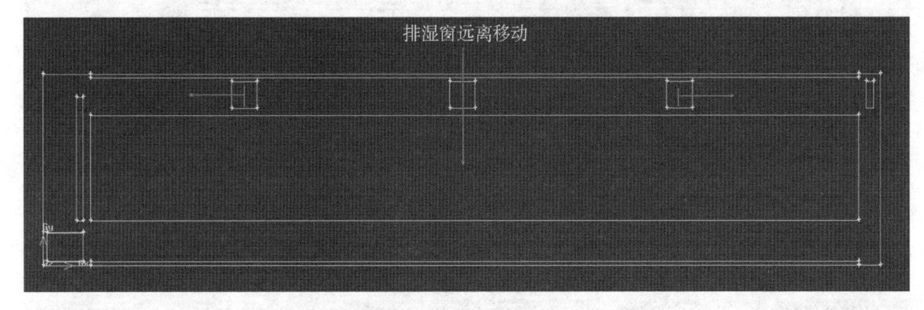

图 4－80　优化工况 3

（2）仿真结果分析。

① 排湿窗间距增大 0.1 m。图 4－81 至图 4－84 所示分别为优化工况（3－1）烤房内不同 X 剖面、Z 剖面、烟叶区域上平面和烟叶区域下平面的速度场云图。其中，烤房 Z 剖面、烟叶区域上平面和烟叶区域下平面的平均流速分别为 1.32 m/s、0.54 m/s 和 1.70 m/s。

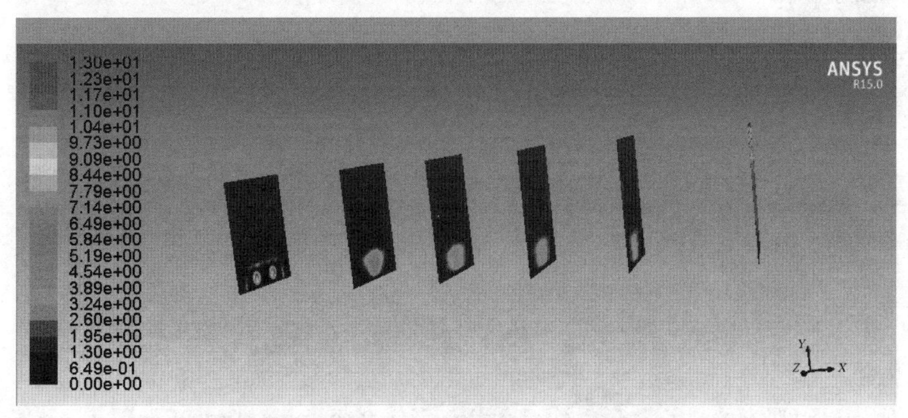

图 4－81　优化工况（3－1）烤房内的不同 X 剖面的速度场云图

② 排湿窗间距增大 0.2 m。图 4－85 至图 4－88 所示分别为优化工况（3－2）烤房内不同 X 剖面、Z 剖面、烟叶区域上平面和烟叶区域下平面的速度场云图。其中，烤房 Z 剖面、烟叶区域上平面和烟叶区域下平面的平均流速分别为 1.32 m/s、0.59 m/s 和 1.64 m/s。

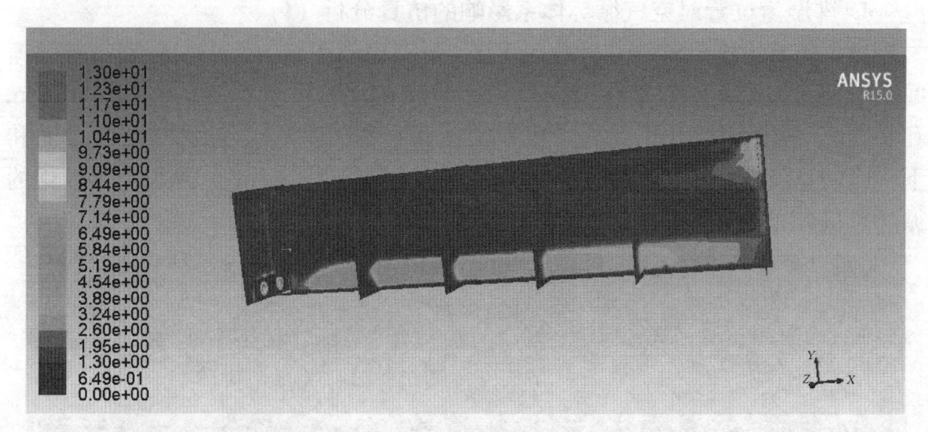

图 4-82　优化工况（3-1）烤房内的不同 Z 剖面的速度场云图

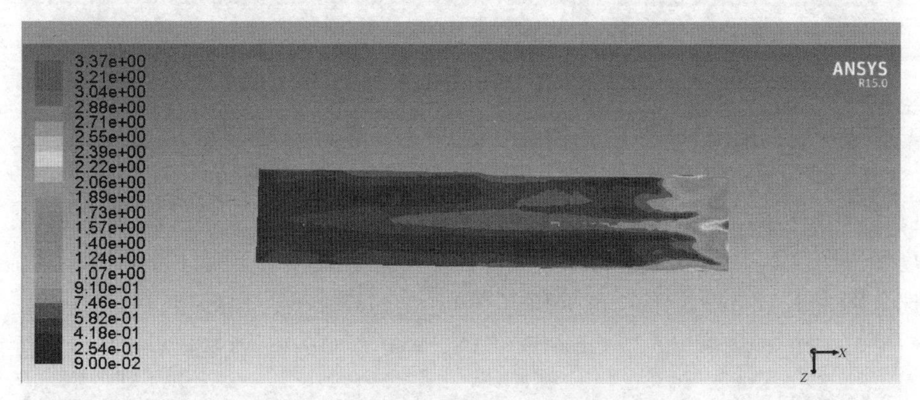

图 4-83　优化工况（3-1）多孔介质区域（即烟叶区域）上平面的速度场云图

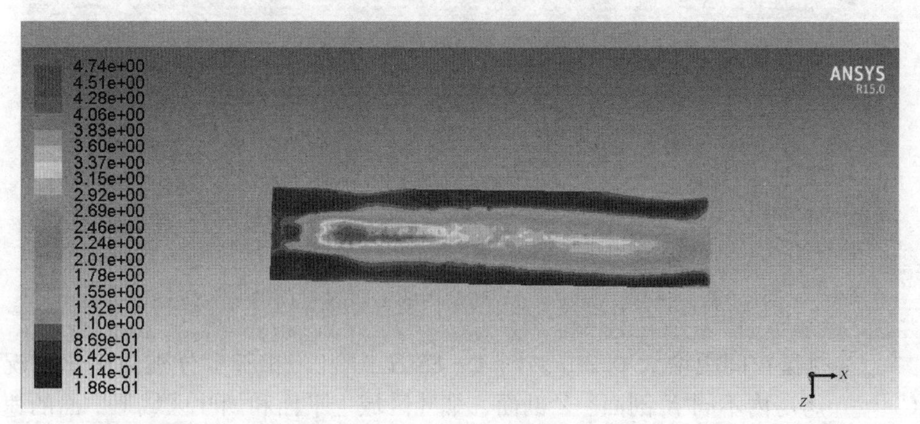

图 4-84　优化工况（3-1）多孔介质区域（即烟叶区域）下平面的速度场云图

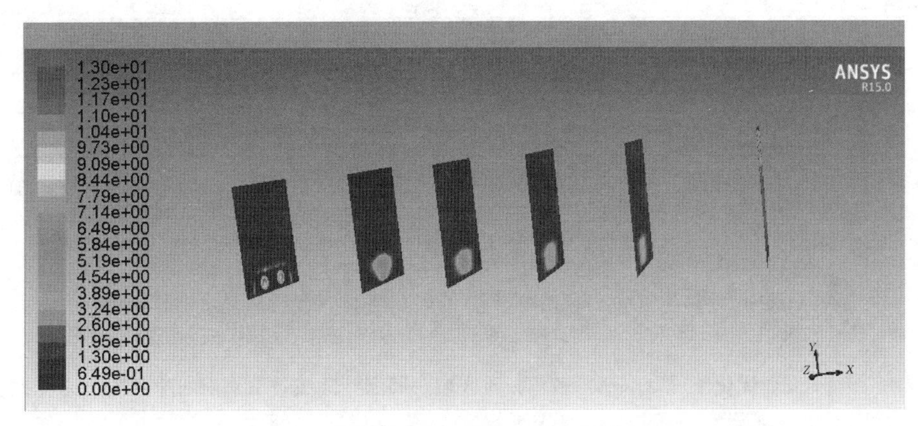

图 4-85　优化工况（3-2）烤房内的不同 X 剖面的速度场云图

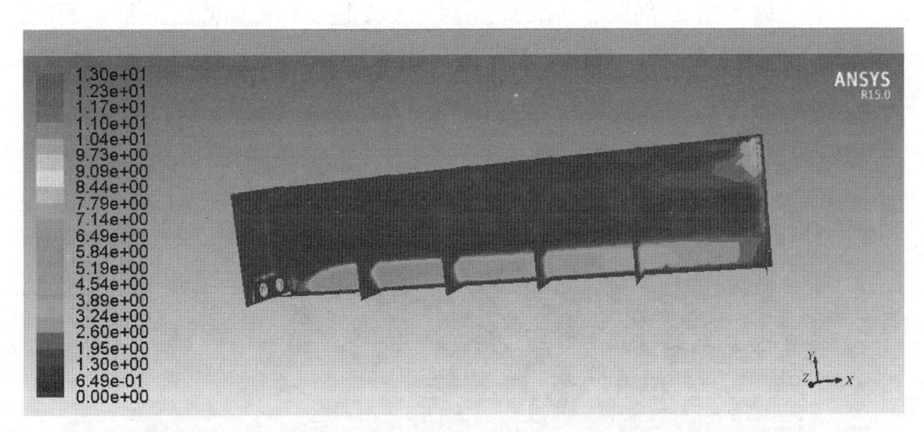

图 4-86　优化工况（3-2）烤房内的不同 Z 剖面的速度场云图

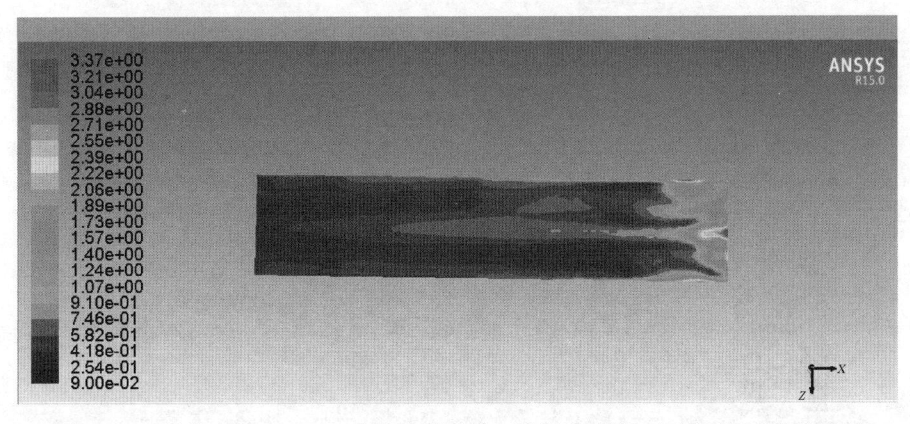

图 4-87　优化工况（3-2）多孔介质区域（即烟叶区域）上平面的速度场云图

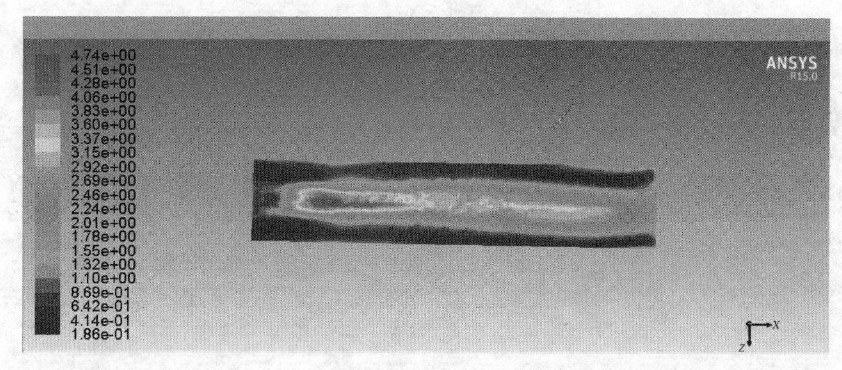

图 4-88 优化工况（3-2）多孔介质区域（即烟叶区域）下平面的速度场云图

③ 排湿窗间距增大 0.3 m。图 4-89 至图 4-92 所示分别为优化工况（3-3）烤房内不同 X 剖面、Z 剖面、烟叶区域上平面和烟叶区域下平面的速度场云图。其中，烤房 Z 剖面、烟叶区域上平面和烟叶区域下平面的平均流速分别为 1.25 m/s、0.56 m/s 和 1.63 m/s。

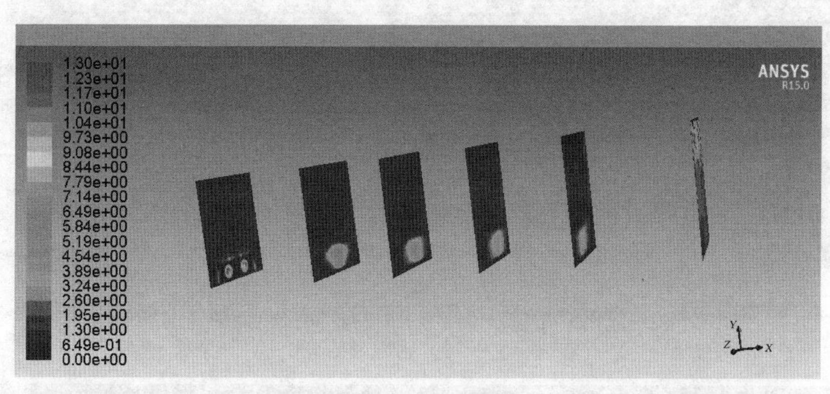

图 4-89 优化工况（3-3）烤房内的不同 X 剖面的速度场云图

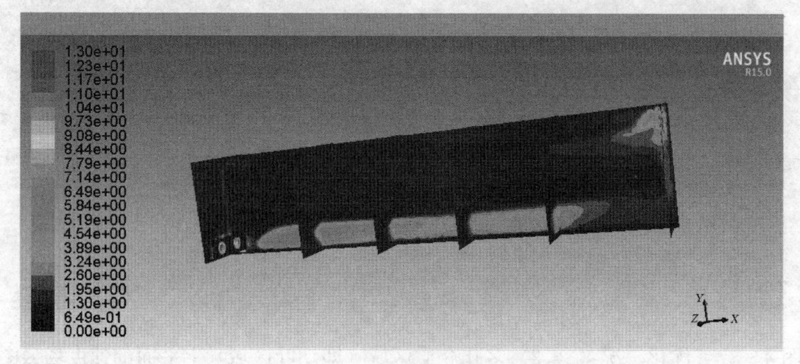

图 4-90 优化工况（3-3）烤房内的不同 Z 剖面的速度场云图

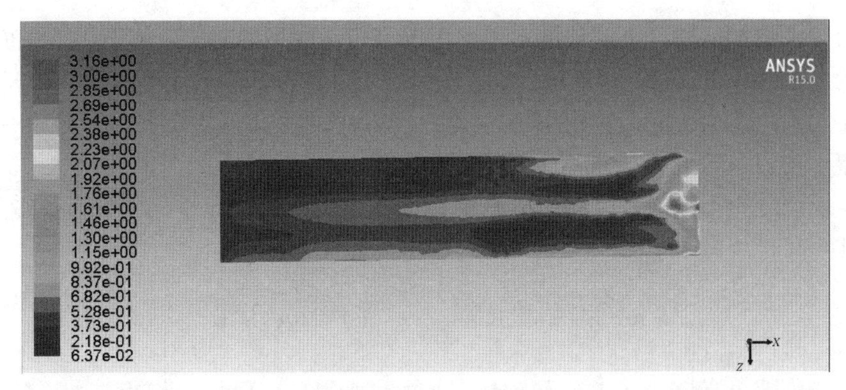

图 4-91　优化工况（3-3）多孔介质区域（即烟叶区域）上平面的速度场云图

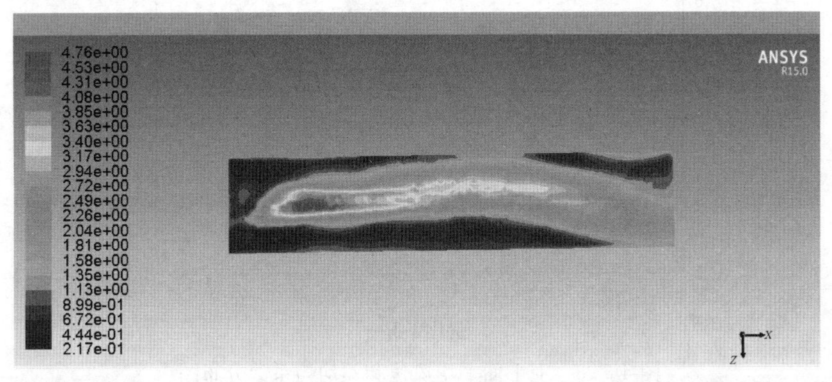

图 4-92　优化工况（3-3）多孔介质区域（即烟叶区域）下平面的速度场云图

④ 对比与分析。将优化改进方案与烤房原型的流场分布进行对比。四种结构的烟叶上、下平面的平均风速和风速分布不均匀系数如表 4-27 所示。

表 4-27　上、下平面的平均风速和风速分布不均匀系数

项目	序号	优化	平均风速/(m/s)	风速分布不均匀系数
上平面	(0)	原型	0.64	0.50
	(3-1)	排湿窗间距增大 0.1 m	0.54	0.51
	(3-2)	排湿窗间距增大 0.2 m	0.59	0.47
	(3-3)	排湿窗间距增大 0.3 m	0.56	0.40
下平面	(0)	原型	1.85	0.72
	(3-1)	排湿窗间距增大 0.1 m	1.70	0.65
	(3-2)	排湿窗间距增大 0.2 m	1.64	0.60
	(3-3)	排湿窗间距增大 0.3 m	1.63	0.56

为了更加清楚、直观地展示优化工况与烤房原型的对比，将上、下平面的平均风速和风速分布不均匀系数以折线图的形式展示，结果如图 4－93 和图 4－94所示。随着排湿窗间距逐渐增大，上平面和下平面的平均风速和风速分布不均匀系数整体呈现减小的趋势。可以看出，将排湿窗间距增大 0.3 m 时，风速分布不均匀系数与烤房原型相比减小，流场分布不均匀性有所改善。因此，将排湿窗间距增大 0.3 m 是一种可行的优化方案。

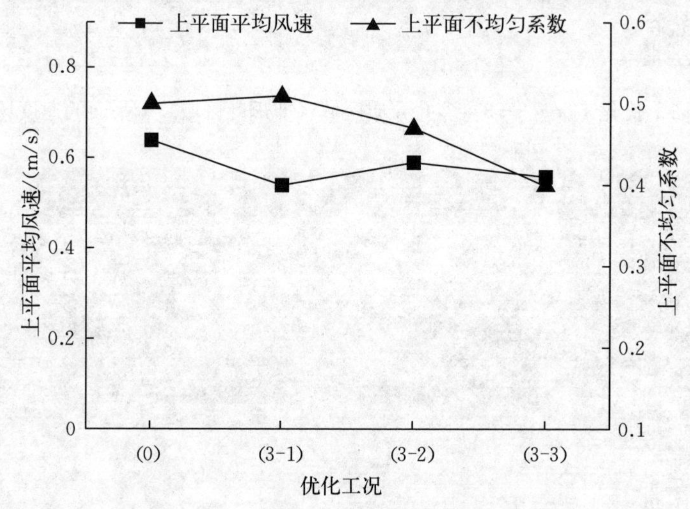

图 4－93　上平面平均风速和不均匀系数分布图

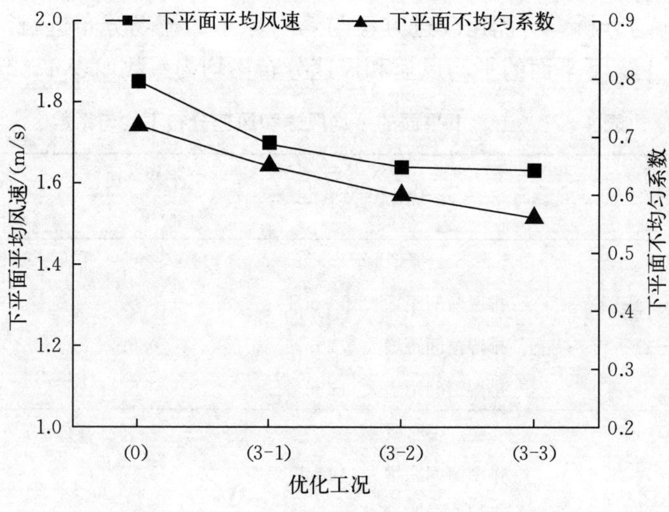

图 4－94　下平面平均风速和不均匀系数分布图

5. 排湿窗位置对空气循环体系影响的仿真分析（2）

（1）仿真方案设计。在优化工况4“排湿窗高度降低”中，分别将排湿窗向下移动（如图4-95箭头方向所示）0.1 m、0.2 m和0.3 m。随后对优化工况的烤房中轴截面（Z剖面）、烟叶区域的上平面和下平面的速度场云图进行展示，并计算风速分布不均匀系数，从而得出较优的循环风机分布距离。

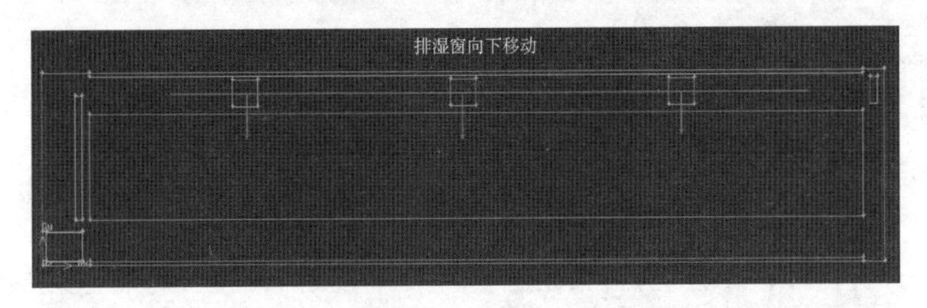

图4-95　优化工况4

（2）仿真结果分析。

① 排湿窗向下移动0.1 m。图4-96至图4-99所示分别为优化工况（4-1）烤房内不同X剖面、Z剖面、烟叶区域上平面和烟叶区域下平面的速度场云图。其中，烤房Z剖面和烟叶区域上平面和烟叶区域下平面的平均流速分别为1.22 m/s、0.54 m/s和1.61 m/s。

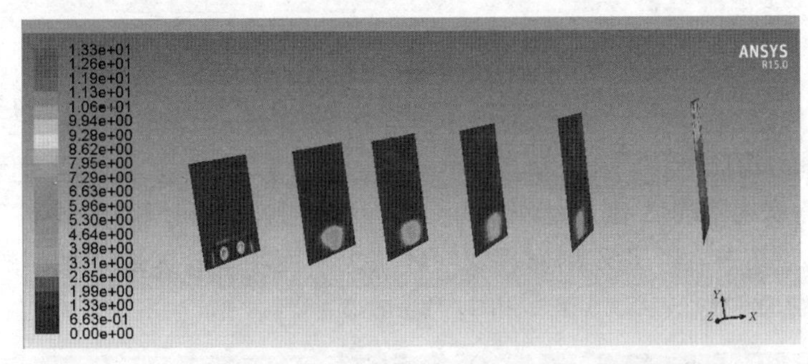

图4-96　优化工况（4-1）烤房内的不同X剖面的速度场云图

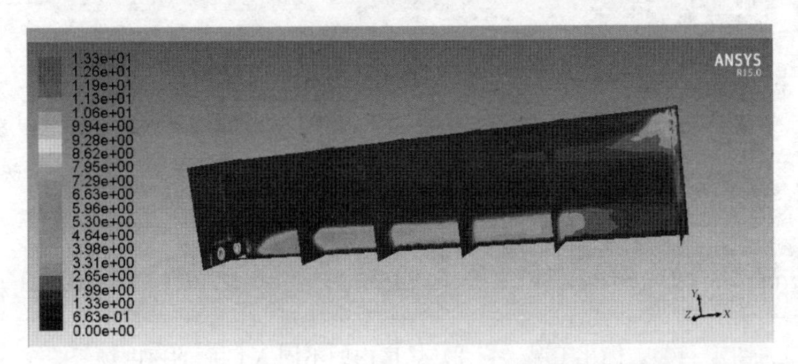

图4-97　优化工况（4-1）烤房内的不同Z剖面的速度场云图

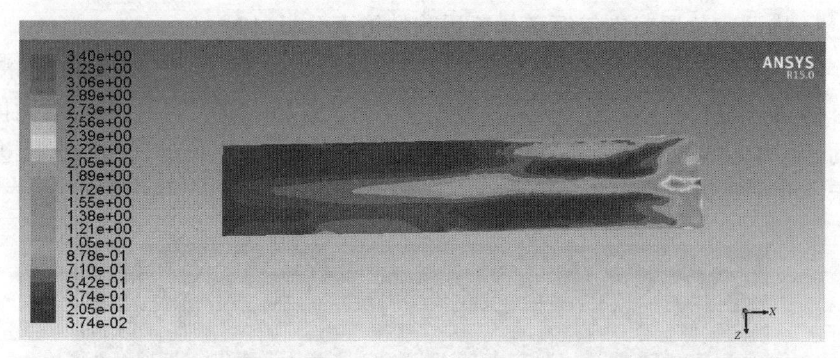

图 4-98　优化工况（4-1）多孔介质区域（即烟叶区域）上平面的速度场云图

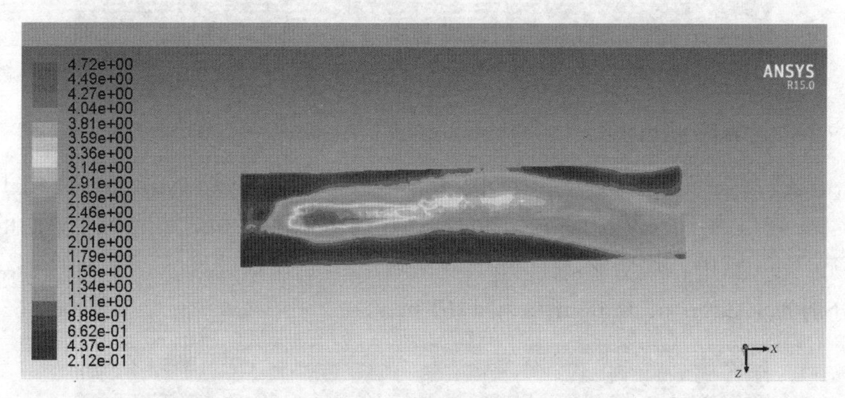

图 4-99　优化工况（4-1）多孔介质区域（即烟叶区域）下平面的速度场云图

② 排湿窗向下移动 0.2 m。图 4-100 至图 4-103 所示分别为优化工况（4-2）烤房内不同 X 剖面、Z 剖面、烟叶区域上平面和烟叶区域下平面的速度场云图。其中，烤房 Z 剖面、烟叶区域上平面和烟叶区域下平面的平均流速分别为 1.25 m/s、0.45 m/s 和 1.63 m/s。

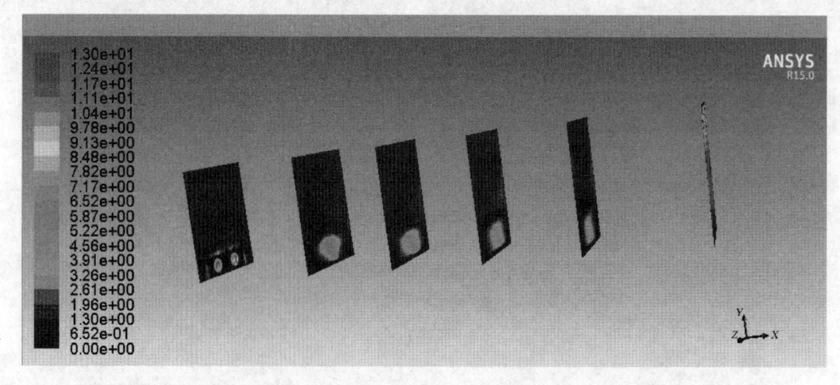

图 4-100　优化工况（4-2）烤房内的不同 X 剖面的速度场云图

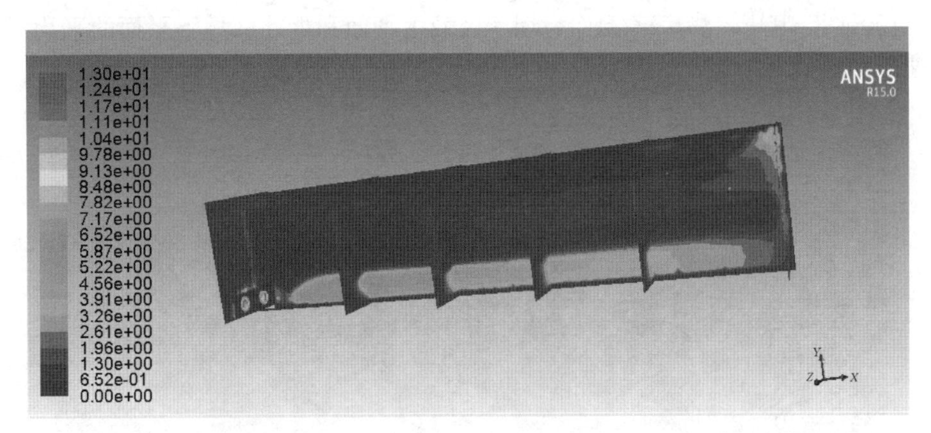

图 4-101　优化工况（4-2）烤房内的不同 Z 剖面的速度场云图

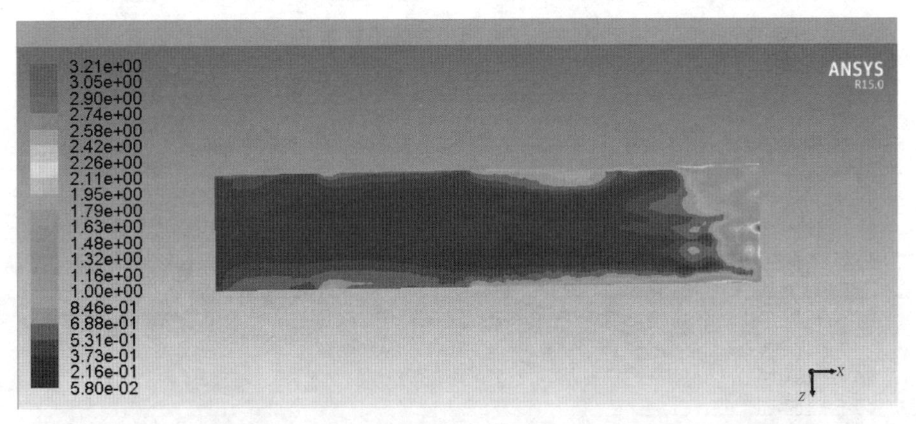

图 4-102　优化工况（4-2）多孔介质区域（即烟叶区域）上平面的速度场云图

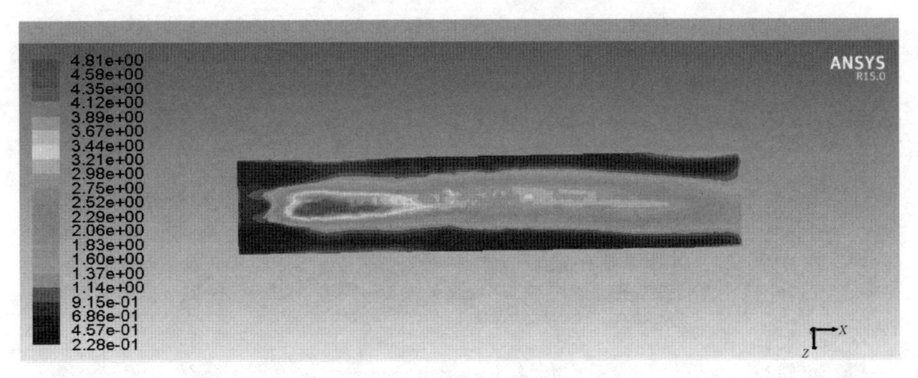

图 4-103　优化工况（4-2）多孔介质区域（即烟叶区域）下平面的速度场云图

③ 排湿窗向下移动 0.3 m。图 4-104 至图 4-107 所示分别为优化工况（4-3）烤房内不同 X 剖面、Z 剖面、烟叶区域上平面和烟叶区域下平面的速

度场云图。其中，烤房 Z 剖面、烟叶区域上平面和烟叶区域下平面的平均流速分别为 1.31 m/s、0.57 m/s 和 1.60 m/s。

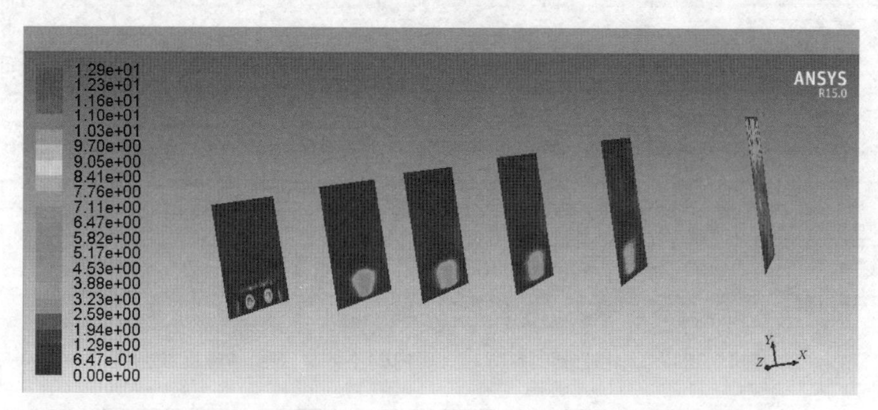

图 4-104　优化工况（4-3）烤房内的不同 X 剖面的速度场云图

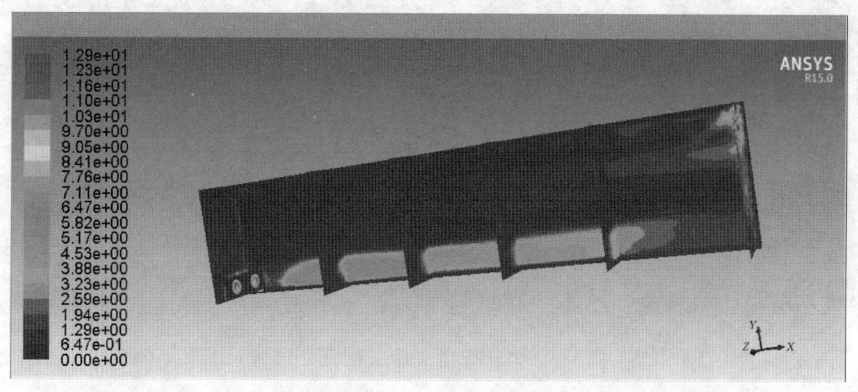

图 4-105　优化工况（4-3）烤房内的不同 Z 剖面的速度场云图

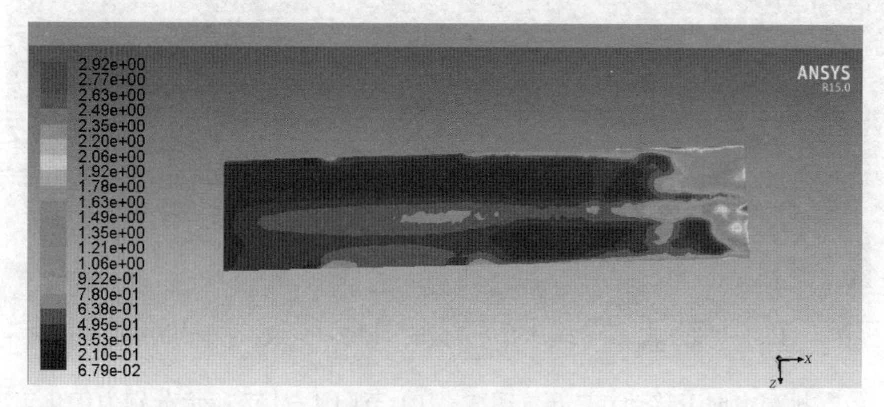

图 4-106　优化工况（4-3）多孔介质区域（即烟叶区域）上平面的速度场云图

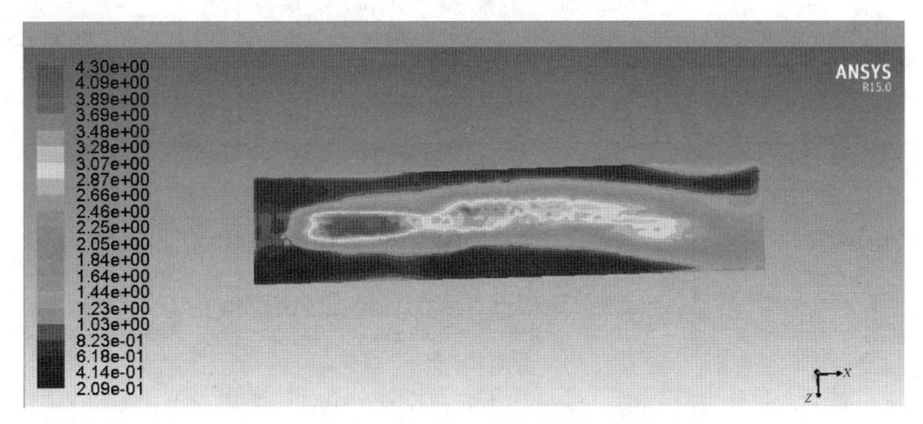

图 4-107　优化工况（4-3）多孔介质区域（即烟叶区域）下平面的速度场云图

④ 对比与分析。将优化改进方案与烤房原型的流场分布进行对比。四种结构的烟叶上、下平面的平均风速和风速分布不均匀系数如表 4-28 所示。

表 4-28　上、下平面的平均风速和风速分布不均匀系数

项目	序号	优化	平均风速	风速分布不均匀系数
上平面	(0)	原型	0.64	0.50
	(4-1)	排湿窗向下移动 0.1 m	0.54	0.51
	(4-2)	排湿窗向下移动 0.2 m	0.45	0.43
	(4-3)	排湿窗向下移动 0.3 m	0.57	0.47
下平面	(0)	原型	1.85	0.72
	(4-1)	排湿窗向下移动 0.1 m	1.61	0.66
	(4-2)	排湿窗向下移动 0.2 m	1.63	0.61
	(4-3)	排湿窗向下移动 0.3 m	1.60	0.64

为了更加清楚、直观地展示优化工况与烤房原型的对比，将上、下平面的平均风速和风速分布不均匀系数以折线图的形式展示，结果如图 4-108 和图 4-109所示。随着排湿窗向下移动，上平面的平均风速呈现先减小后增大的趋势，风速分布不均匀系数呈现出整体减小的趋势；下平面的平均风速呈现整体减小的趋势，风速分布不均匀系数呈现出先减小后增大的趋势。可以看出，将排湿窗向下移动 0.2 m 时，上平面和下平面的风速分布不均匀系数均达到最小，即此时流场分布最均匀。与烤房原型相比，平均风速也有所降低。因此，将排湿窗向下移动 0.2 m 是一种可行的优化方案。

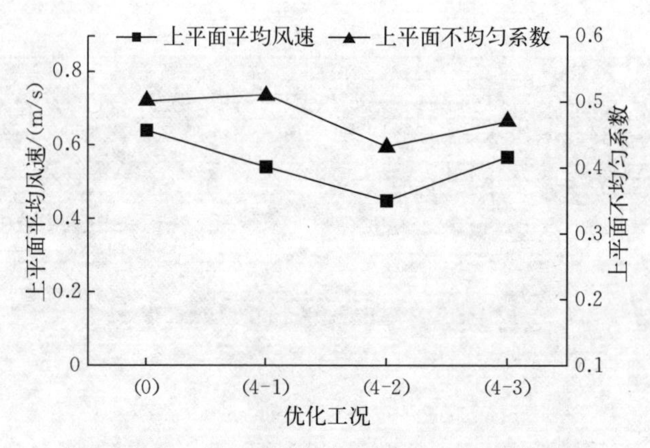

图 4-108 上平面平均风速和不均匀系数分布图

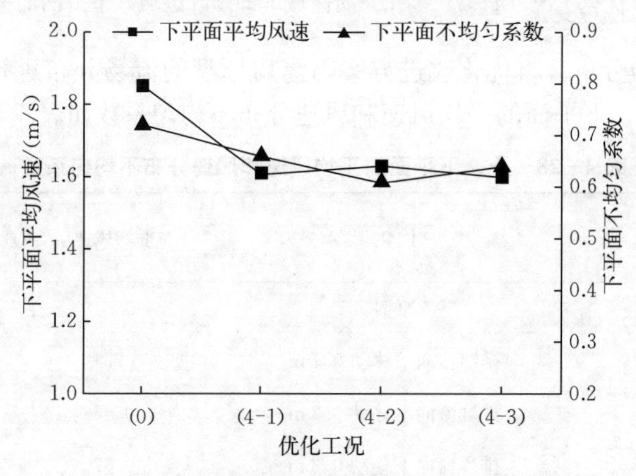

图 4-109 下平面平均风速和不均匀系数分布图

6. 排湿窗尺寸对空气循环体系影响的仿真分析

（1）仿真方案设计。在优化工况 5“排湿窗尺寸增大”中，分别将排湿窗边长增加（如图 4-110 所示，中心位置不变）0.05 m、0.1 m 和 0.15 m。随后对优化工况的烤房中轴截面（*Z* 剖面）、烟叶区域的上平面和下平面的速度场云图进行展示，并计算风速分布不均匀系数，从而得出较优的循环风机分布距离。

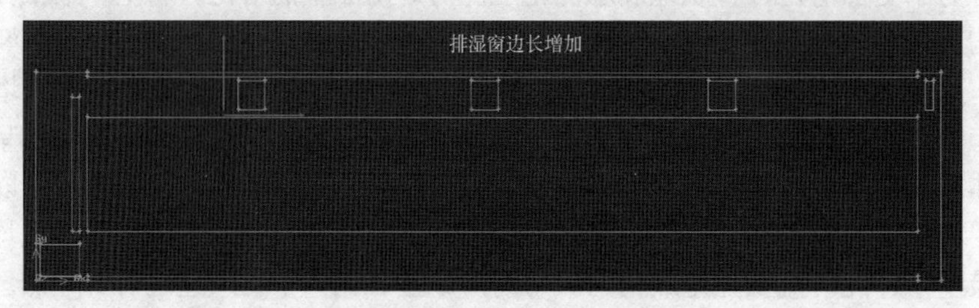

图 4-110 优化工况 5

(2) 仿真结果分析。

① 排湿窗边长增加 0.05 m。图 4 - 111 至图 4 - 114 所示分别为优化工况 (5 - 1) 烤房内不同 X 剖面、Z 剖面、烟叶区域上平面和烟叶区域下平面的速度场云图。其中，烤房 Z 剖面和烟叶区域上平面和下平面的平均流速分别为 1.20 m/s、0.52 m/s 和 1.62 m/s。

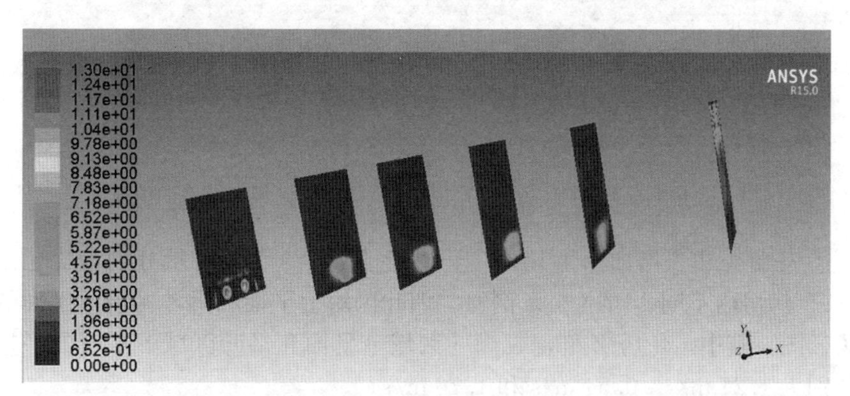

图 4 - 111 优化工况 (5 - 1) 烤房内的不同 X 剖面的速度场云图

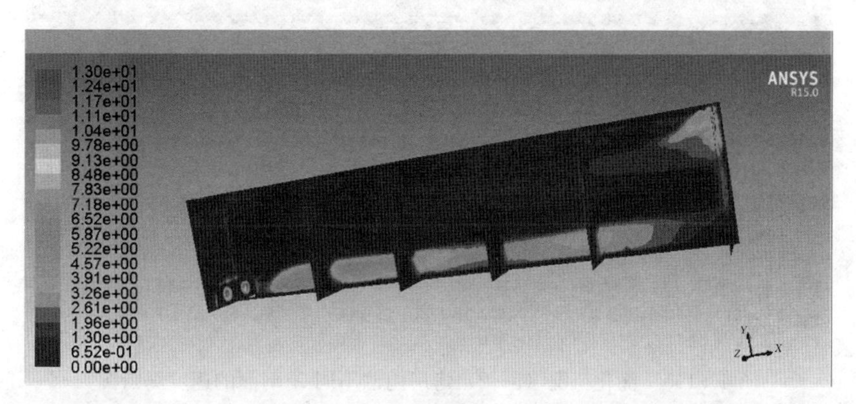

图 4 - 112 优化工况 (5 - 1) 烤房内的不同 Z 剖面的速度场云图

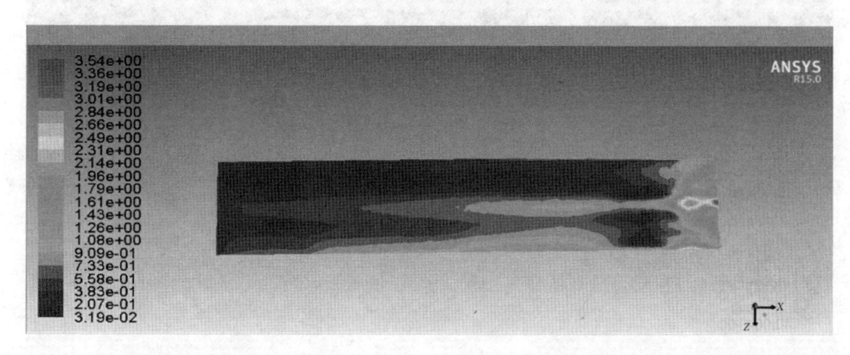

图 4 - 113 优化工况 (5 - 1) 多孔介质区域 (即烟叶区域) 上平面的速度场云图

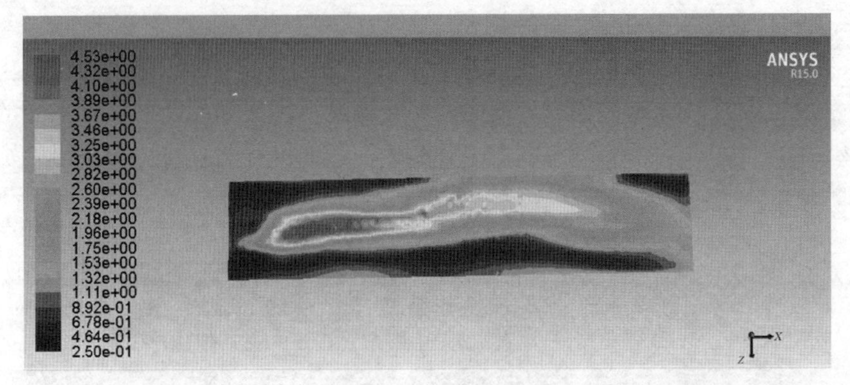

图 4－114　优化工况（5－1）多孔介质区域（即烟叶区域）下平面的速度场云图

② 排湿窗边长增加 0.1 m。图 4－115 至图 4－118 所示分别为优化工况（5－2）烤房内不同 X 剖面、Z 剖面、烟叶区域上平面和烟叶区域下平面的速度场云图。其中，烤房 Z 剖面、烟叶区域上平面和烟叶区域下平面的平均流速分别为 1.21 m/s、0.54 m/s 和 1.76 m/s。

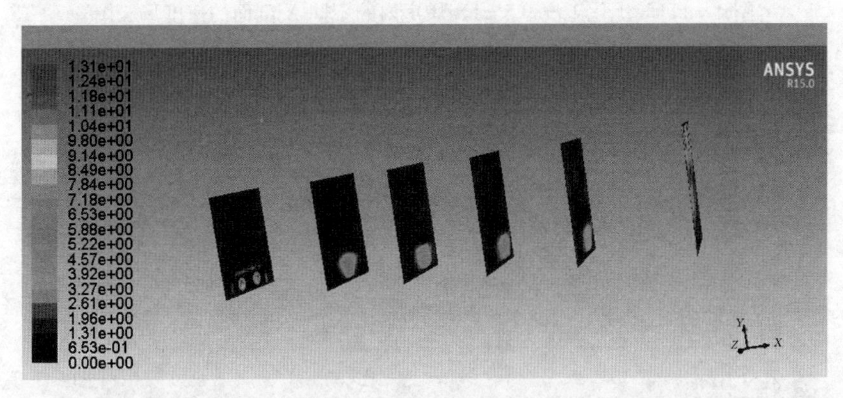

图 4－115　优化工况（5－2）烤房内的不同 X 剖面的速度场云图

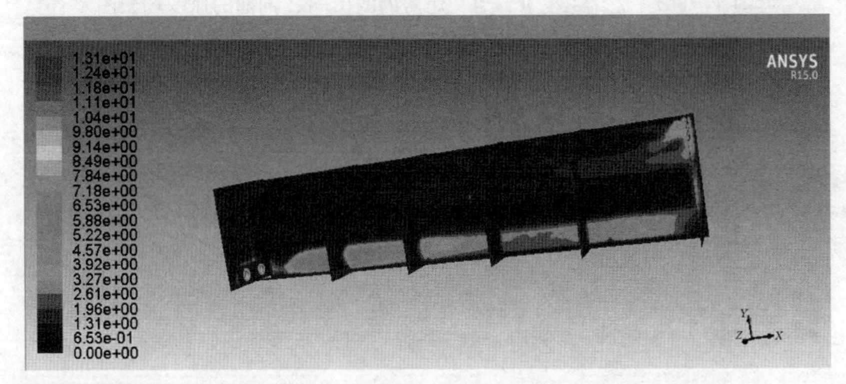

图 4－116　优化工况（5－2）烤房内的不同 Z 剖面的速度场云图

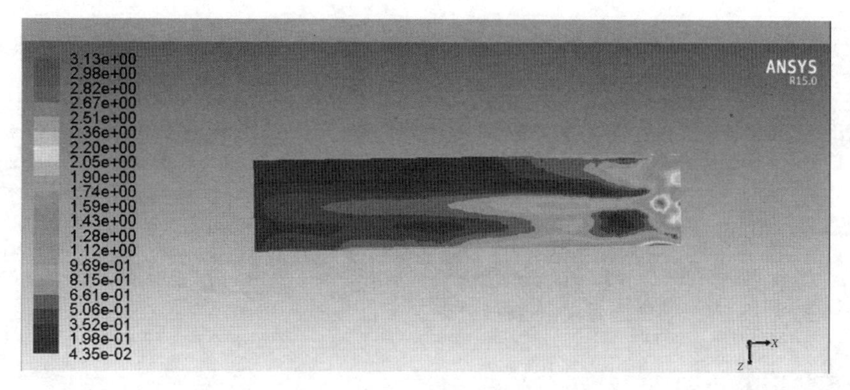

图 4-117 优化工况（5-2）多孔介质区域（即烟叶区域）上平面的速度场云图

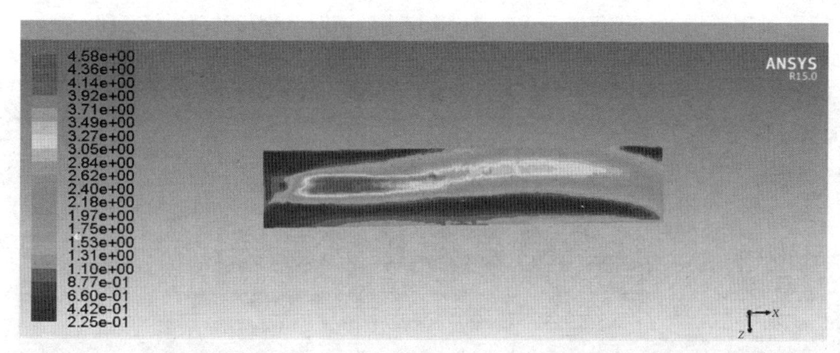

图 4-118 优化工况（5-2）多孔介质区域（即烟叶区域）下平面的速度场云图

③ 排湿窗边长增加 0.15 m。图 4-119 至图 4-122 所示分别为优化工况（5-3）烤房内不同 X 剖面、Z 剖面、烟叶区域上平面和烟叶区域下平面的速度场云图。其中，烤房 Z 剖面、烟叶区域上平面和烟叶区域下平面的平均流速分别为 1.31 m/s、0.56 m/s 和 1.75 m/s。

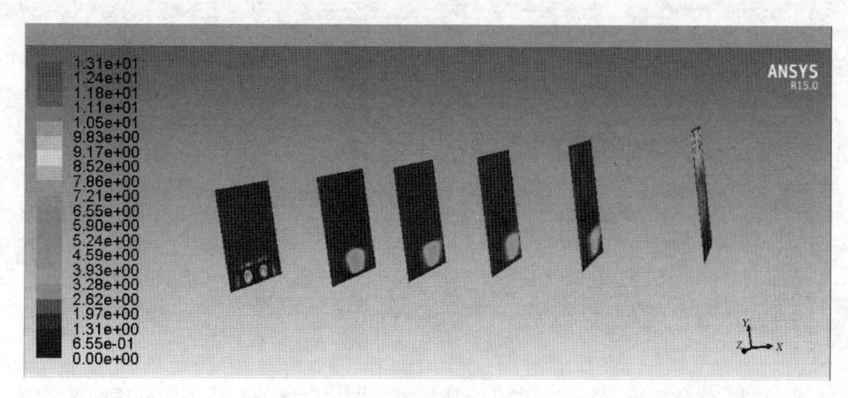

图 4-119 优化工况（5-3）烤房内的不同 X 剖面的速度场云图

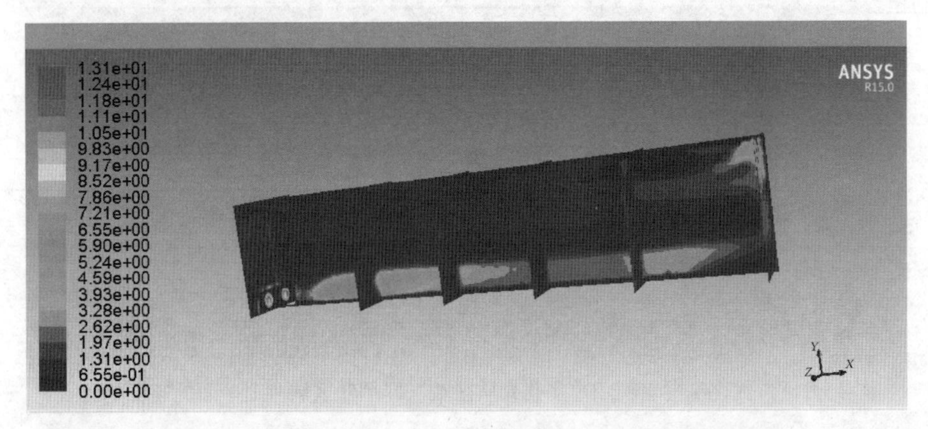

图 4-120　优化工况（5-3）烤房内的不同 Z 剖面的速度场云图

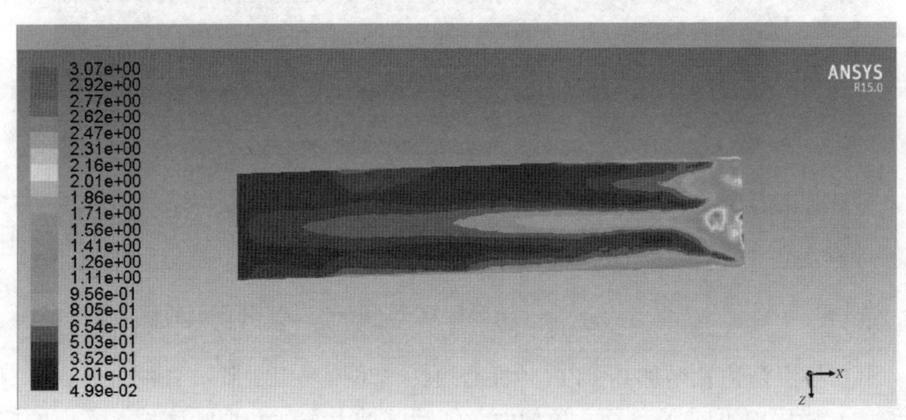

图 4-121　优化工况（5-3）多孔介质区域（即烟叶区域）上平面的速度场云图

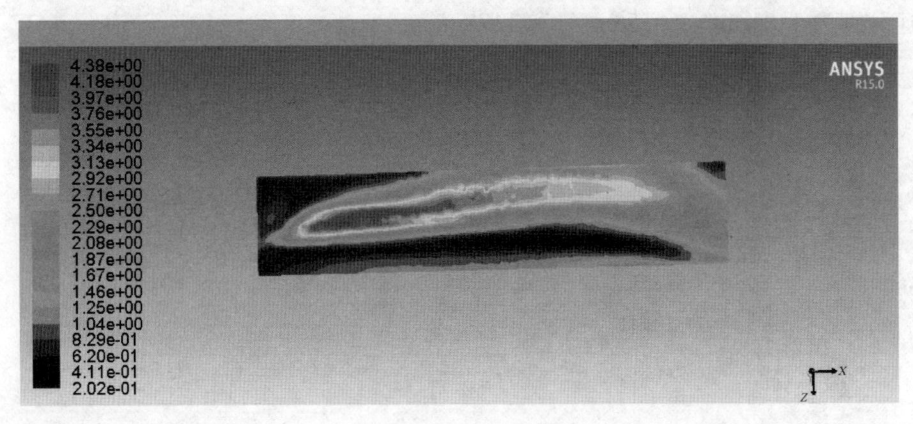

图 4-122　优化工况（5-3）多孔介质区域（即烟叶区域）下平面的速度场云图

④ 对比与分析。将优化改进方案与烤房原型的流场分布进行对比。四种结构烟叶上、下平面的平均风速和风速分布不均匀系数如表 4-29 所示。

表 4-29 上、下平面的平均风速和风速分布不均匀系数

项目	序号	优化	平均风速/(m/s)	风速分布不均匀系数
上平面	(0)	原型	0.64	0.50
	(5-1)	排湿窗边长增加 0.05 m	0.52	0.49
	(5-2)	排湿窗边长增加 0.1 m	0.54	0.49
	(5-3)	排湿窗边长增加 0.15 m	0.56	0.51
下平面	(0)	原型	1.85	0.72
	(5-1)	排湿窗边长增加 0.05 m	1.62	0.69
	(5-2)	排湿窗边长增加 0.1 m	1.76	0.70
	(5-3)	排湿窗边长增加 0.15 m	1.75	0.72

为了更加清楚、直观地展示优化工况与烤房原型的对比，将上、下平面的平均风速和风速分布不均匀系数以折线图的形式展示，结果如图 4-123 和图 4-124 所示。随着排湿窗尺寸逐渐增大，上平面和下平面的风速分布不均匀系数变化不大，整体呈现减小的趋势；同时，风速分布不均匀系数呈现先减小后增大的趋势。可以看出，将排湿窗边长增大 0.05 m 是一种可行的优化方案。

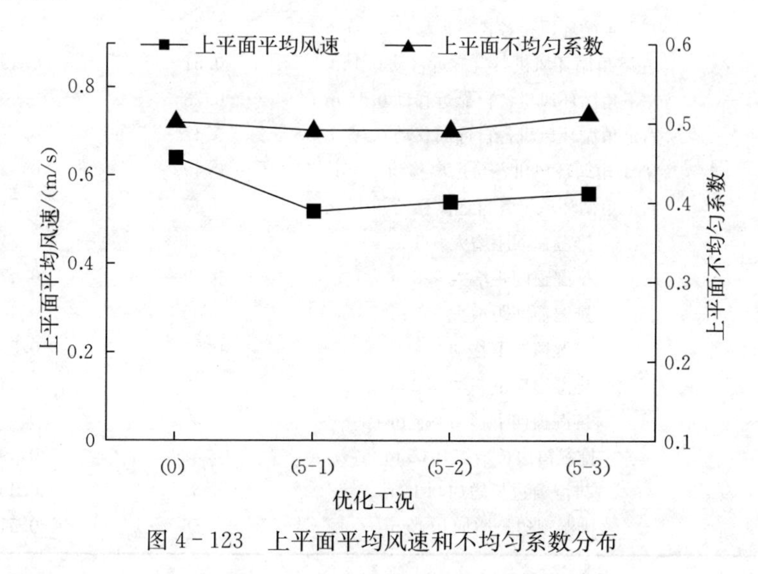

图 4-123 上平面平均风速和不均匀系数分布

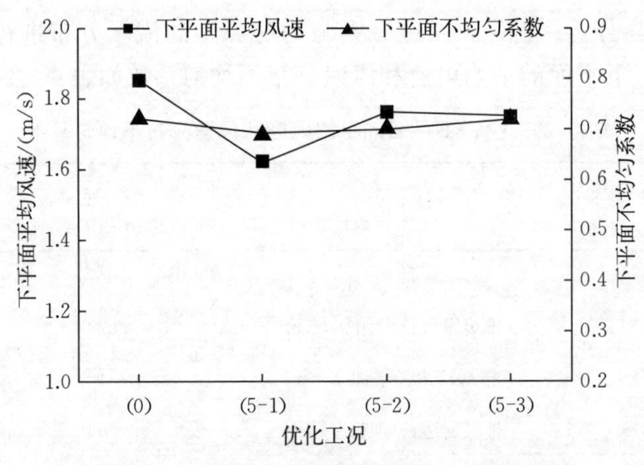

图 4-124　下平面平均风速和不均匀系数分布

7. 小结

(1) 优化结论。"碳晶加热烘烤设备空气循环体系研究"结果如表 4-30 所示。根据优化模拟结果，以下是五种可行的优化方案：一是将左侧左下角循环风机各自靠近移动 0.05 m；二是将右上角循环风机各自远离移动 0.1 m；三是将排湿窗间距增大 0.3 m；四是将排湿窗向下移动 0.2 m；五是将排湿窗边长增大 0.05 m。其中，对右上角循环风机以及排湿窗位置的优化调整是较优的方案。

表 4-30　"碳晶加热烘烤设备空气循环体系研究"结果

项目	优化	平均风速/(m/s)	风速分布不均匀系数
上平面	原型	0.64	0.50
	左下角循环风机各自靠近移动 0.05 m	0.56	0.46
	左下角循环风机各自靠近移动 0.1 m	0.61	0.49
	左下角循环风机各自靠近移动 0.15 m	0.73	0.50
	右上角循环风机各自远离移动 0.05 m	0.47	0.47
	右上角循环风机各自远离移动 0.1 m	0.49	0.35
	右上角循环风机各自远离移动 0.15 m	0.47	0.51
	排湿窗间距增大 0.1 m	0.54	0.51
	排湿窗间距增大 0.2 m	0.59	0.47
	排湿窗间距增大 0.3 m	0.56	0.40
	排湿窗向下移动 0.1 m	0.54	0.51
	排湿窗向下移动 0.2 m	0.45	0.43
	排湿窗向下移动 0.3 m	0.57	0.47
	排湿窗边长增加 0.05 m	0.52	0.49
	排湿窗边长增加 0.1 m	0.54	0.49
	排湿窗边长增加 0.15 m	0.56	0.51

（续）

项目	优化	平均风速/(m/s)	风速分布不均匀系数
下平面	原型	1.85	0.72
	左侧左下角循环风机各自靠近移动 0.05 m	1.67	0.60
	左侧左下角循环风机各自靠近移动 0.1 m	1.61	0.66
	左侧左下角循环风机各自靠近移动 0.15 m	1.81	0.68
	右上角循环风机各自远离移动 0.05 m	1.70	0.76
	右上角循环风机各自远离移动 0.1 m	1.53	0.60
	右上角循环风机各自远离移动 0.15 m	1.64	0.67
	排湿窗间距增大 0.1 m	1.70	0.65
	排湿窗间距增大 0.2 m	1.64	0.60
	排湿窗间距增大 0.3 m	1.63	0.56
	排湿窗向下移动 0.1 m	1.61	0.66
	排湿窗向下移动 0.2 m	1.63	0.61
	排湿窗向下移动 0.3 m	1.60	0.64
	排湿窗边长增加 0.05 m	1.62	0.69
	排湿窗边长增加 0.1 m	1.76	0.70
	排湿窗边长增加 0.15 m	1.75	0.72

（2）通风排湿系统结构。

① 循环风机。循环风机安装在集装箱内部，共 4 个，其中，底端靠近自控设备安装循环风机（左侧左下角循环风机）2 个，2 个风机间隔为 0.1 m，功率分别为 550 W。靠近大门上端安装循环风机（右上角循环风机）2 个，风机间隔为 0.5 m，功率分别为 250 W，风机总功率为 1.6 kW。

② 冷风门。冷风门在底端靠近自控设备循环风机（左侧左下角循环风机）左右两侧，烤房内气流总体运动方向为上升式。

③ 排湿口。在装烟室两侧上端分别开设 3 个排湿口，共 6 处，中间排湿口处于装烟室中间位置，左侧排湿口距装烟室左侧 30 cm；右侧排湿口距装烟室右侧 30 cm；排湿口距烤房顶端 25 cm；排湿口长×宽为 35 cm×35 cm。采用 6 个排湿风机主动排湿，每个排湿风机功率为 60 W，风机外侧配有百叶窗。

（四）自控系统

为配套集装箱碳晶加热烘烤设备推广应用，研发了新型温湿度自控设备。

1. 碳晶板控制　碳晶板开启、关闭。1/2 的碳晶板一直处于开启状态，保持烤房内温度的稳定，相当于煤炭烘烤的烧小火，当烤房内温度达到设定目标温度后，开启的碳晶板表面温度每 2 min 降 1 ℃；在升温或者温度达不到时，另外 1/2 碳晶板开启，相当于煤炭烘烤的烧大火。这样，有效保证了烤房内温度的稳定性。通过前期大量实验，摸索出来了每个温度点碳晶板表面的最高控制温度，通过后台已设置好，烟农不需要手动操作，确保升温和稳温性能。预留了更改按键，遇到特殊情况可进行更改。烤房内温度 40 ℃稳温之前，碳晶板表面最高温度 60 ℃；烤房内温度 40～50 ℃稳温，碳晶板表面最高温度 75 ℃；烤房内温度 50 ℃之后，碳晶板表面最高温度 80 ℃。

2. 循环风机挡位设置 通过前期试验，每个阶段风机挡位已明确，通过后台已设置好，烟农不需要手动操作。预留了更改按键，遇到特殊情况可进行更改。1 挡：四个风机风量开启各 30%（低速），应用于 40 ℃之前，干筋期；2 挡：四个风机风量各开启 50%（中速），应用于 42 ℃；3 挡：四个风机风量各开启 75%（高速），应用于定色期；4 挡：四个风机风量各开启 95%（应急）。

（五）配套工艺

碳晶加热烘烤设备继续沿用现有“8 点式”精准密集烘烤工艺。碳晶板在烤房内的均匀分布，保证了烤房内热量的均匀分布，变黄期烤房内上、下层烟叶变黄均匀一致，变黄期时间可缩短 6～8 h，建议将变黄时间增加在定色期，44 ℃增加 3～4 h，46 ℃增加 3～4 h，定色期湿度适当提高 1 ℃，采用内动力排湿，进一步增加烟叶柔软度，相关烘烤工艺见表 4 - 31。

表 4 - 31 碳晶加热烘烤设备烘烤工艺

干球温度/℃	湿球温度/℃	升温时间/h	稳温时间/h	目标任务	风机风速
38	38	5	10～12	叶尖变黄	低速运转
40	38～39	4	20～22	上棚黄片青筋，叶片发软	低速运转
42	36～38	4	18～22	下棚黄片青筋，主脉发软	以低速为主
44	36～38	4	14～18	上棚黄片黄筋，勾尖卷边	高速运转
46	36～38	4	14～18	下棚黄片黄筋，勾尖卷边	高速运转
50	38	4	10～12	上棚接近大卷筒	高速运转
54	39	4	10～12	下棚大卷筒	高速运转
68	42	14	24	全炉烟筋全干	低速运转

三、技术效果

（一）烘烤性能测定

1. 不同类型烤房升温、保温性能测定 采取空炕试验测试方式，将燃煤加热烘烤设备、碳晶加热烘烤设备所有门窗关闭，同时点火和开启循环风机的高速挡，将目标温度都设定为 70 ℃，比较 2 种烤房未装烟时的升温效果，当 2 个烤房的温度分别达到 70 ℃时，立即闭火，停止循环风机运转，开始记录烤房温度降至 45 ℃时所用的时间，比较 2 种烤房的保温效果。

由表 4-32 可看出，温度从初始温度升至 70 ℃时，两类烘烤设备的升温速度明显加快，碳晶加热烘烤设备用时 1.35 h，平均升温速度为 32.59 ℃/h，燃煤加热烘烤设备用时 1.30 h，平均升温速度为 33.85 ℃/h，从 70 ℃降至 45 ℃时，碳晶加热烘烤设备用时 3.65 h，平均降温速度为 6.85 ℃/h，燃煤加热烘烤设备用时 3.90 h，平均降温速度为 6.41 ℃/h，说明燃煤加热烘烤设备和碳晶加热烘烤设备的升温和稳温性能基本相当。

表 4-32　不同类型烤房空炕试验测试结果

处理	烤房从初始温度升至 70 ℃所需时间/h	平均升温速度/(℃/h)	烤房温度从 70 ℃降至 45 ℃所需时间/h	平均降温速度/(℃/h)
燃煤加热烘烤设备	1.30	33.85	3.90	6.41
碳晶加热烘烤设备	1.35	32.59	3.65	6.85

2. 不同类型烤房温湿度均衡性测定　在用燃煤加热烘烤设备、碳晶加热烘烤设备烟叶烘烤过程中，烤房上棚、下棚、前窗、后窗均挂温度计，38 ℃、46 ℃、68 ℃测定温湿度，与自控仪设定温湿度对比，测定烤房的控温稳温效果。

从表 4-33 中可以看出，燃煤加热烘烤设备在各个干湿球温度点波动范围为：干球温度为 0.1～1.1 ℃，湿球温度为 0～0.7 ℃，干球温度差值平均为 0.48 ℃，湿球温度差值平均为 0.29 ℃；碳晶加热烘烤设备在各个干湿球温度点波动范围为：干球温度为 0～0.6 ℃，湿球温度为 0～0.5 ℃，干球温度差值平均为 0.26 ℃，湿球温度差值平均为 0.21 ℃。由此可见，碳晶加热烘烤设备干湿球温度控制精准度比燃煤加热烘烤设备高。

表 4-33　不同类型烤房干湿球温度分布及控制效果记载

烤房设备	温度测定点	自控仪设定干湿球温度点/℃				
		38/37	46/36	68/42	差值范围	差值平均
燃煤加热烘烤设备	上棚干湿球温度	38.5/36.9	46.5/35.9	68.1/42.0	0.1～0.5/0～0.1	0.37/0.067
	下棚干湿球温度	37.6/36.3	45.7/36	67.5/41.5	0.3～0.5/0～0.7	0.4/0.4
	前窗干湿球温度	38.1/37.0	46.1/36.3	68.3/42.3	0.1～0.3/0～0.3	0.167/0.2
	后窗干湿球温度	39.1/36.8	46.7/36.4	69.1/42.0	0.7～1.1/0～0.4	0.97/0.2

（续）

烤房设备	温度测定点	自控仪设定干湿球温度点/℃				
		38/37	46/36	68/42	差值范围	差值平均
碳晶加热烘烤设备	上棚干湿球温度	38.2/36.8	46/35.6	68.3/42.5	0～0.3/0.2～0.5	0.17/0.37
	下棚干湿球温度	37.4/36.5	45.2/35.8	67.8/41.7	0.2～0.6/0.2～0.5	0.43/0.33
	前窗干湿球温度	38.5/37.2	46/36	68/42	0～0.5/0～0.2	0.17/0.067
	后窗干湿球温度	38.1/37.3	46.5/36	68.3/42	0.1～0.5/0～0.3	0.3/0.1

3. 不同类型烤房空载及烤中风速测定 风速决定着烤房内热量传递速度、分布状况、排湿性能、平面与垂直温度差异等，是评定烤房性能的重要指标。从表 4-34 可以看出，烤房空载、变黄期（37～38 ℃）、定色期（44～45 ℃），燃煤加热烘烤设备、碳晶加热烘烤设备风速差异不大，说明燃煤加热烘烤设备、碳晶加热烘烤设备烤房密集性能好，无通风透气现象，烘烤过程有利于烘烤排湿和保持烤房温湿度均匀一致。

表 4-34 不同类型烤房空载及烘烤过程风速测试结果（m/s）

烘烤时期	风机转速	项目	燃煤加热烘烤设备	碳晶加热烘烤设备
烤房空载	高速	热风进风口右侧	7.65	8.01
		热风进风口左侧	7.73	7.95
	低速	热风进风口右侧	5.32	5.43
		热风进风口左侧	5.50	5.36
变黄期（37～38 ℃）	高速	烤房门底层右侧	1.81	2.10
		烤房门底层左侧	1.92	2.04
定色期（44～45 ℃）	高速	烤房门底层右侧	1.42	1.63
		烤房门底层左侧	1.51	1.56

（二）烘烤成本

不同类型烤房设备及能耗成本对比见表 4-35。2021 年度，煤炭价格为 1 400 元/吨，在此条件下，燃煤加热烘烤设备、碳晶加热烘烤设备烟叶烘烤成本均为 2.31 元/kg，二者烘烤成本一致；2022 年，煤炭价格增加，而用电成本保持稳定，燃煤加热烘烤设备处理烟叶烘烤成本为 2.64 元/kg，碳晶加热烘烤设备为 2.37 元/kg。

表 4-35 不同类型烤房设备及能耗成本对比

年度	类型	烟叶部位	耗煤量/(kg/炉)	耗电量/(kW·h/炉)	干烟量/(kg/炉)	烘烤成本/(元/kg)
2021	燃煤加热烘烤设备	下部	676	263	398	2.74
		中部	750	301	506	2.40
		上部	835	339	679	2.00
	平均	—	753.67	301.00	527.67	2.31
	碳晶加热烘烤设备	下部	0	2 070	390	2.92
		中部	0	2 200	508	2.38
		上部	0	2 380	685	1.91
	平均	—	0	2 216.67	527.67	2.31
2022	燃煤加热烘烤设备	下部	689	254	400	2.76
		中部	761	293	490	2.50
		上部	847	328	684	2.00
	平均	—	765.67	291.67	524.67	2.64
	碳晶加热烘烤设备	下部	0	2 087	396	2.90
		中部	0	2 245	493	2.50
		上部	0	2 430	680	1.97
	平均	—	0	2 254	523	2.37

（三）组别比例和均价

由表 4-36 可以看出，碳晶加热烘烤设备烟叶收购均价明显高于燃煤加热烘烤设备，2021 年、2022 年分别比燃煤加热烘烤设备高 0.92 元/kg、0.73 元/kg；碳晶加热烘烤设备烤后烟叶上等烟比例较燃煤加热烘烤设备高，2021 年碳晶加热烘烤设备上等烟比例比燃煤加热烘烤设备高 5.63%，2022 年碳晶加热烘烤设备上等烟比例比燃煤加热烘烤设备高 6.61%。杂色烟比例较燃煤加热烘烤设备有所降低；两类烤房烤后烟叶橘黄烟、微带青烟叶比例基本相当。综上，碳晶加热烘烤设备处理烤后烟叶质量得到改善，其原烟的经济性状表现明显较好。

表 4-36 不同类型烤房烤后原烟组别比例和均价

年度	处理	部位	均价/(元/kg)	鲜干比	上等烟比例/%	橘黄烟比例/%	微带青烟比例/%	杂色烟比例/%
2021	燃煤	中部	26.86	7.38	62.93	70.86	5.08	3.9
	碳晶	中部	27.78	7.39	68.56	70.82	4.98	1.12

（续）

年度	处理	部位	均价/（元/kg）	鲜干比	上等烟比例/%	橘黄烟比例/%	微带青烟比例/%	杂色烟比例/%
2022	燃煤	中部	27.73	7.58	63.73	73.58	4.59	3.52
	碳晶	中部	28.46	7.56	70.34	73.62	4.56	0.97

（四）外观质量

由表4-37可知，无论是定性分析还是评价得分，碳晶加热烘烤设备烟叶外观质量明显优于燃煤加热烘烤设备，其中，在颜色、结构、油分方面改善效果较为明显，在身份、光泽方面两类烤房烤后烟叶表现相近。

表4-37 不同类型烤房烤后烟叶外观质量

等级	处理	颜色		成熟度		身份		结构		油分		色度		柔韧性		光泽度		总分
		定性	分值	定性	分值	定性	分值	定性	分值	定性	分值	定性	分值	定性	分值	定性	分值	
X2F	燃煤	橘黄－	7.9	成熟	8.2	稍薄＋	7.5	疏松	8.9	稍有	6	中	5.8	柔软	7.1	较鲜亮	6.5	57.9
	碳晶	橘黄－	8.1	成熟	8.3	稍薄＋	7.5	疏松	9.1	稍有＋	6.3	中	5.9	柔软	7.6	较鲜亮	6.5	59.3
C3F	燃煤	橘黄	8.4	成熟	8.5	中等	9	疏松	8.7	有－	6.4	强－	6.2	较柔软	6.5	较鲜亮	6.8	60.5
	碳晶	橘黄	8.7	成熟	8.7	中等	9	疏松	9	有	6.9	强	6.6	较柔软	7	较鲜亮	6.7	62.6
B2F	燃煤	橘黄	8.8	成熟	8.3	稍厚	7	尚疏松	7.5	有	6.5	强	6.5	较柔软	5	较鲜亮	6	55.6
	碳晶	橘黄	8.8	成熟	8.5	稍厚	7	尚疏松	7.8	有	6.8	强	6.5	较柔软	5.5	较鲜亮	6	56.9

注：表中“＋”“－”表示档次提高或下降，但又达不到下一个档次。

（五）化学成分

由表4-38可知，两类型烤房烤后烟叶内在化学成分各项指标较为接近，碳晶加热设备烤房烘烤没有对烟叶内在成分产生不利影响。

表4-38 不同类型烤房烤后烟叶化学成分（%）

等级	样品	总糖	还原糖	烟碱	钾	氯	总氮
X2F	燃煤	27.10	23.01	1.78	1.57	0.42	1.59
	碳晶	27.09	22.98	1.80	1.55	0.45	1.60
C3F	燃煤	28.70	23.92	2.43	1.59	0.51	1.81
	碳晶	28.56	23.89	2.47	1.58	0.47	1.79
B2F	燃煤	26.72	21.90	2.95	1.57	0.43	1.93
	碳晶	26.89	21.95	2.90	1.61	0.41	1.89

（六）感官质量

由表 4-39 可知，碳晶加热烘烤设备烤后烟叶感官评吸质量明显高于燃煤加热烘烤设备，下部、中部、上部烟叶评吸得分分别较燃煤加热烘烤设备高出 1.17 分、1.33 分、2.01 分；碳晶加热烘烤设备在烟叶香气量、余味、杂气方面明显优于燃煤加热烘烤设备处理，在香气量、刺激性方面略有优势，燃烧性、灰色方面表现相当。综合以上，碳晶加热烘烤设备条件下的烤后烟叶感官质量更优，较普通烤房对烟叶感官质量改善效果比较明显。

表 4-39　不同类型烤房烤后烟叶感官质量

等级	样品	香型	劲头	浓度	香气质（15 分）	香气量（20 分）	余味（25 分）	杂气（18 分）	刺激性（12 分）	燃烧性（5 分）	灰色（5 分）	得分（100）	质量档次
X2F	燃煤	中偏浓	适中	中等	11.00	15.50	19.00	12.83	8.83	3.00	3.00	73.16	中等+
	碳晶	中偏浓	适中	中等	11.00	15.83	19.33	13.17	9.00	3.00	3.00	74.33	中等+
C3F	燃煤	中偏浓	适中+	中等+	11.08	15.92	19.25	13.00	8.67	3.00	3.00	73.92	中等+
	碳晶	中偏浓	适中+	中等+	11.33	16.17	19.50	13.42	8.83	3.00	3.00	75.25	较好-
B2F	燃煤	中偏浓	适中+	中等+	10.75	15.58	18.33	12.42	8.25	3.00	3.00	71.33	中等
	碳晶	中偏浓	适中+	中等+	11.00	15.92	18.92	12.92	8.58	3.00	3.00	73.34	中等+

注：表中“+”“-”表示档次提高或下降，但又达不到下一个档次。

（七）致香成分

1. 不同类型烤房烘烤过程中烟叶类胡萝卜素降解产物含量变化　由图 4-125 可知，随着烘烤的进行，不同类型烤房烘烤过程中中部叶的类胡萝卜素降解产物含量在三个温度点均呈上升趋势，在 68 ℃末各处理表现为碳晶加热烘烤设备>燃煤加热烘烤设备。

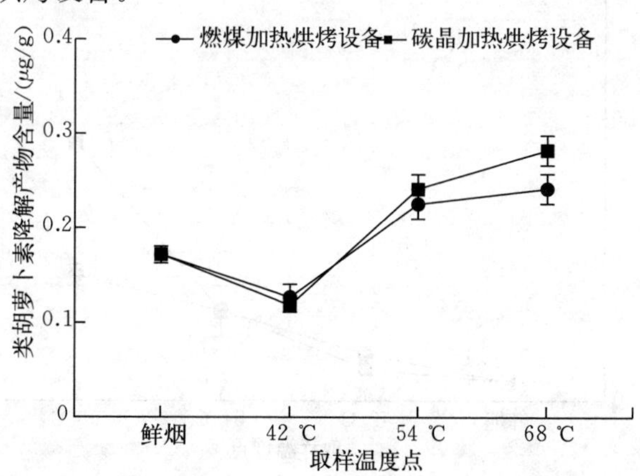

图 4-125　不同类型烤房烘烤过程中部叶类胡萝卜素降解产物含量变化

2. 不同类型烤房烘烤过程中烟叶苯丙氨酸和木质素转化产物含量变化 由图 4 - 126 可知，碳晶加热烘烤设备处理中部叶苯丙氨酸和木质素转化产物含量在 42 ℃和 54 ℃时均高于燃煤加热烘烤设备处理，在 68 ℃两处理苯丙氨酸和木质素转化产物含量差别较小。

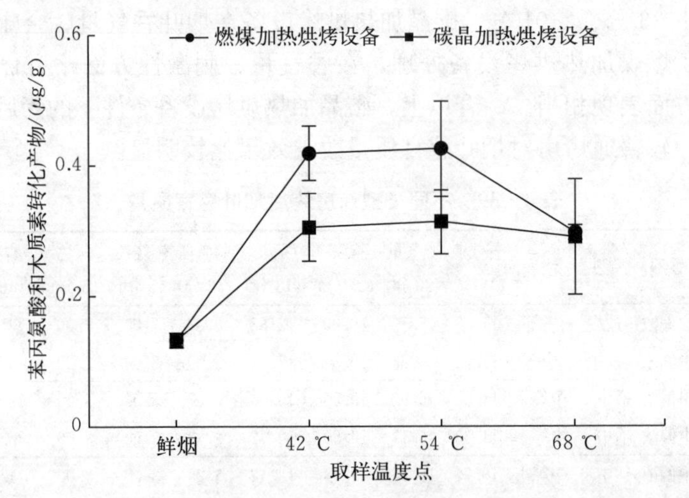

图 4 - 126　不同类型烤房烘烤过程中部叶苯丙氨酸和木质素转化产物含量变化

3. 不同类型烤房烘烤过程中烟叶美拉德反应产物含量变化 由图 4 - 127 可知，燃煤加热烘烤设备和碳晶加热烘烤设备处理中部叶美拉德反应产物含量逐渐上升，燃煤加热烘烤设备和碳晶加热烘烤设备处理在 42 ℃和 54 ℃末美拉德反应产物含量差别不大，在 68 ℃末碳晶加热烘烤设备处理美拉德反应产物含量高于燃煤加热烘烤设备处理。

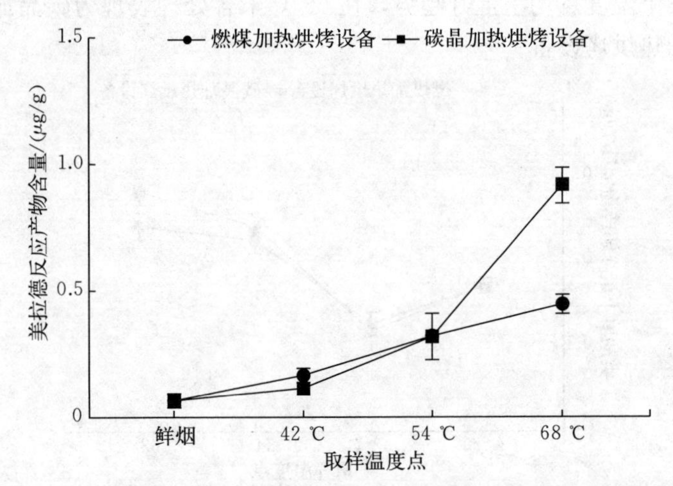

图 4 - 127　不同类型烤房烘烤过程中部叶美拉德反应产物含量变化

四、技术讨论

基于碳晶板供热新型烘烤设备是烟草行业增加科技投入、坚持先进技术引进、消化、吸收、创新相结合的具体表现，推动了高新技术成果向现实生产力的发展，实现了生产经营、科技创新、服务“三农”的一体化发展，主要社会效益如下：

（1）符合国家产业发展的方向，有利于现代烟草农业建设种植规模化、烘烤专业化、烤房建设集群化总体目标，提升了服务效能，提高了管理水平和烟叶生产综合能力。集装箱碳晶烤房是用工业生产标准产品取代建筑形式烤房，用于烟叶烘烤新型成套设备，自动化控制程度高，可随烟区变化自由移动，建设周期短，减轻劳动强度，提高劳动效率，质量稳定，节约能源；避免烤房建设重复投资，非常适合国家烟草行业对烟叶生产实行总量控制、种烤分离、专业烘烤、规范经营、稳定发展方向的总体方针。

（2）研发的新型烘烤设备节能环保，极大地降低了资源利用，减少环境污染。随着经济社会发展，对能源的需求与日俱增，产生了大量污染气体，造成能源急剧减少，大气承载能力下降，雾霾天气不断。烟草公司作为负责任的企业，也在产业链的各个环节寻求减少能源利用、减少环境污染的方式。因此，本项目中的集装箱碳晶板新型烘烤设备，极大地降低了资源利用，减少了环境污染。

（3）研发的新型烘烤设备显著提高烟叶质量，增加烟农收入，调动烟农种烟积极性。研发的新型烘烤设备显著提高烟叶质量，可为卷烟工业企业提供更多优质烟叶原料，支持中式卷烟发展需求；可显著提高烟农科学生产水平，提高烟农科技素质，增加烟农收入，调动烟农种烟积极性，为烤烟支柱产业可持续发展提供强有力的支持，为社会主义新农村建设、农业新技术产业化的推进打下了坚实的基础。

第五节　初烤烟叶成件烟包露天储存降损技术

一、技术背景

我国大部分烟区初烤烟叶从收购到调拨结束一般持续 60～90 d，某些产区甚至长达 120 d。因此，受初烤烟叶收购和调拨进度及运输等因素的影响，初烤烟叶收购成件后需运输到烟叶库进行储存，在此过程中受气候环境、设施条件等众多因素的综合影响，烟叶温度、水分及品质均会发生变化。初烤烟叶含水率容易受到周围环境的影响，在不同工序阶段烟叶含水率有着不同的要求。烟叶收购时含水率要求达到 16%～18%，以减少造碎，便于后续分级、堆放、储存等操作，确保烟叶收购质量和产量不受损失。我国许多烟区如临沂、平顶山、延安等烟叶收购成件烟包的储存方式多为露天储存，仅使用帆布进行简单覆盖，且储存时间正值10月至翌年1月，储存环境相对湿度较低，烟叶容易失水，翻垛等操作易造成烟叶破碎，从而导致烟叶质量和产量均遭受损失。以延安烟区为例，初烤烟叶成件烟包70%以上以帆布覆盖方式进行露天储存，储存期长达90 d左右，某些年份甚至长达120 d。烟叶储存期间空气相对湿度在50%以下，烟叶调拨时烟叶含水率在10%以下，从而造成较大的产量损失。

本节介绍了不同覆膜方式对延安烟区初烤烟叶成件烟包露天储存过程中温度、水分和烟叶质量的影响，以期为降低烟叶露天储存过程造成的烟叶损失提供技术参考，相关研究结果也可为气候相似烟区降低烟叶储存损失提供技术参考。

二、技术方案

烟叶储存方式为成件烟包。试验场地为露天货场，烟包一共堆放9层，最下面一层为第1层，最上面一层为第9层。覆盖材料选用聚乙烯（PE）膜和无滴聚烯烃（PO）膜，厚度均为0.1 mm。覆盖方式分为以下三种：

不覆膜：不采用薄膜覆盖，直接将帆布覆盖在烟垛上。

直接覆膜：将PE膜直接覆盖在烟垛上，PE膜上再用帆布进行覆盖。

支撑覆膜：将无滴PO膜覆盖在可推拉支撑骨架（图4-128）上，无滴PO膜上再用帆布进行覆盖，然后对烟垛进行覆盖。支撑骨架可进行推拉操作，以便于进行翻垛、烟包装运等操作。

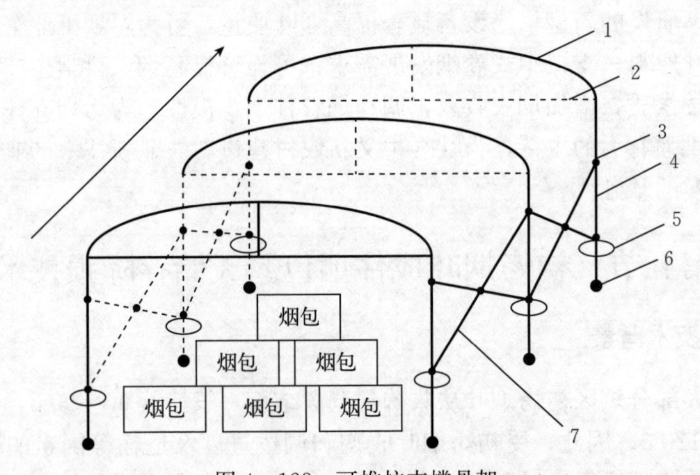

图4-128 可推拉支撑骨架

1. 支撑弧梁 2. 支撑横梁 3. 螺栓螺母 4. 立柱 5. 滑圈 6. 锁止轮 7. 滑杆

可推拉支撑骨架的工作原理：向一侧推动立柱时（箭头方向），因滑杆上端位置固定，下端可移动，因此，滑杆下端在滑圈作用下向立柱下方滑动，从而使推拉部分折叠。当需要对烟垛进行翻垛、烟包装运等操作时，可将支撑骨架推动折叠至一侧，将烟垛暴露在外，待操作结束后，向一侧拉动立柱（箭头反方向），滑杆下端在滑圈作用下向立柱上方滑动，将推拉部分拉至原位置，并用锁止轮进行位置固定。

三、技术效果

（一）直接覆膜对露天货场烟包烟叶含水率的影响

由图 4 - 129A 和图 4 - 129B 可知，9 时和 15 时烟叶含水率总体均表现出逐渐下降的趋势。直接覆膜处理烟叶含水率均高于同层不覆膜处理烟叶，尤其是在覆膜 30 d 以后，覆膜保水效果较为明显。直接覆膜处理烟垛烟叶含水率始终维持在 10%以上，较不覆膜处理烟叶含水率提高 1～2 个百分点。但是在研究过程中发现，当外界温度低于－5 ℃时，薄膜内侧容易出现结露现象（图 4 - 129C），与薄膜接触的烟包有水渍问题，而当早晚温度下降时，烟包上的水渍会形成冰碴（图 4 - 129D），原因可能是外界环境温度较低时，薄膜内侧温度下降，烟垛内的水蒸气上升遇到薄膜后遇冷发生液化而结露，而与烟包接触的结露会被麻片吸收，进而被烟叶吸收，从而造成少部分烟叶含水率过大。

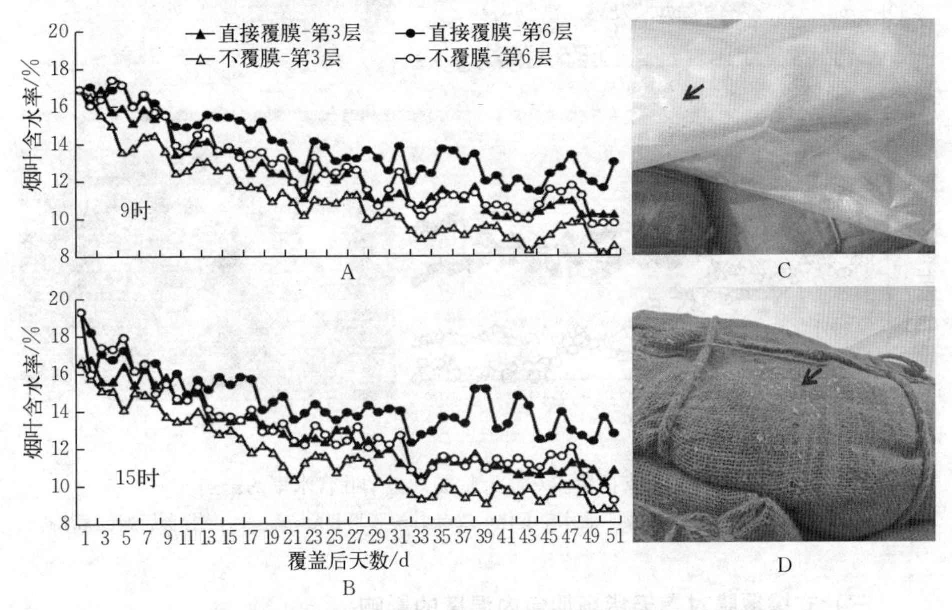

图 4 - 129　直接覆膜对露天货场烟包烟叶含水率的影响

A. 9 时烟叶含水率变化　B. 15 时烟叶含水率变化　C. 直接覆膜－5 ℃以下时膜上结露　D. 直接覆膜－5 ℃以下时烟包冰碴

（二）支撑覆膜对露天货场烟包烟叶含水率的影响

要解决直接覆膜在外界温度低于－5 ℃时易结露而导致上层烟包表层烟叶吸水的问题，需要采取措施防止薄膜结露或使薄膜与烟包脱离接触，为此采取了支撑覆膜的方式。由图 4－130A 和图 4－130B 可知，在烟叶储存过程中，9 时和 15 时烟叶含水率总体表现出逐渐下降的趋势，支撑覆膜储存能延缓烟叶含水率的下降，且支撑覆膜储存烟叶含水率均明显高于同层烟叶。不覆膜储存 60 d 左右，第 6 层烟包烟叶含水率基本下降到 8%左右，而支撑覆膜储存烟叶 80 d 左右含水率仍能达到 12%左右，较不覆膜处理烟叶含水率提高 3～4 个百分点，保水效果明显。在持续 85 d 的研究过程中，支撑覆膜处理 PO 膜内侧未发生结露现象（图 4－130C），也未形成水滴滴落到烟包上，烟包表面未见冰碴出现（图 4－130D）。

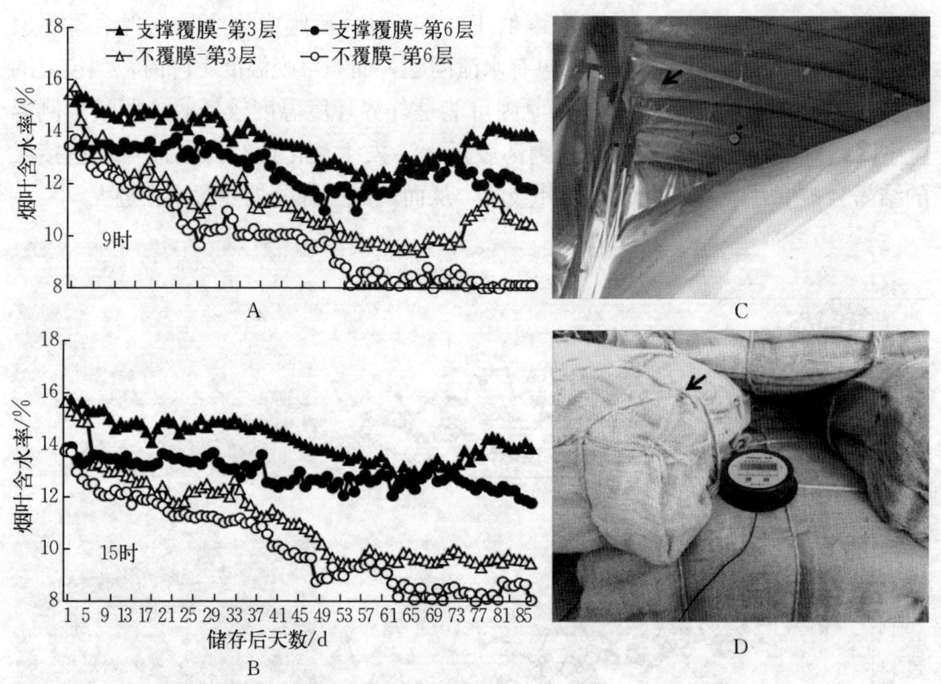

图 4－130　支撑覆膜对露天货场烟包烟叶含水率的影响

A. 9 时烟叶含水率变化　B. 15 时烟叶含水率变化　C. 支撑覆膜膜上无结露　D. 支撑覆膜烟包无冰碴

（三）支撑覆膜对露天货场烟包内温度的影响

由图 4－131 可知，不管是 9 时还是 15 时，烟垛底层烟包温度均高于高层烟包温度。在烟叶储存过程中，烟包温度均表现出逐渐下降的趋势，支撑覆膜能延缓烟包温度下降的速率，且支撑覆膜烟包温度均高于同层不覆膜烟包。较不覆膜处理，支撑覆膜能使烟包内温度提高 1～2 ℃。

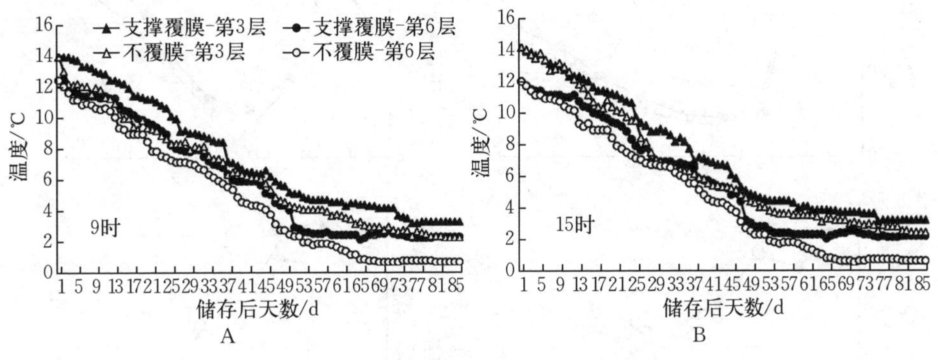

图 4－131　支撑覆膜对露天货场烟包内温度的影响

A. 9 时烟包内温度变化　B. 15 时烟包内温度变化

（四）支撑覆膜对露天货场烟垛烟叶化学成分的影响

由图 4－132 可知，两种储存方式烟叶总糖和还原糖含量表现出相同的变化规律，总糖和还原糖含量均表现出先上升后下降再上升的趋势，总糖和还原糖含量在储存后 10 d 上升，此后至储存后 30 d 总糖和还原糖含量不断下降，储存 30 d 后总糖和还原糖含量逐渐上升。储存 30 d 之前支撑覆膜和不覆膜烟叶总糖和还原糖含量基本相当，储存 30 d 后支撑覆膜储存烟叶还原糖含量高于不覆膜储存烟叶（图 4－132A、图 4－132B）。总植物碱含量总体均表现出逐渐下降的趋势，支撑覆膜储存烟叶在储存 40 d 之前与不覆膜储存无明显差异，储存 40 d 后支撑覆膜储存烟叶总植物碱含量下降速率明显大于不覆膜储存烟叶。在储存过程中，总植物碱含量下降幅度不大，均在适宜范围之内（图 4－132C）。淀粉含量均表现出先上升后下降的趋势，淀粉含量在储存 10 d 后略有上升，此后淀粉含量不断下降。支撑覆膜储存烟叶淀粉含量均低于同期不覆膜储存烟叶，淀粉含量下降速率和降解量均高于不覆膜储存烟叶（图 4－132D）。烟叶储存前 40 d，烟叶两糖比变化不大，随着储存时间的延长，烟叶两糖比呈逐渐提高的趋势，但不覆膜储存方式烟叶两糖比仍然低于 0.8。支撑覆膜储存烟叶两糖比均高于同期不覆膜储存烟叶，且在储存 60 d 后，烟叶两糖比达到 0.8（图 4－132E）。烟叶糖碱比在储存 20～30 d 出现下降现象，且降至 8 以下，此后则呈逐渐升高的趋势。支撑覆膜储存烟叶糖碱比均高于不覆膜储存烟叶（图 4－132F），这与支撑覆膜储存烟叶还原糖含量高于同期不覆膜储存烟叶，而总植物碱含量低于同期不覆膜储存烟叶有关。

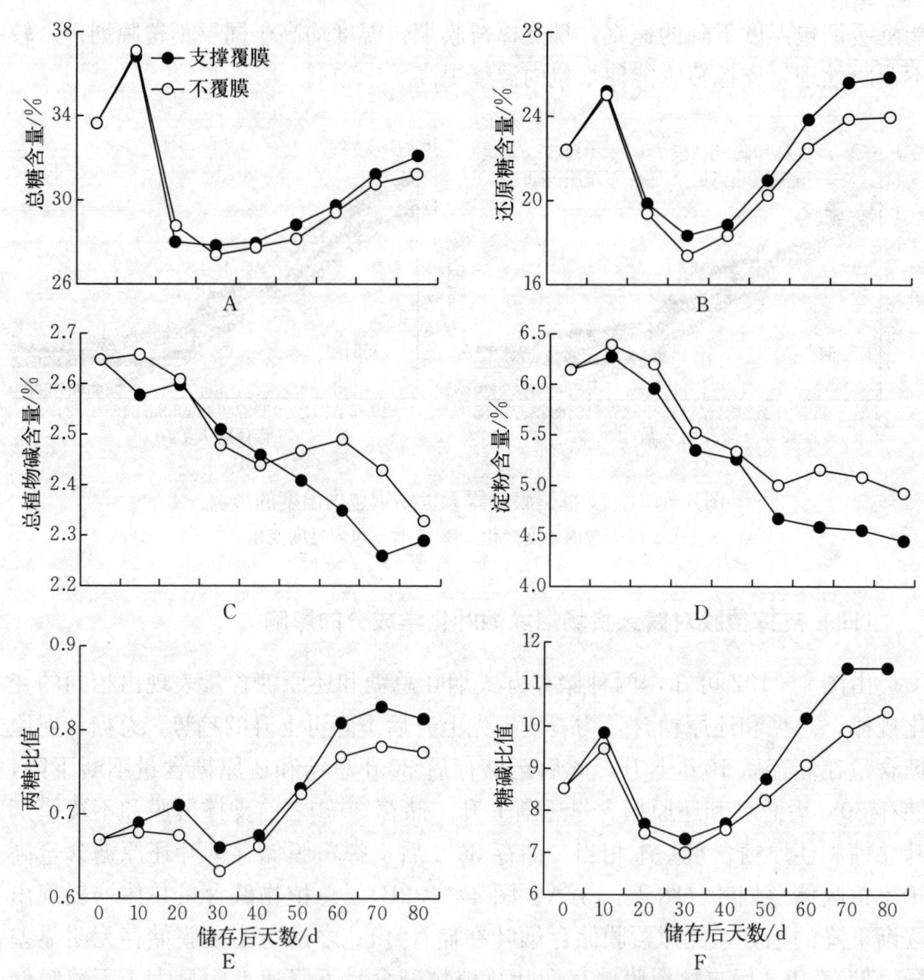

图 4-132 支撑覆膜对露天货场烟垛烟叶化学成分的影响

A. 烟叶储存过程中总糖含量 B. 还原糖含量 C. 总植物碱含量
D. 淀粉含量 E. 两糖比值 F. 糖碱比值的变化

(五) 支撑覆膜对露天货场烟垛烟叶感官质量的影响

为进一步明确支撑覆膜储存对烟叶感官质量的影响，对储存 80 d 烟叶感官质量进行了评价。由表 4-40 可知，烟叶储存对烟叶感官质量的改善具有一定作用，烟叶不覆膜储存 80 d 后，香气质、余味、杂气、刺激性、燃烧性和灰色指标与初始样品无明显区别，但香气量指标得分有所提高。支撑覆膜储存烟叶 80 d 后，余味、杂气、刺激性、燃烧性和灰色指标与初始样品无明显区别，但香气质和香气量指标得分有所提高。与不覆膜储存相比，支撑覆膜储存 80 d 后，烟叶香气质有所改善。

表 4-40 储存后烟叶感官质量

处理	香气质（15）	香气量（20）	余味（25）	杂气（18）	刺激性（12）	燃烧性（5）	灰色（5）	总分
初始样	11.0	15.5	18.5	14.0	9.0	2.5	3.0	73.5
不覆膜 80 d	11.0	16.0	18.5	14.0	9.0	2.5	3.0	74.0
支撑覆膜 80 d	11.5	16.0	18.5	14.0	9.0	2.5	3.0	74.5

注：括号内是上烟集团烟叶质量评价标准赋分。

四、技术讨论

薄膜覆盖材料因其具有良好的保温保水性能而被广泛应用于农业生产，薄膜覆盖能有效提高土壤温度和含水率，促进作物早生快发，提高作物产量。本研究表明，薄膜覆盖用于露天储存的烟垛烟包也能有效保持烟叶水分，但0.1 mm厚度的PE膜直接覆盖在外界温度过低时容易发生内侧结露而出现水珠的现象，这与烟包储存环境的露点温度有关。露点温度是指含有一定水汽量的空气在一定气压下降低温度使空气中的水汽达到饱和时的温度值，也就是空气中水蒸气变为露珠时的温度。与帆布覆盖相比，PE膜直接覆盖并不能有效提高烟垛内的温度（数据未列出），因此随着温度下降，PE膜内侧温度低于露点温度而导致结露。而支撑覆盖无滴膜内侧无结露现象发生，这可能是与支撑覆膜提高了烟包储存环境的温度并始终高于露点温度有关，也可能与无滴PO膜的特性有关。无滴PO膜中按一定比例添加了表面活性剂，从而使膜的表面张力与水相近或相同，使膜表面的凝聚水能在膜表面形成一薄层水膜，而不滞留在膜表面形成露珠。

直接覆膜不能提高烟包内的温度（数据未列出），而支撑覆膜则能有效提高烟包内的温度，这可能是由于支撑覆盖使薄膜与烟垛烟包之间存在一定空间距离，因此在薄膜和烟垛之间会形成一个空气夹层，而空气夹层热导系数小，能够有效减少烟垛热量从围护结构散失，从而有效提高支撑覆膜的保温性能。在储存期间化学成分的变化方面，支撑覆膜烟包的淀粉和总植物碱含量低于不覆膜覆盖，降解速率也明显高于不覆膜覆盖，这可能与支撑覆膜烟垛烟包的温度和烟叶水分含量高于不覆膜覆盖有关。有研究表明，烟叶温度和淀粉、总植物碱的降解速率为正相关关系，而适宜的水分含量也有利于淀粉和总植物碱的降解。支撑覆膜处理烟叶还原糖含量高于同期不覆膜处理，这可能与支撑覆膜处理淀粉降解产生更多的葡萄糖有关。

综上所述，支撑覆膜能有效保持露天烟垛烟包储存期间的水分和温度，从而为淀粉、总植物碱和还原糖等化学成分的降解和形成提供较适宜的储存环境，使化学成分更为适宜，比例更为协调，感官质量有所改善。

第五章　基地单元烟叶生产的理论基础

要建设科技强国，提升科技创新能力，必须打牢基础研究和应用基础研究这个根基。要实现烟草行业的高质量发展，必须打牢烟叶生产基础研究和应用基础研究这个根基。基础研究和应用基础研究与技术开发不是单向的因果关系，而是相互推动的辩证关系。随着生产力的发展和科学技术的日益高级化、复杂化，基础研究和应用基础研究作为根基的地位更加突出。基础研究和应用基础研究的新成果必将进一步推动更高水平的技术革新和社会实践。实际上，很多科技创新很难被简单的界定为基础研究、应用研究还是技术开发，我们在烟叶生产中遇到的很多问题也是复合型的科技问题，这些问题的解决既需要技术上的创新，又需要理论研究的突破，需要多学科的技术专家和理论工作者共同努力，联合攻关，在实践中探索解决的途径。解决烟叶生产中的科技问题，不能按照一维单向模式，先搞基础理论研究，后搞技术开发。基础研究的进展离不开技术上的突破，技术开发也需要基础理论的修养、创造性思维和创造性实践。本章主要介绍了基地单元烟叶生产的一些理论基础，以期为科研工作者打好烟叶基地技术服务的根基，不断将基地单元技术服务推向纵深提供借鉴和参考。

第一节　基于品牌需求的烤烟中部烟叶适宜单叶质量

单叶质量（行业俗称“单叶重”）是烟叶产量和产值的重要构成要素，反映烟叶大田营养状况、开片和成熟程度等，与烤后烟叶品质密切相关。研究烟叶单叶质量的适宜范围，对确定烟叶优质适产的目标具有重要意义。20 世纪 90 年代，中部烟叶质量较优的单叶质量范围是 5.0～9.0 g。21 世纪以来，随着种植品种、栽培技术的逐步改进，我国烟叶单叶质量发生明显变化，我国主要植烟省份中部烟叶单叶质量平均值为 8.8～14.7 g，湖北产区中部烟叶单叶质量为 11.7～15.2 g。烤烟新品种工业评价方法提出了分区域的单叶质量评价标准，中部烟叶最适宜范围为 9.0～13.0 g。上烟集团于 2012 年在烟叶原料质量体系中引入单叶质量指标，近年来的质量跟踪显示，河南、云南部分产区烟叶单叶质量明显高于上烟集团当前目标要求（8.0～11.5 g），现有单叶质量适宜范围与部分产区烟叶生产实际相脱节，有必要针对性调整单叶质量评价标准。本节以上烟集团豫中和滇东产区原料为对象，制备单叶质量高密度梯度烟叶样品，分析不同单叶质量烟叶的外观品质、主要化学成分、感官品质和工业可用性差异，明确烟叶品质指标随单叶质量的变化趋势，提出两区域符合“中华”品牌烟叶原料需求的单叶质量适宜范围，旨在为合理评价和调控烤烟单叶质量、确定烤烟优质适产目标提供依据。

一、不同单叶质量梯度

采集各产区生态环境和栽培措施基本一致的“中华”品牌中部烟叶原料100 kg左右，在温度（22±1）℃、相对湿度（60±3）%条件下平衡2～3 d。平衡水分后烟叶随机分为3份，逐片称重并按照表5-1质量梯度对烟叶进行分类。

表5-1 不同单叶质量梯度处理

产区	处理	单叶质量/g
豫中（许昌、平顶山）	CK	8.5～11.5
	T2	11.5～14.5
	T3	14.5～17.5
	T4	17.5～20.5
	T5	20.5～23.5
	T6	23.5～26.5
	T7	26.5～29.5
	T8	29.5～32.5
	T9	32.5～38.5
滇东（曲靖）	CK	8.0～11.0
	T2	11.0～14.0
	T3	14.0～17.0
	T4	17.0～20.0
	T5	20.0～23.0
	T6	23.0～29.0

注：CK处理为上烟集团当前烟叶原料单叶质量目标要求。

二、烤烟单叶质量分布概况

各产区中部烟叶单叶质量分布见图5-1。平顶山产区烟叶单叶质量在17.5～

26.5 g（T4～T6）范围的占比相对较高，合计接近 50%；许昌产区烟叶单叶质量相对集中分布在 14.5～26.5 g（T3～T6），合计占比接近 2/3。两产区均有 10%左右烟叶的单叶质量明显较高（T9）。曲靖产区烟叶单叶质量在 8.0～11.0 g（CK）范围的占比接近 15%，相对多数烟叶分布在 11.0～17.0 g（T2～T3）。总体来看，与上烟集团当前质量目标相比，豫中两产区烟叶的单叶质量明显偏高。

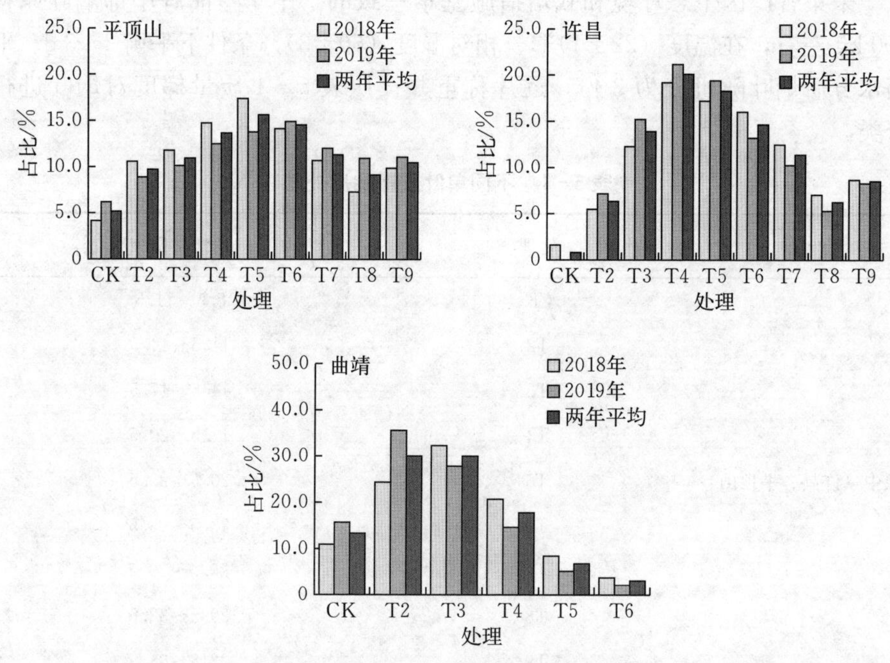

图 5-1 各产区中部烟叶单叶质量分布

三、不同单叶质量烟叶外观品质

烟叶颜色随单叶质量升高呈加深趋势，颜色饱和度、光泽度呈改善趋势，其中颜色饱和度的规律最为明显，三产区烟叶由 CK 处理 5.0～6.2 分上升至单叶质量最高处理的 7.2～7.5 分。随单叶质量升高，烟叶成熟度总体有所提高，叶片结构的变化规律不明显，多数处理间差异不显著。烟叶身份随单叶质量升高趋厚，油分随单叶质量升高逐渐改善，三产区烟叶油分分值由 CK 处理的 5.0～5.3 分逐渐上升至单叶质量最高处理的 6.8～7.5 分（表 5-2）。总体来看，随单叶质量升高，烟叶身份趋厚，颜色饱和度和油分明显改善。

表 5-2 不同单叶质量烟叶外观品质指标得分

产区	处理	得分						
		颜色深浅	颜色饱和度	光泽度	成熟度	叶片结构	身份	油分
平顶山	CK	4.3±0.3d	6.0±0.9c	6.7±0.3a	7.2±0.3d	7.7±0.3a	4.3±0.6d	5.3±1.2d
	T2	4.8±0.3c	6.7±0.6abc	6.7±0.6a	7.7±0.6c	7.7±0.3a	4.7±0.3bcd	5.7±1.0dc
	T3	4.8±0.3c	6.3±1.2bc	6.7±0.6a	7.7±0.3c	7.7±0.3a	4.5±0.5cd	6.0±0.9bcd
	T4	5.2±0.3abc	6.7±0.6abc	6.8±0.3a	7.7±0.3c	7.5±0.9a	5.0±0.0abc	6.3±0.3bcd
	T5	5.0±0.0abc	7.0±0.0ab	7.0±0.0a	8.0±0.0abc	7.3±0.3a	5.5±0.0a	6.5±0.0bc
	T6	5.2±0.3abc	7.0±0.0ab	7.0±0.0a	8.0±0.0abc	7.5±0.5a	5.3±0.3a	6.7±0.3abc
	T7	5.2±0.3abc	7.2±0.3ab	7.2±0.3a	8.0±0.0abc	7.7±0.3a	5.2±0.3ab	6.7±0.3abc
	T8	5.0±0.0abc	7.2±0.3ab	7.2±0.3a	7.8±0.3bc	7.7±0.3a	5.3±0.3a	6.8±0.3ab
许昌	CK	4.0±0.0e	5.0±0.0c	5.5±0.0c	7.0±0.0b	7.5±0.0a	4.0±0.0d	5.0±0.0d
	T2	4.2±0.3de	5.2±0.3c	5.5±0.0c	7.0±0.0b	7.5±0.0a	4.3±0.3d	5.3±0.3d
	T3	4.7±0.3c	5.8±0.3b	6.0±0.0b	7.3±0.3ab	7.5±0.0a	4.8±0.3c	5.8±0.3c
	T4	4.8±0.3bc	6.2±0.3b	6.2±0.3b	7.5±0.0ab	7.2±0.3ab	5.2±0.3bc	6.2±0.3bc
	T5	4.7±0.3c	6.2±0.8b	6.2±0.3b	7.3±0.3ab	7.2±0.3ab	5.5±0.0b	6.2±0.3bc
	T6	4.5±0.0cd	6.0±0.0b	6.5±0.0a	7.5±0.0ab	7.0±0.0b	6.0±0.0a	6.5±0.0ab
	T7	4.8±0.3bc	6.2±0.3b	6.2±0.3b	7.5±0.5ab	7.0±0.5b	6.0±0.0a	6.7±0.3a
	T8	5.2±0.3ab	7.0±0.0a	6.5±0.0a	7.8±0.6a	6.8±0.3b	6.2±0.3a	6.8±0.3a
	T9	5.3±0.3a	7.2±0.3a	6.5±0.0a	7.8±0.8a	7.2±0.3ab	6.2±0.3a	6.8±0.3a
曲靖	CK	4.5±0.5d	6.2±0.6c	6.7±0.6b	7.8±0.3c	7.8±0.3b	4.0±0.0d	5.0±0.9d
	T2	4.7±0.3cd	6.7±0.3b	7.2±0.3ab	8.0±0.0c	8.3±0.3ab	4.7±0.3c	6.2±0.3c
	T3	5.0±0.0bc	6.7±0.3b	7.2±0.3ab	8.0±0.0c	8.2±0.3ab	4.8±0.3bc	6.5±0.5bc
	T4	5.2±0.3ab	7.0±0.0b	7.5±0.0a	8.3±0.3b	8.5±0.0a	5.0±0.0b	6.8±0.3abc
	T5	5.0±0.0bc	7.0±0.0b	7.5±0.0a	8.5±0.0b	8.5±0.0a	5.0±0.0b	7.0±0.0ab
	T6	5.5±0.0a	7.5±0.0a	7.5±0.0a	9.0±0.0a	8.5±0.0a	5.5±0.0a	7.5±0.0a

注：同一列数据后小写英文字母不同表示在0.05水平上差异显著，数据为平均值±标准差，下同。颜色深浅分值越高，颜色越深，身份分值越高，身份趋厚，其余指标分值越高，质量档次越好。

四、不同单叶质量烟叶主要化学成分

不同单叶质量烟叶主要化学成分含量见表5-3。随单叶质量升高，烟叶烟碱、总氮和蛋白质含量的变化规律在不同产区表现不一致。还原糖含量随单叶质量升高逐渐增加，许昌、平顶山由CK处理的16.3%～19.2%增加至T9处理21.9%～24.2%；曲靖由CK处理的24.1%增加至T6处理的32.3%。

总糖、淀粉含量随单叶质量升高的变化趋势与还原糖相似，许昌、曲靖淀粉含量由CK处理的3.7%～3.9%上升至单叶质量最高处理接近7%。钾含量随单叶质量升高的变化趋势不明显，平顶山和曲靖产区高单叶质量处理烟叶的氯含量相对较高。总体来看，随单叶质量升高，烟叶碳水化合物（还原糖、总糖、淀粉）含量的增加趋势相对明显。

表5-3 不同单叶质量烟叶主要化学成分含量（%）

产区	处理	烟碱	总氮	蛋白质	还原糖	总糖	淀粉	钾	氯
平顶山	CK	2.3±0.1ab	1.9±0.0a	9.3±0.0a	16.3±0.6d	17.9±0.3d	4.6±0.4a	1.5±0.1a	1.5±0.0bc
	T2	2.5±0.5ab	1.9±0.1a	9.1±0.3a	18.4±1.6c	20.3±2.2bcd	4.1±1.2a	1.4±0.5a	1.6±0.0bc
	T3	2.7±0.1a	1.9±0.1a	9.0±0.8a	18.7±1.6bc	20.1±1.6bcd	4.4±0.8a	1.6±0.1a	1.4±0.4c
	T4	2.5±0.1ab	1.9±0.1a	9.4±0.4a	18.1±0.7cd	19.6±0.6cd	4.6±0.3a	1.7±0.2a	1.6±0.3bc
	T5	2.7±0.5a	1.9±0.2a	9.0±0.8a	20.4±2.9abc	21.6±2.9abc	4.9±0.7a	1.7±0.3a	1.7±0.2ab
	T6	2.2±0.0b	1.8±0.1a	9.1±0.5a	21.0±0.5ab	22.3±0.7ab	5.2±0.5a	1.5±0.1a	1.8±0.2ab
	T7	2.4±0.3ab	1.9±0.1a	9.6±0.8a	19.8±1.3abc	21.1±1.4abc	5.2±0.8a	1.6±0.1a	1.7±0.0ab
	T8	2.1±0.1b	1.9±0.0a	9.5±0.3a	21.0±0.6ab	22.2±0.5ab	5.1±0.3a	1.8±0.1a	2.0±0.1a
	T9	2.4±0.0ab	2.0±0.0a	9.7±0.2a	21.9±1.0a	22.9±1.0a	4.8±0.5a	1.7±0.1a	2.0±0.0a
许昌	CK	1.9±0.0a	1.7±0.1a	8.4±0.4a	19.2±1.3d	22.3±2.6c	3.7±0.7d	1.2±0.1a	2.5±0.2a
	T2	1.9±0.1a	1.7±0.1a	8.5±0.6a	20.4±0.5cd	22.9±0.2bc	3.9±0.2d	1.2±0.1a	2.5±0.0a
	T3	2.3±0.6a	1.7±0.1a	7.9±0.5a	21.0±2.6bcd	23.6±2.5bc	3.9±0.3d	1.1±0.1a	2.1±0.1b
	T4	2.3±0.0a	1.6±0.1a	7.8±0.4a	22.0±0.8abcd	24.4±1.0abc	5.5±0.7c	1.2±0.3a	2.1±0.1b
	T5	2.2±0.5a	1.6±0.2a	7.5±1.0a	22.8±2.0abc	26.1±2.6abc	5.3±0.5c	1.1±0.2a	2.5±0.5a
	T6	2.1±0.4a	1.6±0.2a	7.8±1.1a	24.7±3.3a	28.0±3.7a	5.8±0.7bc	1.1±0.2a	2.4±0.1ab
	T7	2.3±0.2a	1.7±0.1a	8.3±0.5a	23.0±1.5abc	26.2±1.4ab	5.4±0.6c	1.2±0.3a	2.2±0.2ab
	T8	1.9±0.1a	1.7±0.1a	8.3±0.6a	23.9±2.7ab	27.9±2.8a	6.7±0.5ab	1.3±0.1a	2.4±0.0ab
	T9	2.1±0.1a	1.6±0.1a	8.0±0.7a	24.2±1.9ab	27.8±2.1a	6.9±0.3a	1.3±0.0a	2.2±0.1ab
曲靖	CK	1.3±0.0a	1.7±0.0a	9.5±0.0a	24.1±2.0d	29.6±2.0c	3.9±0.1c	2.0±0.0ab	0.2±1.7b
	T2	1.0±0.1c	1.6±0.0b	8.9±0.3b	27.6±0.5c	31.5±0.6bc	3.9±0.7c	2.1±0.1a	0.1±2.3b
	T3	1.1±0.0b	1.6±0.1b	8.9±0.5b	28.9±0.2bc	33.5±0.2b	4.9±1.0bc	2.0±0.0ab	0.2±1.0b
	T4	1.1±0.0b	1.6±0.0b	8.8±0.2b	30.1±0.8b	33.3±1.3b	5.1±0.5b	1.7±0.1c	0.3±1.1b
	T5	0.9±0.1c	1.5±0.1c	8.1±0.3c	29.7±1.0b	33.4±1.6b	6.3±0.2a	1.8±0.1bc	0.2±3.3b
	T6	0.9±0.0c	1.4±0.0c	7.6±0.2c	32.3±0.5a	36.4±0.1a	6.5±0.0a	2.2±0.0a	0.5±1.2a

不同单叶质量烟叶化学成分协调性指标见表5-4。在化学成分协调性指标方面，同一产区烟叶随单叶质量升高，烟叶糖碱比值总体呈上升趋势；两糖比值在单叶质量较低时，随单叶质量的升高上升趋势相对明显，三产区规律基本一致。

表 5-4　不同单叶质量烟叶化学成分协调性指标

产区	处理	糖碱比值	氮碱比值	两糖比值	钾氯比值
平顶山	CK	7.03±0.07d	0.82±0.03abc	0.91±0.02d	1.01±0.02a
	T2	7.74±2.22bcd	0.78±0.13abc	0.91±0.02d	0.88±0.31a
	T3	6.90±0.67d	0.70±0.04c	0.93±0.01bc	1.23±0.39a
	T4	7.13±0.38cd	0.76±0.02bc	0.92±0.01cd	1.13±0.31a
	T5	7.93±2.43bcd	0.72±0.10bc	0.94±0.01ab	1.02±0.30a
	T6	9.72±0.37ab	0.85±0.03ab	0.94±0.01ab	0.86±0.18a
	T7	8.43±1.30abcd	0.83±0.14ab	0.94±0.00ab	0.89±0.03a
	T8	10.03±0.11a	0.90±0.05a	0.94±0.01ab	0.90±0.03a
	T9	9.19±0.50abc	0.83±0.01abc	0.96±0.00a	0.85±0.06a
许昌	CK	10.27±0.58a	0.89±0.05ab	0.87±0.04b	0.49±0.05ab
	T2	10.92±0.18a	0.90±0.08a	0.89±0.03ab	0.49±0.05ab
	T3	9.65±2.82a	0.75±0.15bc	0.89±0.03ab	0.52±0.05ab
	T4	9.66±0.53a	0.72±0.02c	0.90±0.01a	0.59±0.11a
	T5	10.83±3.37a	0.73±0.11c	0.87±0.01ab	0.44±0.02b
	T6	12.09±3.98a	0.76±0.05abc	0.88±0.00ab	0.47±0.06ab
	T7	10.27±1.72a	0.77±0.08abc	0.88±0.01ab	0.54±0.18ab
	T8	12.96±2.43a	0.89±0.00a	0.86±0.01b	0.52±0.03ab
	T9	11.80±1.31a	0.79±0.06abc	0.87±0.01b	0.57±0.03a
曲靖	CK	19.16±1.74d	1.38±0.03c	0.81±0.01d	12.72±0.20ab
	T2	28.61±2.31bc	1.65±0.16a	0.88±0.00bc	15.15±4.99a
	T3	26.60±0.98c	1.48±0.06abc	0.86±0.01c	11.49±1.79ab
	T4	27.51±1.08c	1.46±0.03bc	0.91±0.02a	8.32±4.62bc
	T5	31.78±3.29ab	1.56±0.14ab	0.89±0.01ab	8.22±1.90bc
	T6	34.76±1.21a	1.48±0.03bc	0.89±0.01ab	4.73±0.18c

五、不同单叶质量烟叶感官品质

豫中两产区低单叶质量烟叶的香气品质分值较低，香气质感较差，香气量较少，但刺激性相对较小；高单叶质量烟叶的刺激性较大，余味相对欠舒适。曲靖与豫中两产区的规律总体相似，CK、T2 处理的香气质、香气量和杂气分值显著低于其他多数处理，T6 处理的刺激性分值显著低于其他多数处理（表 5-5）。

表 5-5　不同单叶质量烟叶感官品质指标分值

产区	处理	香气质	香气量	杂气	刺激性	余味
平顶山	CK	5.5±0.0d	5.8±0.3c	5.5±0.0bcd	6.2±0.3a	5.7±0.3ab
	T2	5.9±0.1bc	6.0±0.0bc	5.8±0.3abc	6.2±0.3a	5.7±0.3ab
	T3	6.2±0.3ab	6.1±0.1bc	6.1±0.1a	6.2±0.3a	6.0±0.0a
	T4	6.4±0.2a	6.2±0.3ab	5.9±0.2ab	6.1±0.2ab	6.0±0.0a
	T5	5.9±0.1bc	6.5±0.0a	5.7±0.3abcd	6.0±0.0abc	5.6±0.1b
	T6	5.7±0.3cd	6.1±0.1bc	5.4±0.1cd	6.2±0.3a	5.6±0.1b
	T7	5.8±0.3bcd	6.2±0.3b	5.6±0.4bcd	5.7±0.3bc	5.3±0.3b
	T8	5.7±0.3cd	6.1±0.1bc	5.3±0.3c	5.8±0.3bc	5.3±0.3b
	T9	5.6±0.1d	6.1±0.1bc	5.4±0.4cd	5.6±0.1c	5.5±0.0b
许昌	CK	5.6±0.2d	5.9±0.1b	5.6±0.2c	6.4±0.3a	6.2±0.3ab
	T2	5.8±0.2c	6.0±0.3b	5.6±0.2c	6.4±0.2a	6.3±0.3a
	T3	5.9±0.2bc	6.2±0.3ab	5.7±0.3bc	6.4±0.1a	6.3±0.2a
	T4	6.1±0.1ab	6.2±0.3ab	5.8±0.2abc	6.5±0.3a	6.2±0.3ab
	T5	6.1±0.1ab	6.1±0.1ab	5.9±0.1abc	6.3±0.3a	5.9±0.2bc
	T6	6.1±0.1ab	6.2±0.3ab	6.1±0.2a	6.3±0.3a	5.8±0.3bc
	T7	6.0±0.0abc	6.3±0.3a	5.9±0.2abc	6.2±0.3a	5.8±0.3bc
	T8	6.1±0.1ab	5.9±0.1b	6.0±0.3ab	6.1±0.2ab	5.7±0.3c
	T9	6.0±0.0abc	6.1±0.1ab	5.7±0.3bc	5.7±0.3b	5.6±0.1c
曲靖	CK	5.6±0.1d	5.8±0.3b	5.6±0.2d	5.8±0.3bc	5.7±0.3c
	T2	5.8±0.3cd	5.6±0.2b	5.6±0.1d	6.1±0.2b	5.6±0.1c
	T3	6.5±0.0a	6.4±0.2a	6.4±0.1a	6.5±0.0a	6.3±0.3a
	T4	6.2±0.3ab	6.5±0.1a	6.1±0.1b	6.1±0.1bc	6.0±0.0ab
	T5	5.9±0.1bc	6.3±0.3a	5.7±0.3cd	5.7±0.3cd	5.6±0.1c
	T6	6.3±0.3ab	6.5±0.0a	6.0±0.0b	5.4±0.2d	5.8±0.2bc

综合来看（图 5-2，图 5-3），同一产区随单叶质量升高，烟叶感官品质综合分值、工业可用性分值均呈抛物线变化（R^2=0.54～0.89）。豫中产区 T4 处理（17.5～20.5 g）、曲靖产区 T3 处理（14.0～17.0 g），烟叶的感官综合

得分和工业可用性相对较高。

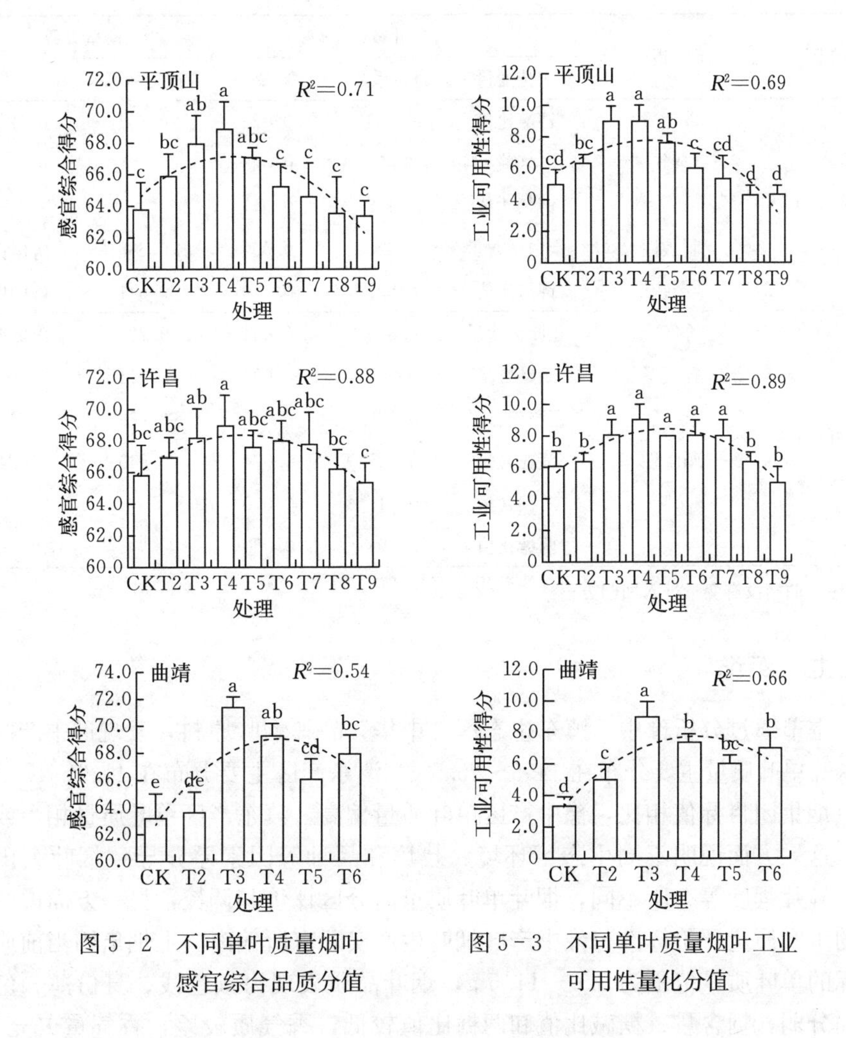

图 5-2　不同单叶质量烟叶感官综合品质分值

图 5-3　不同单叶质量烟叶工业可用性量化分值

六、不同单叶质量烟叶化学成分与感官品质的关系

为进一步探讨不同单叶质量烟叶感官品质差异与化学成分的关系，以感官品质指标为因变量，12 项化学成分含量及协调性指标为自变量进行逐步回归分析。因变量经正态性检验后符合正态分布，满足回归分析要求。豫中两产区可建立感官品质指标与化学成分的逐步回归方程，决定系数为 0.537～0.945。由通径系数看出，钾氯比值、烟碱含量、还原糖含量、两糖比值对烟叶感官品质存在正向影响，蛋白质含量、淀粉含量和总糖含量存在负向影响（表 5-6）。

表 5-6 感官品质指标分值与化学成分指标的逐步回归方程参数

产区	感官指标	变量参数			模型参数	
		入选变量	通径系数	P	决定系数	P
平顶山	香气质	钾氯比值	0.733	0.025	0.537	0.025
	杂气	烟碱	0.555	0.025	0.813	0.003
		钾氯比值	0.488	0.041		
	刺激性	蛋白质含量	−0.828	0.006	0.685	0.006
	余味	钾氯比值	0.801	0.010	0.641	0.010
许昌	香气质	还原糖含量	0.849	0.004	0.721	0.004
	香气量	烟碱含量	0.902	0.001	0.814	0.001
	杂气	还原糖含量	0.799	0.010	0.638	0.010
	刺激性	淀粉含量	−0.735	0.024	0.540	0.024
	余味	总糖含量	−0.817	0.000	0.945	0.000
		两糖比值	0.294	0.030		

注：曲靖没有变量进入回归方程。

七、结论

本节通过分析豫中、滇东生态区“中华”品牌烟叶原料，发现豫中产区中部烟叶单叶质量主要分布在14.5～26.5 g，滇东产区主要分布在11.0～17.0 g。与上烟集团目标值相比，豫中产区单叶质量偏高，滇东产区单叶质量相当或略高。这一方面说明不同生态区环境、栽培和品种等因素差异导致烟叶大田发育、开片程度等有所不同，烟叶单叶质量需分区评价和调控，另一方面说明目前的单叶质量评价标准与豫中产区烟叶生产实际有所偏离。上烟集团当前质量目标的单叶质量范围为8.0～11.5 g，烟叶品质表现为颜色浅、身份薄、色度和油分弱，糖含量、糖碱比值和两糖比值较低，香气质较差，香气量欠充足，三产区规律一致。这说明目前的单叶质量目标与优质烟叶质量需求难以匹配。本研究显示在一定范围内，同一产区随单叶质量升高，烟叶颜色加深，身份趋厚，颜色饱和度和油分改善。前人研究认为，烟叶糖含量与油润感和颜色饱和度呈正相关，本研究中，随单叶质量升高，糖含量增加，油分和颜色饱和度改善的趋势与之吻合。烟叶烟碱、总氮和蛋白质含量随单叶质量升高的变化趋势在不同区域规律不一致，这与部分学者的研究结果不同，原因一方面是研究的区域及单叶质量范围不同，另一方面可能与不同部位烟叶化学成分的差异特征有关。如随部位升高，一般烟碱、总氮含量和单叶质量均上升，不区分部位分析会出现烟碱、总氮含量与单叶质量呈正相关的分析结论，本研究统一以中部烟叶为材料，避免了部位差异对分析结果的可能影响。烟叶的感官综合品质及工业可用性随单叶质量升高呈抛物线变化。以工业可用性为导向，本研究首次提出豫中产区中部烟叶单叶质量在17.5～20.5 g、滇东产区单叶质量在14.0～17.0 g相对适宜，为进一步确定烟叶优质适产目标提供了依据。

综上所述，在当前烟叶生产条件下，上烟集团豫中和滇东两类型原料产区中部烟叶单叶质量的分布状况，揭示了随单叶质量升高，烟叶身份趋厚、颜色饱和度和油润感改善、糖类含量增加、感官综合品质呈抛物线变化等规律。以"中华"品牌原料品质需求为导向，提出了豫中和滇东烟区中部烟叶单叶质量的适宜范围分别为17.5～20.5 g和14.0～17.0 g。

第二节　不同生态产区烤烟外观特征

一、黄淮部分焦甜焦香型产区烤烟外观特征

烤烟外观区域特征是烤烟外观特征的一部分，包括底色、厚度、蜡质感、柔韧性、叶面叶背颜色差、叶尖叶基身份差、光泽、叶面组织、颜色深浅等指标，体现出外观质量在生态区域间的差异，在烟叶生产、收购、调拨中具有较强的导向作用。焦甜焦香型是全国烤烟烟叶香型最新划分的八大香型之一，本部分应用相关分析、逐步回归分析和通径分析，探讨了河南许昌、平顶山、漯河、南阳、驻马店等5个产区的烤烟C2F（包括上限、中等质量、下限）焦甜焦香型烤烟外观特征及其与常规化学成分和感官质量的关系，旨在为利用外观特征进行优质特色烟叶识别归类以及指导产区定向生产提供依据。

（一）烟叶外观特征

烟叶外观区域特征为底色白偏灰，厚度中等偏厚，蜡质感弱～中，叶片相对脆硬，叶面叶背色差中～小，叶尖叶基身份差小、少量中等，光泽亮，叶面组织较细腻，颜色为橘黄色。烟叶外观区域特征可简要总结为"灰、脆、燥、厚"，具体为"底色偏灰、质地相对硬脆、叶面有燥感，叶片偏厚"。外观质量为颜色橘黄，烟叶成熟，结构尚疏松，身份中等偏厚，油分为"有"的下限，润感不强且燥感较强，色度中偏强（表5-7）。

变异程度划分：变异系数＜10%为弱变异，变异系数10%～100%为中等变异，变异系数＞100%为强变异。烟叶外观区域特征指标变异系数为6.42%～26.78%，较稳定，区域特征总分指标属弱变异，其余指标均属中等变异，其中厚度、柔韧性、颜色深浅变异相对较大。外观质量指标变异系数为3.71%～12.57%，其中油分、色度指标属中等变异（表5-7）。可见，生态区内外观特征指标表现较稳定，一致性较强。

表 5-7 烟叶外观特征指标分值

指标	最小值	最大值	平均值	标准差	变异系数/%
底色	3.0	5.5	4.03	0.70	17.40
厚度	3.5	7.0	5.39	1.36	25.18
蜡质感	5.0	8.5	6.71	1.11	16.54
柔韧性	2.7	6.7	4.54	1.22	26.78
叶面叶背色差	4.5	8.0	6.34	1.14	18.00
叶尖叶基身份差	4.7	8.5	7.07	1.30	18.42
光泽	3.5	5.5	4.63	0.66	14.29
叶面组织	4.0	7.0	5.39	0.80	14.87
颜色深浅	3.5	6.5	4.59	0.90	19.69
区域特征总分	43.1	52.0	48.69	3.12	6.42
颜色	7.0	8.0	7.55	0.29	3.90
成熟度	7.0	8.0	7.51	0.31	4.17
叶片结构	6.0	8.0	7.35	0.50	6.84
身份	6.5	8.5	7.31	0.64	8.74
油分	4.5	6.5	5.69	0.72	12.57
色度	4.5	6.7	5.69	0.61	10.78
外观质量总分	38.6	43.7	41.11	1.52	3.71

（二）烟叶外观特征与常规化学成分的关系

烟叶外观特征与常规化学成分及其派生值的相关性较密切。其中蜡质感与糖碱比极显著正相关，蜡质感越弱，糖碱比越大；柔韧性与烟碱含量呈极显著负相关，柔韧性越好，烟碱含量相对越低；叶面叶背色差与总糖含量呈极显著正相关，叶面叶背色差越小，总糖含量越高；叶尖叶基身份差与两糖比呈极显著正相关，叶尖叶基身份差越小，两糖比相对越高；叶片结构与钾含量呈极显著正相关，叶片结构越疏松的烟叶，钾含量相对越高（表 5-8）。

在相关分析的基础上，以烟叶常规化学成分各项指标为因变量分别进行逐步回归分析，筛选出适合的回归方程并对方程的烟叶外观特征指标分别统计其对因变量的直接和间接通径系数（表 5-9）。柔韧性对烟碱含量、总氮含量有较强的直接负向影响；颜色深浅对总氮含量有较强的直接正向影响；叶面叶背色差对还原糖含量、总糖含量有较强的直接正向影响；底色对淀粉含量有直接负向影响；蜡质感对糖碱比有直接负向影响；叶尖叶基身份差对两糖比有直接正向影响；叶片结构对钾含量有直接正向影响。另外，颜色深浅对淀粉含量、烟碱含量、还原糖含量、总糖含量也有较弱的直接影响。

表 5-8 烟叶外观特征指标分值与常规化学成分指标的相关性

指标	烟碱含量	总氮含量	还原糖含量	总糖含量	钾含量	氯含量	淀粉含量	氮碱比	糖碱比	钾氯比	两糖比
底色	−0.361	0.013	−0.115	0.125	0.532*	−0.571*	−0.515*	0.525*	0.340	0.619*	−0.555*
厚度	0.606*	0.289	−0.102	−0.375	−0.443	0.378	−0.018	−0.536*	−0.582*	−0.451	0.565*
蜡质感	−0.610*	−0.364	0.339	0.564*	0.487	−0.526*	0.043	0.500	0.688**	0.531*	−0.327
柔韧性	−0.641**	−0.521*	0.219	0.396	0.396	−0.335	0.149	0.345	0.571*	0.333	−0.309
叶面叶背色差	−0.263	−0.322	0.626*	0.653**	0.099	−0.224	0.277	0.116	0.468	0.264	0.196
叶尖叶基身份差	0.417	−0.094	0.472	0.226	−0.581*	0.295	0.385	−0.602*	−0.214	−0.355	0.720**
光泽	−0.501	−0.414	−0.229	−0.051	0.325	−0.315	0.122	0.223	0.277	0.300	−0.466
叶面组织	−0.128	−0.291	0.287	0.265	0.081	−0.115	0.001	−0.101	0.153	0.060	0.128
颜色深浅	0.394	0.532*	−0.412	−0.397	0.058	−0.320	−0.475	−0.037	−0.427	0.016	−0.191
区域特征总分	−0.232	−0.369	0.467	0.495	0.154	−0.429	0.100	0.000	0.347	0.293	0.135
颜色	0.040	−0.159	0.327	0.318	−0.314	−0.021	0.272	−0.137	0.110	−0.005	0.121
成熟度	−0.158	−0.256	0.492	0.544*	0.065	−0.097	0.248	0.011	0.336	0.131	0.063
叶片结构	−0.501	−0.079	−0.163	0.023	0.746**	−0.452	−0.474	0.579*	0.382	0.521*	−0.425
身份	0.308	−0.069	−0.016	−0.231	−0.309	0.368	0.022	−0.519*	−0.381	−0.379	0.452
油分	0.490	0.183	0.025	−0.208	−0.414	0.254	−0.130	−0.454	−0.441	−0.281	0.514*

（续）

指标	烟碱含量	总氮含量	还原糖含量	总糖含量	钾含量	氯含量	淀粉含量	氮碱比	糖碱比	钾氯比	两糖比
色度	0.160	−0.188	0.366	0.217	−0.540*	0.311	0.261	−0.349	−0.036	−0.288	0.446
外观质量总分	0.233	−0.128	0.263	0.074	−0.343	0.226	0.000	−0.404	−0.165	−0.209	0.506

注：* 表示在 0.05 水平上有显著差异，** 表示在 0.01 水平上有显著差异。余同。

表 5-9 烟叶外观特征指标分值对常规化学成分指标的回归方程及通径系数

因变量	回归方程	直接通径系数（间接通径系数总和）		R^2	P
烟碱	$Y_{烟碱}=2.784-0.224X_{柔韧性}+0.193X_{颜色深浅}$	$P_{iy\ 柔韧性}=-0.661$（0.020）	$P_{iy\ 颜色深浅}=0.425$（−0.031）	0.591	0.005
总氮	$Y_{总氮}=1.773+0.149X_{颜色深浅}-0.109X_{柔韧性}$	$P_{iy\ 颜色深浅}=0.558$（−0.026）	$P_{iy\ 柔韧性}=-0.547$（0.026）	0.582	0.005
还原糖	$Y_{还原糖}=19.843+1.484X_{叶面叶背色差}-1.282X_{颜色深浅}$	$P_{iy\ 叶面叶背色差}=0.648$（−0.022）	$P_{iy\ 颜色深浅}=-0.444$（0.032）	0.588	0.005
总糖	$Y_{总糖}=21.471+1.486X_{叶面叶背色差}-1.195X_{颜色深浅}$	$P_{iy\ 叶面叶背色差}=0.675$（−0.022）	$P_{iy\ 颜色深浅}=-0.430$（0.033）	0.611	0.003
钾	$Y_{钾}=-1.625+0.396X_{叶片结构}$	$P_{iy\ 叶片结构}=0.746$（0）		0.556	0.001
淀粉	$Y_{淀粉}=20.084-1.708X_{底色}-1.217X_{颜色深浅}$	$P_{iy\ 底色}=-0.507$（−0.008）	$P_{iy\ 颜色深浅}=-0.466$（−0.009）	0.483	0.019
糖碱比	$Y_{糖碱比}=-1.520+1.707X_{蜡质感}$	$P_{iy\ 蜡质感}=0.688$（0）		0.474	0.005
两糖比	$Y_{两糖比}=0.762+0.022X_{叶尖叶基身份差}$	$P_{iy\ 叶尖叶基身份差}=0.720$（0）		0.519	0.002

注：①P_{iy}表示第 i 个自变量对因变量 Y 的通径系数。下同。

（三）烟叶外观特征与感官质量的关系

烟叶外观特征指标分值与感官风格特征指标分值的相关性见表5-10。底色与枯焦气、木质气、刺激性、干燥感呈显著负相关，根据底色赋值方法，底色越偏灰，烟叶感官评吸中枯焦气越凸显、木质气越强、刺激性越大、干燥感越明显；厚度与枯焦气及浓度呈显著正相关，表明厚度越厚，烟叶感官评吸中枯焦气越凸显、浓度越大；蜡质感与香型、浓度呈极显著负相关，表明蜡质感越强，烟气浓度越强，香型彰显越明显；叶面叶背色差与烟气细腻柔和程度呈显著正相关，表明叶面叶背色差越小，烟气越细腻柔和；叶尖叶基身份差与辛香呈极显著正相关，与焦甜香呈显著正相关，表明叶尖叶基身份差越小，焦甜香、辛香越明显；光泽与刺激性呈显著负相关，表明在黄淮焦甜焦香型产区，烟叶光泽越鲜明，烟叶感官评吸刺激性越小；成熟度与圆润感呈极显著正相关，表明成熟度越好，烟气圆润感越好；油分与透发性呈显著正相关，表明油分多的烟叶透发性好；色度与辛香、劲头呈显著正相关（表5-10）。

表5-10　烟叶外观特征指标分值与感官风格特征指标分值的相关性

指标	干草香	焦甜香	焦香	木香	辛香	香型	沉溢	浓度	劲头
底色	0.317	−0.472	0.160	−0.025	−0.459	−0.028	−0.249	−0.163	0.006
厚度	−0.428	0.159	0.271	−0.077	0.267	0.417	0.418	0.548*	0.376
蜡质感	0.116	−0.102	−0.295	0.162	−0.124	−0.659**	−0.497	−0.790**	−0.401
柔韧性	−0.034	−0.054	−0.469	0.412	−0.150	−0.327	−0.240	−0.466	−0.267
叶面叶背色差	−0.271	0.253	−0.449	0.456	0.153	−0.127	0.005	−0.324	−0.241
叶尖叶基身份差	−0.363	0.555*	0.142	−0.009	0.683**	−0.155	0.389	−0.035	0.277
光泽	0.157	−0.373	−0.085	−0.080	−0.482	−0.021	0.015	−0.133	−0.121
叶面组织	−0.049	−0.117	0.023	0.062	0.048	0.133	0.157	−0.094	0.168
颜色深浅	0.166	0.003	−0.233	0.266	−0.054	0.098	−0.002	0.065	0.071
区域特征总分	−0.351	0.121	−0.318	0.418	0.146	−0.240	0.063	−0.428	−0.017
颜色	0.112	−0.030	0.056	−0.341	0.144	−0.102	0.405	−0.137	0.027
成熟度	0.060	0.125	−0.069	−0.109	0.192	−0.102	0.162	−0.245	−0.237
叶片结构	−0.359	−0.401	−0.338	0.337	−0.477	−0.192	−0.468	−0.248	−0.355
身份	−0.272	0.267	0.122	0.089	0.347	0.010	0.216	0.145	0.270

（续）

指标	干草香	焦甜香	焦香	木香	辛香	香型	沉溢	浓度	劲头
油分	−0.247	0.142	0.153	0.232	0.184	0.405	0.277	0.451	0.419
色度	−0.125	0.341	0.510	0.017	0.519*	0.075	0.343	0.176	0.538*
外观质量总分	−0.364	0.203	0.213	0.176	0.351	0.121	0.316	0.184	0.366

回归分析（表5-11）表明，焦甜香、辛香受叶尖叶基身份差的直接正向影响。叶尖叶基身份差赋值方法表明，叶尖叶基身份差越小，焦甜香、辛香越明显；香型、浓度受蜡质感的直接负向影响，蜡质感赋值方法表明，蜡质感越强，烟气浓度越强，香型彰显越明显；枯焦气主要受底色的直接负向影响。

表5-11　烟叶外观特征指标分值与感官品质特征指标分值的相关性

指标	香气质	香气量	透发性	生青气	枯焦气	木质气	细腻柔和程度	圆润感	刺激性	干燥感	余味
底色	0.169	0.509	0.118	0.002	−0.598*	−0.628*	0.225	−0.274	−0.558*	−0.582*	0.057
厚度	−0.015	−0.351	0.086	−0.183	0.548*	0.341	−0.341	−0.258	0.029	0.385	0.033
蜡质感	−0.204	0.240	−0.433	0.009	−0.385	−0.056	0.134	0.405	−0.195	−0.447	−0.260
柔韧性	0.100	0.336	−0.055	−0.225	−0.235	−0.178	0.244	0.030	−0.197	−0.218	−0.199
叶面叶背色差	0.169	0.328	−0.017	0.125	−0.309	−0.190	0.516*	0.477	0.257	−0.281	0.136
叶尖叶基身份差	−0.145	0.071	−0.193	−0.149	0.012	0.348	0.271	0.379	0.266	0.227	0.082
光泽	−0.152	0.183	0.012	−0.357	−0.034	−0.050	−0.141	−0.378	−0.582*	−0.237	−0.393
叶面组织	0.337	0.240	0.123	0.051	−0.436	−0.475	0.305	0.022	−0.220	−0.037	−0.060
颜色深浅	0.092	−0.081	0.109	−0.072	0.035	−0.086	−0.123	−0.227	0.120	0.182	0.221
区域特征总分	0.081	0.404	−0.132	−0.263	−0.341	−0.164	0.360	0.174	−0.199	−0.223	−0.094
颜色	−0.026	0.255	−0.248	0.126	−0.469	−0.273	0.317	0.418	0.106	−0.138	−0.048
成熟度	−0.006	0.001	−0.300	0.481	−0.455	−0.273	0.192	0.658**	0.241	−0.171	−0.072
叶片结构	0.130	0.012	−0.187	−0.124	0.055	−0.073	−0.287	−0.205	−0.479	−0.360	−0.031
身份	0.234	0.081	0.110	−0.339	0.078	0.201	0.158	−0.182	−0.112	0.352	0.281
油分	0.426	0.287	0.538*	−0.372	0.063	−0.103	0.342	−0.458	−0.114	0.191	0.379
色度	0.125	0.460	0.239	−0.475	−0.101	−0.176	0.430	−0.269	−0.154	0.087	−0.012
外观质量总分	0.385	0.408	0.223	−0.426	−0.144	−0.168	0.406	−0.251	−0.250	0.092	0.257

（四）结论

以黄淮部分产区（焦甜焦香型）烤烟C2F烟叶样品为研究对象，通过相关分析、逐步回归和通径分析等分析方法，初步得出焦甜焦香型烤烟外观特征及其与常规化学成分和感官质量的关系。

（1）外观质量为颜色橘黄色，烟叶成熟，结构尚疏松，身份中等偏厚，油分在“有”的下限，润感不强而燥感较强，色度中偏强。烟叶外观区域特征为“灰、脆、燥、厚”，具体表现为底色偏灰、质地相对硬脆、叶面有燥感，叶片偏厚。

（2）烟叶外观特征与常规化学成分的相关性较密切，蜡质感越弱，糖碱比相对越大；柔韧性越好，烟碱含量相对越低；叶面叶背色差越小，总糖含量相对越高；叶尖叶基身份差越小，两糖比值相对越高；叶片结构越疏松的烟叶，钾含量相对越高。

（3）底色越偏灰，烟叶感官评吸中枯焦气越凸显、木质气越强，刺激性越大、干燥感越明显；厚度越厚，烟叶感官评吸中枯焦气越凸显、浓度越大；蜡质感越强，烟气浓度越强，香型彰显越明显；叶面叶背色差越小，烟气越细腻柔和；叶尖叶基身份差越小，焦甜香、辛香越明显；光泽与刺激性呈显著负相关，光泽越鲜明，烟叶感官评吸刺激性越小；成熟度越好，烟气圆润感越好；油分多的烟叶烟气透发性好，色度好的烟叶辛香相对突出、劲头相对较大。通径分析表明，焦甜香、辛香受叶尖叶基身份差的直接正向影响，香型、浓度受蜡质感的直接负向影响。影响焦甜焦香型烟叶风格及质量的关键外观特征指标为蜡质感和叶尖叶基身份差。

二、沂蒙丘陵生态区蜜甜焦香烤烟外观特征

沂蒙丘陵生态区是蜜甜焦香型烟叶的产地，对其产地和特色的精准识别是品牌发展中现实而强烈的需求。鉴于此，本部分利用山东潍坊（诸城、临朐）、日照（莒县）、临沂（沂水、费县）3个主产区的C2F等级烤烟（上限、中限、下限）典型代表性样品34份，对烤烟外观特征开展了评价，分析了其与烟叶内在品质的关系，旨在为高端特色烟叶的快速判别和精细化采购提供依据。

（一）烟叶外观特征

沂蒙丘陵生态区Ⅶ蜜甜焦香型烟叶外观特征为底色白略偏灰，厚度以中等为主、少量厚，蜡质感弱～中，叶片相对脆硬，叶面叶背色差为小～中，叶尖叶基身份差以小为主、少量中，光泽以亮为主、少量暗（亮偏暗），叶面组织以较细腻为主、少量粗糙（较细腻偏粗糙），颜色深浅为橘黄，成熟度以成熟

为主、个别尚熟，结构尚疏松～疏松，身份以中等为主、少量稍厚，油分在“有”的下限、少量稍有，色度以中为主、个别强（表5－12）。

从表5－13并结合指标的可识别性可知，Ⅶ区烟叶底色分值除与Ⅳ区接近外，显著低于其他生态区，可作为Ⅶ区烟叶的一级识别指标。Ⅶ区烟叶的柔韧性、叶面组织、光泽分值均最低，并与多数生态区差异显著，可作为Ⅶ区烟叶的二级识别指标。因此，Ⅶ区烟叶的主要识别指标为底色、柔韧性、叶面组织、光泽，相对特征为底色白略偏灰、质地稍脆、组织较细腻偏粗糙、光泽亮偏暗。

按变异系数（*CV*）＜10%、10%～100%、＞100%分别为弱、中、强变异的标准，外观区域特征指标为弱～中等变异（*CV* 9.49%～21.08%），除颜色深浅为弱变异外，各指标属中等变异，其中厚度变异稍大（21.08%）。外观品质指标为弱～中等变异（*CV* 4.91%～14.18%），其中叶片结构、色度、油分属中等变异。可见，沂蒙丘陵生态区蜜甜焦香型主产区烤烟外观特征的表现较为稳定。

表5－12　C2F等级烟叶外观特征指标分值

指标	最小值	最大值	平均值	标准差	95%置信区间	评价结果	变异系数/%
底色	3.5	6.0	4.49	0.78	4.0～4.89	白82.4/灰17.6	17.49
厚度	3.5	7.0	5.31	1.12	4.7～5.89	厚11.8/中等82.4/薄5.9	21.08
蜡质感	5.0	8.0	6.54	0.93	6.0～7.01	弱35.3/中64.7	14.16
柔韧性	3.0	5.0	3.89	0.63	3.5～4.22	较柔软52.9/脆硬47.1	16.05
叶面叶背色差	5.0	8.2	6.66	1.25	6.0～7.30	小47.1/中52.9	18.83
叶尖叶基身份差	5.0	8.2	7.56	0.85	7.1～8.00	小88.2/中11.8	11.28
光泽	3.5	5.5	4.57	0.66	4.2～4.91	亮88.2/暗11.8	14.49
叶面组织	2.5	6.0	4.64	0.90	4.1～5.10	较细腻88.2/粗糙11.8	19.37
颜色深浅	4.5	6.0	5.00	0.47	4.7～5.24	橘黄100	9.49
颜色	7.0	8.5	7.66	0.38	7.4～7.85	橘黄100	4.91
成熟度	6.5	8.2	7.64	0.44	7.4～7.86	成熟94.1/尚熟5.9	5.76
叶片结构	5.5	8.2	7.18	0.82	6.7～7.60	疏松35.3/尚疏松64.7	11.43
身份	6.0	8.5	7.41	0.64	7.0～7.73	中等82.4/稍厚17.6	8.63
油分	4.0	6.5	5.56	0.79	5.1～5.96	有82.4/稍有17.6	14.18
色度	4.2	6.2	5.25	0.63	4.9～5.57	强5.9/中94.1	11.96

表 5-13　沂蒙丘陵生态区（Ⅶ）与其他生态区烟叶外观特征差异分析

指标	Ⅶ沂蒙丘陵区	Ⅰ西南高原区	Ⅱ黔桂山地区	Ⅲ武陵秦巴区	Ⅳ黄淮平原区	Ⅴ南岭丘陵区	Ⅵ武夷丘陵区	Ⅷ东北平原区
底色	4.49	5.45*	5.54*	5.30*	4.03	6.43*	6.51*	4.97*
厚度	5.31	4.69*	4.70	4.52*	5.39	4.69*	4.92	5.19
蜡质感	6.54	8.11*	8.25*	7.87*	6.71	8.05*	7.80*	5.92*
柔韧性	3.89	5.96*	5.65*	5.89*	4.54	5.17*	6.55*	4.90*
叶面叶背色差	6.66	7.97*	7.89*	7.92*	6.34	7.67*	7.18	6.75
叶尖叶基身份差	7.56	7.38	7.47	7.24	7.07	7.81	7.56	7.60
光泽	4.57	6.09*	5.76*	5.99*	4.63	5.24*	4.71	5.10*
叶面组织	4.64	6.56*	6.46*	6.60*	5.39*	5.84*	7.01*	5.59*
颜色深浅	5.00	4.85	4.88	4.39*	4.59	5.49	5.36	4.72
颜色	7.66	7.91	8.03	7.62	7.55	7.92	8.09*	7.57
成熟度	7.64	8.06*	8.02*	7.64	7.51	8.05*	7.94	7.63
叶片结构	7.18	8.08*	7.79*	7.59	7.35	7.94*	7.71*	7.19
身份	7.41	7.90	7.78	7.41	7.31	7.64	7.83	7.42
油分	5.56	6.10*	5.97	6.04*	5.69	5.92	6.76*	5.80
色度	5.25	5.93*	5.90*	5.70	5.69	5.67*	5.91*	5.20

（二）烟叶外观特征与常规化学成分的关系

沂蒙丘陵生态区蜜甜焦香型烟叶外观特征指标中厚度与化学成分的相关性最强。厚度分值与钾含量、氮碱比、钾氯比极显著负相关，与糖碱比显著负相关，与烟碱、氯含量极显著正相关。根据厚度越厚，厚度分值越高的赋分法，烟叶厚度越厚，则钾含量、氮碱比、钾氯比、糖碱比越低，烟碱、氯含量越高。叶尖叶基身份差分值与氮碱比极显著负相关，表明叶尖叶基身份差越小，则氮碱比越低。叶片结构分值与氯含量极显著负相关，表明叶片结构越疏松，则氯含量越低。此外，部分外观特征指标也与钾含量、淀粉含量、氮碱比、糖碱比、钾氯比等达到显著相关水平（表 5-14）。

为进一步明确关系，进行逐步回归分析并统计通径系数（表 5-15）。烟叶厚度越厚直接反映出烟碱、氯含量越高，钾含量、氮碱比、糖碱比、钾氯比越低；烟叶油分越多直接反映出淀粉含量越高。回归及通径分析揭示的指标关系与相关分析结果基本一致，综上，厚度为反映烟叶化学成分的关键外观特征指标。

表 5-14 烟叶外观特征指标分值与常规化学成分指标的相关性

指标	烟碱含量	总氮含量	还原糖含量	总糖含量	钾含量	氯含量	淀粉含量	氮碱比	糖碱比	钾氯比	两糖比
底色	−0.020	−0.257	0.067	0.177	0.083	−0.259	0.197	−0.110	0.098	0.060	−0.175
厚度	0.714**	0.168	0.027	−0.132	−0.726**	0.699**	0.478	−0.715**	−0.586*	−0.692**	0.223
蜡质感	−0.047	−0.130	0.051	0.124	−0.099	−0.011	0.105	−0.022	0.094	−0.080	−0.112
柔韧性	−0.066	−0.337	0.449	0.438	0.142	−0.280	0.074	−0.153	0.223	0.155	0.058
叶面叶背色差	−0.530*	−0.416	0.141	0.373	0.458	−0.589*	0.027	0.371	0.558*	0.390	−0.364
叶尖叶基身份差	0.482	−0.081	0.121	0.102	−0.432	0.272	0.467	−0.616**	−0.328	−0.335	0.044
光泽	0.043	−0.340	0.316	0.447	0.061	−0.240	0.305	−0.256	0.163	0.103	−0.196
叶面组织	−0.399	−0.417	0.234	0.328	0.452	−0.579*	−0.199	0.190	0.417	0.440	−0.113
颜色深浅	−0.306	0.3S4	−0.119	−0.309	0.413	−0.244	−0.464	0.585*	0.110	0.338	0.319
颜色	−0.114	−0.212	0.339	0.350	0.331	−0.396	−0.094	−0.009	0.227	0.305	0.007
成熟度	0.099	−0.126	0.246	0.285	−0.076	−0.023	0.176	−0.203	0.061	−0.122	−0.062
叶片结构	−0.454	−0.325	0.357	0.414	0.554*	−0.673**	−0.191	0.312	0.509*	0.584*	−0.027
身份	−0.088	−0.316	0.253	0.455	0.164	−0.289	0.039	−0.101	0.266	0.225	−0.309
油分	0.448	−0.048	0.268	0.138	−0.558*	0.341	0.556*	−0.545*	−0.274	−0.481	0.215
色度	0.323	−0.110	0.204	0.113	−0.223	0.052	0.303	−0.433	−0.194	−0.162	0.160

表 5-15 烟叶外观特征指标分值与常规化学成分指标的回归及通径分析

Y	X_1	X_2	回归方程	直接通径系数（间接通径系数总和）		R^2	P
				X_1	X_2		
烟碱	厚度		$Y=1.758+0.166X_1$	0.714（0）		0.510	0.001
钾	厚度		$Y=3.224-0.358X_1$	−0.726（0）		0.527	0.001
氯	厚度	色度	$Y=0.844+0.325X_1-0.304X_2$	1.003（−0.304）		0.674	0.000
淀粉	油分		$Y=0.092+1.115X_1$	0.556（0）	−0.526（0.578）	0.309	0.021
氮碱比	厚度		$Y=0.935-0.040X_1$	−0.715（0）		0.511	0.001
糖碱比	厚度		$Y=14.067-0.668X_1$	−0.586（0）		0.343	0.014
钾氯比	厚度		$Y=6.139-0.823X_1$	−0.692（0）		0.479	0.002

注：通径系数栏 X 对应值表示自变量 X 对因变量 Y 的通径系数。

（三）烟叶外观特征与感官质量的关系

沂蒙丘陵生态区蜜甜焦香型烟叶外观特征与感官风格特征关系较密切，以厚度与之相关性最强；烟叶外观特征与感官品质特征有一定关系，以叶面组织与之相关性最强。厚度分值与蜜甜香韵、青香香韵、蜜甜焦香型、悬浮分值极显著正相关，与木香香韵、焦甜香韵分值极显著负相关，与焦香香韵分值显著负相关。赋分法表明，在一定范围内烟叶厚度增加，感官评吸中蜜甜香韵、青香香韵、香型就越明显，香气状态越悬浮，而木香香韵、焦甜香韵、焦香香韵越弱。同厚度相比，叶尖叶基身份差、油分也有基本类似的关系，颜色深浅、叶片结构有基本相反的关系，但在相关强度上弱于厚度。叶面组织分值与香气质、香气量、细腻柔和程度分值极显著负相关，表明在一定范围内叶面组织越粗糙，感官评吸中香气质越好，香气量越足，烟气越细腻柔和。色度分值与枯焦气分值极显著正相关，表明烟叶色度越强，感官评吸中枯焦气越重（表 5 - 16，表 5 - 17）。

逐步回归结果表明（表 5 - 18），蜜甜香韵、青香香韵、蜜甜焦香型、悬浮、浓度分值受厚度分值直接正向影响，而木香香韵、焦甜香韵、焦香香韵分值受厚度分值直接负向影响；劲头分值主要受成熟度分值直接正向影响。香气质、香气量、细腻柔和程度分值受叶面组织分值直接负向影响；枯焦气分值主要受色度分值直接正向影响。另外，颜色深浅对青香，柔韧性、光泽对悬浮，叶片结构对劲头，光泽对枯焦气也有较弱的直接或间接影响。回归及通径分析揭示的指标关系与相关分析结果基本相符。综上，厚度为影响烟叶风格的关键外观特征指标，叶尖叶基身份差、油分、颜色深浅、叶片结构为重要指标；叶面组织为影响烟叶感官品质的关键外观特征指标。

表 5 - 16　烟叶外观特征指标分值与感官风格特征指标分值的相关性

指标	蜜甜香	焦香	木香	焦甜香	青香	蜜甜焦香型	悬浮	浓度	劲头
底色	0.075	−0.165	−0.031	−0.149	0.217	0.080	0.147	−0.103	0.259
厚度	0.936**	−0.521*	−0.921**	−0.958**	0.934**	0.802**	0.927**	0.586*	0.417
蜡质感	0.013	0.047	0.025	−0.116	0.117	0.113	0.053	−0.090	0.149
柔韧性	−0.122	0.265	0.214	0.226	−0.104	−0.165	0.033	−0.281	0.163
叶面叶背色差	−0.378	0.239	0.537*	0.430	−0.343	−0.393	−0.398	−0.305	0.197
叶尖叶基身份差	0.782**	−0.447	−0.679**	−0.730**	0.795**	0.560*	0.783**	0.332	0.108

（续）

指标	蜜甜香	焦香	木香	焦甜香	青香	蜜甜焦香型	悬浮	浓度	劲头
光泽	0.276	−0.009	−0.102	−0.155	0.305	0.090	0.244	−0.010	0.415
叶面组织	−0.460	0.399	0.508*	0.557*	−0.416	−0.468	−0.324	−0.489*	−0.019
颜色深浅	−0.724**	0.201	0.550*	0.652**	−0.767**	−0.497*	−0.663**	−0.222	−0.543*
颜色	−0.250	0.325	0.312	0.372	−0.255	−0.360	−0.163	−0.405	0.109
成熟度	0.137	0.297	−0.027	−0.073	0.195	0.036	0.223	0.015	0.665**
叶片结构	−0.626**	0.459	0.680**	0.704**	−0.649**	−0.582*	−0.497*	−0.526*	−0.259
身份	0.071	0.329	0.069	0.050	0.093	−0.157	0.070	−0.305	0.567*
油分	0.703**	−0.363	−0.663**	−0.758**	0.773**	0.460	0.810**	0.188	0.346
色度	0.522*	−0.351	−0.562*	−0.555*	0.613**	0.249	0.628**	0.060	0.225

注：各样品干草香韵均为 3 分，不参与计算。

表 5-17　烟叶外观特征指标分值与感官品质特征指标分值的相关性

指标	香气质	香气量	透发性	生青气	枯焦气	木质气	细腻柔和程度	圆润感	刺激性	干燥感	余味
底色	−0.323	−0.278	0.115	0.054	0.127	0.136	−0.380	0.095	0.059	−0.008	0.263
厚度	0.242	0.272	−0.138	0.063	0.439	0.096	0.322	−0.158	−0.159	−0.256	−0.087
蜡质感	−0.312	−0.150	0.148	−0.014	−0.046	0.164	−0.378	0.010	0.010	0.009	0.190
柔韧性	−0.426	−0.589*	−0.158	0.275	0.269	0.303	−0.511*	−0.044	−0.308	−0.136	0.273
叶面叶背色差	−0.318	−0.344	0.180	−0.018	−0.315	−0.050	−0.463	0.238	0.175	0.250	0.328
叶尖叶基身份差	0.054	0.000	−0.196	0.195	0.472	0.245	0.077	−0.133	−0.225	−0.217	0.187
光泽	−0.182	−0.351	−0.048	0.248	0.132	0.160	−0.206	0.025	−0.085	−0.013	0.449
叶面组织	−0.606**	−0.698**	−0.077	0.258	0.210	0.232	−0.699**	0.039	−0.206	−0.046	0.248
颜色深浅	−0.138	0.191	0.260	−0.119	−0.322	−0.331	−0.044	0.163	0.060	0.231	−0.080
颜色	−0.318	−0.472	−0.079	0.442	0.155	0.291	−0.288	−0.028	−0.233	−0.177	0.291
成熟度	−0.198	−0.179	−0.053	0.098	0.082	−0.013	−0.290	0.079	−0.346	0.134	0.093
叶片结构	−0.430	−0.459	0.030	0.194	−0.069	0.173	−0.472	0.055	−0.067	0.002	0.350
身份	−0.196	−0.404	−0.146	0.350	0.207	0.241	−0.153	−0.038	−0.299	−0.110	0.238
油分	−0.242	−0.132	−0.264	0.378	0.549*	0.266	−0.146	−0.308	−0.448	−0.450	0.020
色度	−0.349	−0.383	−0.370	0.512*	0.746**	0.276	−0.216	−0.309	−0.466	−0.436	0.017

表 5-18 烟叶外观特征指标分值与感官质量指标分值的回归及通径分析

Y	X_1	X_2	X_3	回归方程	直接通径系数（间接通径系数总和）			R^2	P
					X_1	X_2	X_3		
蜜甜香	厚度			$Y=1.135+0.269X_1$	0.936（0）			0.875	0.000
焦香	厚度			$Y=1.829-0.116X_1$	−0.521（0）			0.272	0.032
木香	厚度			$Y=2.070-0.162X_1$	−0.921（0）			0.849	0.000
焦甜香	厚度			$Y=3.334-0.520X_1$	−0.958（0）			0.918	0.000
青香	厚度	颜色深浅		$Y=0.385+0.284X_1-0.234X_2$	0.759（0.175）	−0.265（−0.502）		0.913	0.000
蜜甜焦香型	厚度			$Y=2.027+0.137X_1$	0.802（0）			0.642	0.000
悬浮	厚度	柔韧性	光泽	$Y=1.712+0.182X_1+0.129X_2-0.077X_3$	1.058（−0.131）	0.417（−0.384）	−0.264（0.508）	0.931	0.000
浓度	厚度			$Y=2.747+0.065X_1$	0.586（0）			0.344	0.013
劲头	成熟度	叶片结构		$Y=1.799+0.221X_1-0.072X_2$	0.801（−0.136）	−0.484（0.225）		0.657	0.001
香气质	叶面组织			$Y=3.341-0.071X_1$	−0.606（0）			0.367	0.010
香气量	叶面组织			$Y=3.493-0.113X_1$	−0.698（0）			0.488	0.002
枯焦气	色度	光泽		$Y=0.438+0.200X_1-0.082X_2$	0.990（−0.404）	−0.430（0.706）		0.682	0.000
细腻柔和程度	叶面组织			$Y=3.331-0.070X_1$	−0.699（0）			0.489	0.002

（四）结论

沂蒙丘陵生态区蜜甜焦香型主产区烟叶外观特征与相关研究的评价较一致，仅本研究中叶尖叶基身份差较小，色度较弱，说明本研究结果可靠性较高，也说明在生态条件类似时烟叶外观特征相对重复和稳定，用于特色烟产地的识别是可行的。经与其他生态香型区烟叶对比，沂蒙丘陵生态区蜜甜焦香型烟叶的相对特征为底色白略偏灰、质地稍脆、组织较细腻偏粗糙、光泽亮偏暗，主要识别指标为底色、柔韧性、叶面组织、光泽，可用于产地的高效判别。烟叶脆、糙、暗等特征，与该生态区内土壤有机质含量多数处于缺乏和极缺乏的状况密切相关，因为在一定范围内烟叶组织、结构、油分、光泽等指标受土壤有机质含量紧密的正向影响，也与烟叶旺长期、成熟后期干旱少雨有关。

本研究结果表明，厚度分值与钾含量、氮碱比、钾氯比极显著负相关，与糖碱比显著负相关，与烟碱、氯含量极显著正相关。本研究结果不仅说明厚度可作为反映烟叶化学成分的关键指标，还说明通过优化生产措施适当降低烟叶厚度，可以提钾降氯降烟碱，改善化学成分协调性，验证了近年来该区烟叶生产改进方向的合理性。

相关研究表明，烟叶外观特征特别是区域特征与感官风格特征关系较密切。本研究发现，烟叶厚度与风格特征相关性最强，一定范围内烟叶厚度增加，感官评吸中蜜甜香、青香就越明显，木香、焦甜香、焦香越弱，香型越显著，香气状态越悬浮，浓度越大，说明厚度是烟叶风格的关键外在表现，也表明适当降低烟叶厚度可以平衡主体香韵，丰富香韵类型。这与西南高原生态区的研究结果不一致，其原因是两个生态区间气候、栽培等条件差异明显。因鲜见直接相关的研究报道，厚度与风格的关系成因待引入气候、营养等因素后进一步分析。此外，厚度与香气质、香气量呈不显著的正相关，可能与山东烟区土壤基础养分的作用有关，山东烤烟香气质、香气量与土壤有机质、全氮、全磷、全钾等养分含量均呈极显著正相关，而此类养分含量的增加往往对烟叶厚度有显著的正向作用。

本研究还发现，叶面组织与感官品质特征相关性最强，一定范围内叶面组织越粗糙，感官评吸中香气质就越好，香气量越足，烟气越细腻柔和，这可能是蜜甜焦香型烟叶的特点之一，与生态区全氮等土壤因素紧密相关。因此，叶面组织为影响烟叶感官品质特征的关键指标。考虑到烟叶样品外观特征分值具有一定范围，厚度、叶面组织与感官质量的关系应为一定范围内的表现，具体阈值需细化研究。

综上所述，沂蒙丘陵生态区蜜甜焦香型主产区 C2F 等级烤烟主要的外观识别指标为底色、柔韧性、叶面组织和光泽，主要识别特征为底色白略偏灰、质地稍脆、组织较细腻偏粗糙、光泽亮偏暗。C2F 等级烤烟厚度为反映或影响烟叶化学成分和感官风格特征的关键指标，叶面组织为影响烟叶感官品质特征的关键指标。依据厚度、叶面组织及上述外观特征，可在一定程度上初判烟叶产地与质量风格。

三、南岭丘陵生态区-焦甜醇甜香型主产区烤烟外观特征

烤烟外观特征由外观质量特征和外观区域特征组成。外观质量特征主要包括颜色、成熟度、叶片结构、身份、油分、色度等指标，因其直接或间接反映烟叶内在质量，多年来在烟草商业分级收购和卷烟工业原料采购中普遍使用。外观区域特征主要反映与地域、栽培习惯密切相关的外观区域性差异特征。本部分对南岭丘陵生态区江西赣州、江西吉安、江西抚州、湖南郴州、湖南永州、安徽皖南等 6 个主产区的 39 份烤烟 C2F 典型代表性样品，应用多种分析方法，评价了焦甜醇甜香型烤烟外观特征，探讨了其与烟叶常规化学成分和感官质量等内在质量的关系，旨在为利用外观特征评判优质烟叶产地和质量特色提供参考。

（一）烟叶外观特征

南岭丘陵生态区-焦甜醇甜香型主产区烤烟外观区域特征为底色红～白、以红为主，厚度中等，蜡质感弱，叶片较柔软，叶面叶背色差小、少量色差为中，叶尖叶基身份差小，光泽亮，组织较细腻、叶面稍有粗糙感，颜色为橘黄、部分为深橘黄；外观质量为颜色橘黄，烟叶成熟，结构疏松～尚疏松，身份中等、少量稍薄，油分为“有”偏下限，较有枯燥感，色度多为“中”水平，部分为“强”水平（表 5-19）。

对南岭丘陵生态区-焦甜醇甜香型主产区烟叶（Ⅴ区）与其他生态区烟叶进行对比分析可知（表 5-20），偏红的底色是Ⅴ区烟叶鲜明的特征，除与Ⅵ区接近外，显著区别于其他底色白及偏灰的烟叶区域，可作为Ⅴ区烟叶的一级判定指标。在此基础上，Ⅴ区烟叶柔韧性、叶面组织、油分指标分值显著低于Ⅵ区，是Ⅴ区烟叶相对鲜明的特征，可作为Ⅴ区烟叶的二级判定指标。因此，南岭丘陵生态区-焦甜醇甜香型主产区烟叶突出的外观特征可简要总结为“红、柔、糙、燥”，具体为“底色偏红、质地较柔软、叶面稍有粗糙感、较有枯燥感”。

按照变异程度划分标准，外观区域特征指标 *CV* 在 7.29%～17.43%属弱至中等变异，蜡质感、叶尖叶基身份差属弱变异。外观质量指标 *CV* 在 5.42%～12.90%属弱至中等变异。可见，南岭丘陵生态区-焦甜醇甜香型主产

区烤烟外观特征变异程度偏低，指标的一致性较高。

表 5-19 烟叶外观特征指标分值

指标	最小值	最大值	平均值	标准差	95%置信区间	分值分布/%	变异系数/%
底色	5.0	8.5	6.43	0.76	6.19～6.68	红 53.8/白 46.2	11.78
厚度	3.5	6.5	4.69	0.82	4.43～4.96	中等 100	17.43
蜡质感	5.0	8.5	8.05	0.61	7.85～8.25	弱 97.4/中 2.6	7.52
柔韧性	3.7	6.0	5.17	0.65	4.96～5.36	较柔软 100	12.53
叶面叶背色差	5.2	8.5	7.67	0.93	7.37～7.97	小 87.2/中 12.8	12.17
叶尖叶基身份差	5.5	8.5	7.81	0.57	7.62～7.99	小 97.4/中 2.6	7.29
光泽	3.2	6.5	5.24	0.91	4.95～5.54	亮 97.4/暗 2.6	17.32
叶面组织	4.5	7.0	5.84	0.64	5.63～6.05	较细腻 92.3/细腻 7.7	11.03
颜色深浅	4.0	7.0	5.49	0.80	5.23～5.74	橘黄 76.9/深橘黄 23.1	14.54
颜色	7.0	8.7	7.92	0.48	7.76～8.07	橘黄 100	6.12
成熟度	7.0	8.7	8.05	0.44	7.91～8.19	成熟 100	5.42
叶片结构	7.0	8.7	7.94	0.49	7.78～8.10	疏松 41/较疏松 59	6.21
身份	5.5	8.5	7.64	0.71	7.41～7.87	中等 87.2/稍薄 12.8	9.28
油分	4.5	7.0	5.92	0.65	5.71～6.13	有 92.3/稍有 7.7	11.02
色度	4.5	7.0	5.67	0.73	5.44～5.91	中 66.7/强 33.3	12.90

表 5-20 南岭丘陵生态区（Ⅴ）与其他生态区烟叶外观特征差异

指标	Ⅴ南岭丘陵区	Ⅰ西南高原区	Ⅱ黔桂山地区	Ⅲ武陵秦巴区	Ⅳ黄淮平原区	Ⅵ武夷丘陵区	Ⅶ沂蒙丘陵区	Ⅷ东北平原区
底色	6.43	5.45*	5.54*	5.30*	4.03*	6.51	4.49*	4.79*
厚度	4.69	4.69	4.70	4.52	5.39*	4.92	5.31*	5.04
蜡质感	8.05	8.11	8.25	7.87	6.71*	7.80	6.54*	6.28*
柔韧性	5.17	5.96*	5.65	5.89*	4.54*	6.55*	3.89*	4.81
叶面叶背色差	7.67	7.97	7.89	7.92	6.34*	7.18	6.66*	6.91*
叶尖叶基身份差	7.81	7.38*	7.47	7.24*	7.07*	7.56	7.56	7.52
光泽	5.24	6.09*	5.76*	5.99*	4.63*	4.71*	4.57*	4.95
叶面组织	5.84	6.56*	6.46*	6.60*	5.39*	7.01*	4.64*	5.59
颜色深浅	5.49	4.85*	4.88*	4.39*	4.59*	5.36	5.00	4.82*

（续）

指标	Ⅴ南岭丘陵区	Ⅰ西南高原区	Ⅱ黔桂山地区	Ⅲ武陵秦巴区	Ⅳ黄淮平原区	Ⅵ武夷丘陵区	Ⅶ沂蒙丘陵区	Ⅷ东北平原区
颜色	7.92	7.91	8.03	7.62*	7.55*	8.09	7.66	7.56*
成熟度	8.05	8.06	8.02	7.64*	7.51*	7.94	7.64*	7.61*
叶片结构	7.94	8.08	7.79	7.59*	7.35*	7.71	7.18*	7.23*
身份	7.64	7.90	7.78	7.41	7.31	7.83	7.41	7.34
油分	5.92	6.10	5.97	6.04	5.69	6.76*	5.56	5.72
色度	5.67	5.93	5.90	5.70	5.69	5.91	5.25*	5.27*

注：此表为南岭丘陵生态区（Ⅴ）分别与其他生态区比较的结果，* 表示与Ⅴ区比较，达到5%显著水平。

（二）烟叶外观特征与常规化学成分的关系

南岭丘陵生态区-焦甜醇甜香型主产区烟叶外观特征与常规化学成分之间存在一定的相关性，其中厚度分值与钾含量呈极显著负相关，依据赋分规则，烟叶厚度越厚，则钾含量相对越低；柔韧性分值与总糖含量、还原糖含量、糖碱比值呈极显著正相关，与总氮含量呈极显著负相关，与烟碱含量呈显著负相关，表明烟叶越柔软，则总糖含量、还原糖含量、糖碱比值相对越高，总氮与烟碱含量相对越低；叶片结构分值与总氮含量呈极显著负相关，表明烟叶结构越疏松，则总氮含量越低；油分分值与淀粉含量呈极显著正相关，与钾含量呈极显著负相关，表明烟叶油分越多，则淀粉含量相对越高，钾含量相对越低（表5-21）。

此外，钾含量与叶面叶背色差、光泽、颜色深浅、颜色、身份及色度分值均呈显著负相关；淀粉含量与叶面叶背色差、叶尖叶基身份差、光泽、颜色、色度分值呈显著正相关；氮碱比值与厚度、颜色、身份、色度分值呈显著负相关；糖碱比值与厚度分值呈显著负相关，与叶片结构分值呈显著正相关；钾氯比值与柔韧性分值呈显著正相关；两糖比值与柔韧性、光泽、成熟度分值呈显著负相关（表5-21）。说明外观特征指标与钾含量和淀粉含量等关系相对密切。

进一步回归与通径分析的结果表明（表5-22），柔韧性是最能直接反映烟碱含量、总氮含量、还原糖含量、总糖含量、糖碱比、钾氯比值的外观特征指标；油分是最能直接反映淀粉含量的指标，也是直接反映钾含量的重要指标；颜色是最能直接反映氮碱比值的指标；光泽是最能直接反映两糖比值的指标。回归与通径分析揭示的指标关系符合相关分析结果，综合分析可知，柔韧性、油分可作为反映南岭丘陵生态区-焦甜醇甜香型主产区烤烟主要化学成分的关键外观特征指标。

表 5-21　烟叶外观特征指标分值与常规化学成分指标的相关性

指标	烟碱含量	总氮含量	还原糖含量	总糖含量	钾含量	氯含量	淀粉含量	氮碱比	糖碱比	钾氯比	两糖比
底色	−0.151	−0.044	0.069	0.013	−0.080	−0.188	0.066	0.190	0.054	0.114	0.150
厚度	0.276	0.171	−0.283	−0.307	−0.435**	0.230	0.259	−0.327*	−0.369*	−0.175	0.201
蜡质感	−0.046	−0.102	−0.134	−0.053	0.021	0.051	0.000	−0.051	−0.020	−0.130	−0.205
柔韧性	−0.354*	−0.514**	0.531**	0.573**	−0.031	−0.261	0.098	0.019	0.472**	0.323*	−0.330*
叶面叶背色差	−0.176	−0.269	0.057	0.136	−0.370*	0.133	0.326*	−0.066	0.113	−0.279	−0.247
叶尖叶基身份差	−0.065	−0.276	0.041	0.108	−0.266	−0.127	0.343*	−0.223	0.083	0.129	−0.223
光泽	−0.246	−0.353*	0.173	0.264	−0.390*	0.018	0.383*	−0.022	0.219	−0.091	−0.331*
叶面组织	−0.225	−0.237	0.143	0.205	−0.097	0.128	0.140	0.074	0.190	−0.173	−0.225
颜色深浅	0.016	−0.003	−0.101	−0.128	−0.329*	−0.026	0.205	−0.059	−0.135	−0.221	0.112
颜色	0.033	−0.254	−0.032	0.039	−0.342*	0.201	0.319*	−0.396*	−0.042	−0.198	−0.188
成熟度	−0.121	−0.296	0.055	0.161	−0.110	−0.130	0.109	−0.151	0.128	0.052	−0.325*
叶片结构	−0.313	−0.422**	0.332*	0.380*	0.147	−0.236	−0.037	0.014	0.329*	0.290	−0.271
身份	0.077	−0.148	−0.123	−0.046	−0.399*	0.060	0.301	−0.392*	−0.158	−0.061	−0.184
油分	−0.038	−0.199	−0.077	0.018	−0.493**	−0.112	0.458**	−0.217	−0.032	−0.008	−0.268
色度	0.002	−0.235	−0.028	0.046	−0.381*	0.016	0.345*	−0.324*	−0.031	−0.123	−0.205

表 5-22 烟叶外观特征指标分值与常规化学成分指标的回归及通径分析

因变量	回归方程	P_{iy}=直接通径系数（间接通径系数总和）		R^2	P
烟碱含量	$Y_{烟碱}=4.234-0.329X_{柔韧性}$	$P_{iy\,柔韧性}=-0.354$（0）		0.125	0.027
总氮含量	$Y_{总氮}=3.053-0.224X_{柔韧性}$	$P_{iy\,柔韧性}=-0.514$（0）		0.264	0.001
还原糖含量	$Y_{还原糖}=30.965+2.932X_{柔韧性}-2.366X_{成熟度}$	$P_{iy\,柔韧性}=0.796$（−0.265）	$P_{iy\,成熟度}=-0.433$（0.488）	0.399	0.000
总糖含量	$Y_{总糖}=16.555+2.656X_{柔韧性}$	$P_{iy\,柔韧性}=0.573$（0）		0.328	0.000
钾含量	$Y_{钾}=1.585-0.285X_{叶面叶背色差}-0.305X_{油分}+0.301X_{蜡质感}+0.285X_{叶片结构}$	$P_{iy\,叶面叶背色差}=-0.657$（0.287） $P_{iy\,油分}=-0.491$（−0.002）	$P_{iy\,蜡质感}=0.450$（−0.429） $P_{iy\,叶片结构}=0.347$（−0.200）	0.546	0.000
淀粉含量	$Y_{淀粉}=-1.564+1.473X_{油分}$	$P_{iy\,油分}=0.458$（0）		0.210	0.003
氮碱比	$Y_{氮碱比}=1.534-0.076X_{颜色}-0.037X_{厚度}$	$P_{iy\,颜色}=-0.386$（−0.010）	$P_{iy\,厚度}=-0.316$（−0.011）	0.256	0.005
糖碱比	$Y_{糖碱比}=-0.496+2.557X_{柔韧性}$	$P_{iy\,柔韧性}=0.472$（0）		0.223	0.002
钾氯比	$Y_{钾氯比}=6.574+6.009X_{柔韧性}-3.864X_{叶面叶背色差}$	$P_{iy\,柔韧性}=0.450$（−0.127）	$P_{iy\,叶面叶背色差}=-0.416$（0.137）	0.261	0.004
两糖比	$Y_{两糖比}=0.950-0.010X_{光泽}$	$P_{iy\,光泽}=-0.331$（0）		0.109	0.040

注：P_{iy}表示自变量i对因变量y的通径系数。

（三）烟叶外观特征与感官质量的关系

南岭丘陵生态区-焦甜醇甜香型主产区烟叶外观特征与感官质量具有较高的相关性，以叶尖叶基身份差、油分指标与感官质量的相关性最高。叶尖叶基身份差分值与焦甜香、焦香、香气质分值呈极显著正相关，与醇甜香分值呈极显著负相关，依据赋分规则，结果表明叶尖叶基身份差越小，则感官评吸中焦甜香、焦香就越明显，香气质越好，而醇甜香越弱；油分分值与焦甜香、香型、沉溢、浓度、香气质、细腻柔和程度、圆润感分值呈极显著正相关，与醇甜香分值呈极显著负相关，结果表明烟叶油分越多，则感官评吸中焦甜香就越明显，香型彰显程度越显著，香气越沉溢，浓度越大，香气质越好，烟气越细腻柔和圆润，但醇甜香越弱（表 5 - 23，表 5 - 24）。

此外，柔韧性分值与沉溢、细腻柔和程度、余味分值，叶面叶背色差分值与香气质、透发性分值，光泽分值与沉溢、香气质、细腻柔和程度分值，蜡质感、叶面组织、颜色、成熟度分值与香气质分值，叶片结构分值与辛香、香型、香气质、细腻柔和程度分值，身份分值与沉溢、浓度、香气质、香气量、透发性分值，色度分值与焦甜香、浓度、香气质分值均呈极显著正相关，说明外观特征指标分值较高时烟叶感官质量也较高（表 5 - 23，表 5 - 24）。

油分指标对焦甜香、醇甜香、香型、沉溢、浓度、圆润感等感官质量指标的直接影响最大；叶尖叶基身份差指标对焦香指标的直接影响最大；叶片结构和厚度指标对辛香指标的直接影响较大；成熟度指标对青香指标的直接影响最大；身份指标对香气质和香气量指标的直接影响最大；叶面叶背色差指标对透发性和枯焦气指标的直接影响最大；柔韧性指标对劲头、刺激性、余味等指标的直接影响最大；光泽指标对细腻柔和程度指标的直接影响最大（表 5 - 25）。回归与通径分析揭示的指标关系同相关分析结果基本一致，由于香韵（特别是主体香韵）、香型等风格特色指标是烟叶感官质量的核心，因此，油分和叶尖叶基身份差指标可作为反映南岭丘陵生态区-焦甜醇甜香型主产区烤烟感官质量的关键外观特征指标。

（四）结论

本节客观评价了南岭丘陵生态区-焦甜醇甜香型主产区烤烟的外观特征，总结了生态区烟叶简要、突出的外观特征，有利于评级人员快速掌握并应用。在实际工作中，烟叶外观鉴评指标的不同标度间差异显著，同一标度范围内分值的大小差异，也会在外观上表现出相对明显的区别。南岭丘陵生态区烟叶对应的突出外观判定特征为红、柔、糙、燥，有助于指导烟叶归类工作。

表 5-23 烟叶外观特征指标分值与感官风格特征指标分值的相关性

指标	干草香	焦甜香	焦香	醇甜香	木香	辛香	青香	香型	沉溢	浓度	劲头
底色	0.203	0.163	0.027	−0.177	−0.165	−0.236	0.231	0.104	0.094	0.091	−0.155
厚度	0.129	0.061	0.102	−0.042	−0.005	0.161	0.245	0.082	0.101	0.335*	0.314
蜡质感	0.174	0.168	−0.006	−0.091	0.012	0.287	−0.153	0.113	0.132	0.13S	0.203
柔韧性	0.063	0.360*	0.208	−0.387*	0.250	0.162	−0.348*	0.387*	0.412**	0.132	−0.257
叶面叶背色差	0.200	0.386*	0.002	−0.287	−0.110	0.193	−0.139	0.221	0.332*	0.253	0.197
叶尖叶基身份差	0.157	0.420**	0.413**	−0.418**	0.177	0.079	−0.022	0.338*	0.307	0.356*	0.259
光泽	0.116	0.370*	0.099	−0.331*	0.032	0.251	−0.042	0.358*	0.468**	0.363*	0.021
叶面组织	0.000	0.194	−0.131	−0.117	0.025	0.330*	−0.115	0.225	0.260	0.081	0.121
颜色深浅	0.336*	0.257	0.076	−0.264	−0.243	−0.287	0.281	0.089	0.122	0.175	0.042
颜色	0.100	0.224	0.141	−0.181	0.122	0.293	−0.377*	0.142	0.196	0.167	0.292
成熟度	0.130	0.363*	0.261	−0.325*	0.235	0.312	−0.386*	0.377*	0.367*	0.280	0.205
叶片结构	0.197	0.324*	0.168	−0.319*	0.143	0.419**	−0.364*	0.409**	0.350*	0.157	0.055
身份	0.229	0.372*	0.257	−0.374*	0.085	0.359*	−0.048	0.391*	0.431**	0.547**	0.372*
油分	0.062	0.429**	0.329*	−0.430**	0.152	0.341*	0.067	0.449**	0.499**	0.558**	0.171
色度	0.067	0.408**	0.207	−0.346*	0.130	0.406*	−0.251	0.348*	0.398*	0.420**	0.279

表 5-24 烟叶外观特征指标分值与感官品质特征指标分值的相关性

指标	香气质	香气量	透发性	枯焦气	木质气	生青气	细腻柔和程度	圆润感	刺激性	干燥感	余味
底色	−0.073	0.050	−0.072	−0.045	−0.068	0.052	0.071	0.103	−0.179	−0.166	0.151
厚度	0.063	0.398*	0.315	0.307	0.108	−0.128	0.006	0.187	−0.017	0.053	0.002
蜡质感	0.458**	0.243	0.247	−0.174	−0.184	−0.128	0.292	0.214	−0.005	0.041	0.037
柔韧性	0.359*	−0.105	0.033	−0.247	−0.006	−0.056	0.471**	0.176	−0.339*	−0.297	0.435**
叶面叶背色差	0.515**	0.389*	0.452**	−0.313*	−0.221	−0.133	0.356*	0.329*	−0.129	−0.094	0.174
叶尖叶基身份差	0.440**	0.365*	0.280	0.087	−0.163	−0.004	0.153	0.286	−0.076	0.087	0.144
光泽	0.521**	0.236	0.374*	−0.217	−0.075	−0.067	0.516**	0.359*	−0.302	−0.301	0.359*
叶面组织	0.476**	0.114	0.285	−0.309	−0.058	−0.094	0.333*	0.319*	−0.129	−0.181	0.167
颜色深浅	0.077	0.197	0.033	0.058	−0.075	0.141	0.008	0.173	0.126	0.192	−0.010
颜色	0.451**	0.303	0.347*	−0.112	−0.208	−0.244	0.152	0.290	0.088	0.145	−0.027
成熟度	0.504**	0.220	0.241	−0.083	−0.009	−0.275	0.308	0.261	−0.109	−0.019	0.191
叶片结构	0.445**	0.042	0.017	−0.156	−0.217	−0.099	0.413**	0.313	−0.310	−0.271	0.400*
身份	0.568**	0.572**	0.420**	0.074	−0.093	−0.209	0.399*	0.279	−0.170	0.050	0.235
油分	0.500**	0.323*	0.284	0.267	0.104	−0.095	0.418**	0.469**	−0.231	−0.089	0.292
色度	0.559**	0.364*	0.386*	0.084	0.048	−0.305	0.347*	0.383*	−0.077	0.081	0.233

表 5-25　烟叶外观特征指标分值与感官质量指标分值的回归及通径分析

因变量	回归方程	P_{iy}=直接通径系数（间接通径系数总和）		R^2	P
焦甜香	$Y_{\text{焦甜香}}=-3.441+0.916X_{\text{油分}}$	$P_{iy\,\text{油分}}=0.429$（0）		0.184	0.006
焦香	$Y_{\text{焦香}}=0.053+0.182X_{\text{叶尖叶基身份差}}$	$P_{iy\,\text{叶尖叶基身份差}}=0.413$（0）		0.171	0.009
醇甜香	$Y_{\text{醇甜香}}=5.526-0.783X_{\text{油分}}$	$P_{iy\,\text{油分}}=-0.430$（0）		0.185	0.006
辛香	$Y_{\text{辛香}}=-8.613+0.758X_{\text{厚度}}+1.110X_{\text{叶片结构}}-0.430X_{\text{颜色深浅}}-0.366X_{\text{光泽}}+0.382X_{\text{蜡质感}}-0.247X_{\text{叶尖叶基身份差}}$	$P_{iy\,\text{厚度}}=1.138$（-1.143） $P_{iy\,\text{叶片结构}}=1.004$（$-0.585$） $P_{iy\,\text{颜色深浅}}=-0.630$（0.343）	$P_{iy\,\text{光泽}}=-0.610$（0.861） $P_{iy\,\text{蜡质感}}=0.425$（-0.138） $P_{iy\,\text{叶尖叶基身份差}}=-0.258$（0.337）	0.734	0.000
青香	$Y_{\text{青香}}=3.483-0.400X_{\text{成熟度}}$	$P_{iy\,\text{成熟度}}=-0.386$（0）		0.149	0.015
香型	$Y_{\text{香型}}=-0.153+0.206X_{\text{油分}}+0.233X_{\text{叶片结构}}$	$P_{iy\,\text{油分}}=0.369$（0.080）	$P_{iy\,\text{叶片结构}}=0.316$（0.093）	0.295	0.002
沉溢	$Y_{\text{沉溢}}=0.590+0.237X_{\text{油分}}+0.171X_{\text{柔韧性}}$	$P_{iy\,\text{油分}}=0.420$（0.079）	$P_{iy\,\text{柔韧性}}=0.302$（0.110）	0.334	0.001
浓度	$Y_{\text{浓度}}=2.023+0.197X_{\text{油分}}$	$P_{iy\,\text{油分}}=0.558$（0）		0.312	0.000
劲头	$Y_{\text{劲头}}=1.598+0.102X_{\text{身份}}-0.202X_{\text{柔韧性}}+0.214X_{\text{成熟度}}$	$P_{iy\,\text{身份}}=0.328$（0.044）	$P_{iy\,\text{柔韧性}}=-0.597$（$-0.340$） $P_{iy\,\text{成熟度}}=0.424$（-0.219）	0.362	0.001
香气质	$Y_{\text{香气质}}=1.489+0.136X_{\text{身份}}+0.102X_{\text{叶面组织}}$	$P_{iy\,\text{身份}}=0.455$（0.013）	$P_{iy\,\text{叶面组织}}=0.309$（0.167）	0.406	0.000
香气量	$Y_{\text{香气量}}=1.536+0.203X_{\text{身份}}$	$P_{iy\,\text{身份}}=0.572$（0）		0.327	0.000
透发性	$Y_{\text{透发性}}=1.724+0.113X_{\text{叶面叶背色差}}+0.099X_{\text{厚度}}$	$P_{iy\,\text{叶面叶背色差}}=0.512$（$-0.060$）	$P_{iy\,\text{厚度}}=0.393$（-0.078）	0.355	0.000
枯焦气	$Y_{\text{枯焦气}}=1.120-0.170X_{\text{叶面叶背色差}}+0.222X_{\text{油分}}$	$P_{iy\,\text{叶面叶背色差}}=-0.448$（0.130）	$P_{iy\,\text{油分}}=0.409$（-0.142）	0.252	0.005
细腻柔和程度	$Y_{\text{细腻柔和程度}}=1.632+0.160X_{\text{光泽}}+0.098X_{\text{底色}}$	$P_{iy\,\text{光泽}}=0.651$（-0.099）	$P_{iy\,\text{底色}}=0.333$（-0.262）	0.360	0.000
圆润感	$Y_{\text{圆润感}}=2.589+0.071X_{\text{油分}}$	$P_{iy\,\text{油分}}=0.469$（0）		0.220	0.003
刺激性	$Y_{\text{刺激性}}=3.518-0.101X_{\text{柔韧性}}$	$P_{iy\,\text{柔韧性}}=-0.339$（0）		0.115	0.035
余味	$Y_{\text{余味}}=2.519+0.084X_{\text{柔韧性}}$	$P_{iy\,\text{柔韧性}}=0.435$（0）		0.189	0.006

碳氮代谢与烤烟品质密切相关，在烟叶调制过程中，因淀粉与含氮化合物的降解，水溶性糖含量增加，烟叶柔韧性变好，而总氮、烟碱含量等不同程度下降，从而表现出不同的指标关系。柔韧性与总糖含量、还原糖含量、糖碱比值呈极显著正相关，与总氮含量呈极显著负相关，与烟碱含量呈显著负相关，因此，柔韧性可作为反映烟叶主要化学成分含量的关键指标。

厚度指标与 K_2O 含量呈显著负相关，厚度指标可能是影响 K_2O 含量的重要因素。南岭丘陵生态区-焦甜醇甜香型主产区烟叶油分与 K_2O 含量呈极显著负相关，油分与淀粉含量呈极显著正相关，叶片结构与总氮含量呈极显著负相关，说明南岭丘陵生态区烟叶较高的淀粉含量有利于油分增加，较低的总氮含量有利于改善叶片结构，此结果可为南岭丘陵生态区部分产区在制定淀粉含量调控、减氮、增密、改善结构等措施时提供理论参考。需要指出的是，本研究结果与已有研究结果之间的差异可能主要是由烟叶等级和产区范围的不同所引起。

烟叶外观特征与感官质量总体表现出较高的相关性，并以影响烟叶香韵和香型的叶尖叶基身份差和油分指标与感官质量的相关性最高。在一定程度上，叶尖叶基身份差越小，焦甜香、焦香就越明显，香气质越好，而醇甜香越弱；烟叶油分越多，焦甜香就越明显，香型越显著，香气越沉溢，浓度越大，香气质越好，烟气越细腻柔和圆润，而醇甜香越弱。说明南岭丘陵生态区烟叶内外特征在共同的生态及栽培等条件塑造下，叶尖叶基身份差、油分与烟叶风格特色多具有较高的相关度，可认为是烟叶核心风格的关键外在表现，可用于烟叶风格的初步判断。

南岭丘陵生态区烟叶叶尖叶基身份差与主体香韵焦甜香的关系与黄淮生态区相同，这可能与两生态区全生育期光照时数、降水量乃至土壤质地、栽培措施相近有关。本节中叶尖叶基身份差与烟叶风格的关系可能与烟叶营养平衡水平密切相关，在特定的生态条件下，当营养趋向平衡时，烟叶发育充分，叶片身份更加均匀，烟叶特色更加彰显，但其与烟叶风格特征关系的具体成因有待深入研究。

综上所述，南岭丘陵生态区-焦甜醇甜香型主产区烤烟突出的外观特征为红、柔、糙、燥。C2F 等级烟叶叶片越柔软，则总糖和还原糖含量、糖碱比值相对越高，总氮和烟碱含量相对越低；烟叶油分越多，则淀粉含量相对越高，钾含量相对越低。C2F 等级烟叶叶尖叶基身份差越小，则焦甜香、焦香就越明显，香气质越好，醇甜香越弱；烟叶油分越多，则焦甜香就越明显，香型越显著，香气越沉溢，浓度越大，香气质越好，烟气越细腻柔和圆润，醇甜香越弱。“红、柔、糙、燥”可反向判定烟叶产地；叶尖叶基身份差、油分、柔韧性可作为影响或反映焦甜醇甜香型主产区烤烟质量风格的关键外观特征指标，可在一定程度上判定烟叶质量风格。

四、武陵秦巴部分醇甜香型产区烤烟外观特征

醇甜香型是全国烤烟烟叶香型最新划分的八大香型之一，位于武陵秦巴生态区。本部分利用陕西安康、陕西商洛、湖北恩施、湖北宜昌、湖南湘西、重庆黔江等 6 个地级烤烟产区，烤烟 C2F 代表性样品（含上限、中限和下限 3 个梯度）24 份，采取相关、回归和通径分析，对醇甜香型烤烟外观特征及其与常规化学成分和感官品质的关系进行分析，旨在利用烟叶外观特征快速评判烟叶产地及其风格特征。

（一）烟叶外观特征

烟叶外观区域特征为底色白，厚度中等偏薄，蜡质感弱，叶片以较柔软为主、部分柔软，叶面叶背色差小，叶尖叶基身份差小、少量中，光泽亮偏鲜明，叶面组织细腻～较细腻，颜色深浅为橘黄～浅橘黄。烟叶外观区域特征为“薄、细、亮、软”，具体表现为厚度偏薄、组织多为细腻、光泽较鲜亮、质地较柔软。烟叶外观品质为颜色橘黄偏柠檬黄，烟叶成熟，结构以尚疏松为主、部分疏松，身份以中等为主、部分稍薄，油分有，色度中偏强。烟叶外观品质特征为“金、正、松、薄”，具体表现为颜色金黄（橘黄偏柠檬黄）、色质纯正、结构较疏松（基部略空松）、身份偏薄。烟叶外观特征指标分值见表 5－26。

变异系数（*CV*）：＜10％为弱变异；10％～100％为中等变异；＞100％为强变异。烟叶外观区域特征指标 *CV* 为 6.78％～27.89％，除叶面叶背色差、区域特征总分为弱变异外，其他均属中等变异，变异较大的为柔韧性、颜色深浅和厚度指标。外观品质指标 *CV* 为 7.54％～19.96％，变异较大的为油分。可见，武陵秦巴生态区烤烟外观特征指标总体上较稳定。

表 5－26　烟叶外观特征指标分值

指标	最小值	最大值	平均值	标准差	变异系数/％
底色	4.5	7.0	5.30	0.60	11.32
厚度	2.5	6.5	4.52	1.01	22.32
蜡质感	4.0	8.5	7.87	0.95	12.13
柔韧性	3.5	8.7	5.89	1.64	27.89
叶面叶背色差	6.0	8.5	7.92	0.54	6.78
叶尖叶基身份差	5.0	8.5	7.24	1.09	15.12

（续）

指标	最小值	最大值	平均值	标准差	变异系数/%
光泽	4.5	8.0	5.99	0.72	12.11
叶面组织	5.0	8.5	6.60	1.10	16.69
颜色深浅	2.0	6.0	4.39	1.06	24.05
区域特征总分	47.6	64.2	55.70	4.68	8.39
颜色	5.0	8.5	7.62	0.84	10.97
成熟度	4.0	8.5	7.64	0.91	11.89
叶片结构	5.7	8.5	7.59	0.57	7.54
身份	5.7	8.5	7.41	0.78	10.48
油分	4.0	8.2	6.04	1.21	19.96
色度	4.0	7.5	5.70	0.89	15.60
外观质量总分	33.4	48.9	42.00	3.98	9.48

（二）烟叶外观特征与常规化学成分的关系

烟叶柔韧性分值与氯含量，叶面组织分值与淀粉含量，油分分值与还原糖含量均呈极显著正相关，说明在该生态区烟叶的外观特征分值可在一定程度上反映化学成分的变化。叶片越柔软，烟叶氯含量相对越高；叶面组织越细腻，烟叶淀粉含量相对越高；油分越多，烟叶还原糖含量越高（表 5-27)。

烤烟外观特征指标分值与常规化学成分指标的逐步回归及通径分析见表 5-28。油分越多，说明烟叶还原糖含量越高。因此，柔韧性、叶面组织、油分为判断常规化学成分的关键外观特征指标。

（三）烟叶外观特征与感官品质的关系

烟叶外观特征指标与感官品质指标总体上关系较密切。在烟叶外观特征与感官风格特征的关系方面，叶面叶背色差分值与主体香韵醇甜香分值呈极显著正相关、与辅助香韵焦甜香分值呈极显著负相关，这同叶面叶背色差分值与香型分值呈极显著正相关有对应关系，叶面叶背色差分值与悬浮分值也呈极显著正相关。依量化赋分方法，叶面叶背色差越小，其分值越高，表明叶面叶背色差越小，烟叶主体香韵醇甜香越明显、辅助香韵焦甜香越弱，进而香型越显著，悬浮感越强。另外，蜡质感、柔韧性、叶面组织等分值与焦香分值呈显著负相关（表5-29）。

在烟叶外观特征与感官品质特征的关系方面，柔韧性分值与枯焦气分值呈极显著负相关，与细腻柔和程度分值呈极显著正相关，依量化赋分方法，表明叶片越柔软，枯焦气越弱、烟气越细腻柔和；叶片结构分值与细腻柔和程度分值呈极显著正相关，表明叶片结构越疏松，烟气越细腻柔和；油分分值与枯焦气分值呈极显著负相关，表明油分越多，枯焦气越弱。另外，柔韧性、叶面组织、颜色深浅、颜色、油分等分值与香气质分值呈显著正相关；柔韧性、叶尖叶基身份差、叶面组织、色度等分值与枯焦气分值呈显著负相关；叶面叶背色差、叶面组织、颜色、色度等分值与细腻柔和程度分值呈显著正相关（表5-30）。

醇甜香分值主要受叶面叶背色差分值直接正向影响，焦甜香分值与之相反，香型、悬浮、余味等分值主要受叶面叶背色差分值的直接正向影响，圆润感分值主要受柔韧性分值直接正向影响。此外，色度分值对圆润感分值有直接负向影响，颜色深浅分值对余味分值有直接正向影响，底色、光泽分值对感官品质也有影响。因此，叶面叶背色差为影响醇甜香型烟叶风格的关键外观特征指标（表5-31）。

（四）结论

（1）烟叶外观特征为底色白，厚度中等偏薄，蜡质感弱，叶片以较柔软为主、部分柔软，叶面叶背色差小，叶尖叶基身份差小、少量中，光泽亮偏鲜明，叶面组织细腻至较细腻，颜色深浅为橘黄至浅橘黄；颜色橘黄偏柠檬黄，烟叶成熟，结构以尚疏松为主、部分疏松，身份以中等为主、部分稍薄，油分有，色度中偏强。烟叶外观区域特征为“薄、细、亮、软”，烟叶外观品质特征为“金、正、松、薄”。

（2）烟叶外观特征与常规化学成分少数指标呈极显著正相关，叶片越柔软，烟叶氯含量相对越高；叶面组织越细腻，淀粉含量相对越高；油分越多，还原糖含量越高。

（3）烟叶外观特征与感官品质总体关系较密切，叶面叶背色差越小，烟叶醇甜香韵越明显、焦甜香韵越弱，而香型越显著，悬浮感越强；叶片越柔软，枯焦气越弱、烟气越细腻柔和；叶片结构越疏松，烟气越细腻柔和；油分越多，枯焦气越弱。因此，叶面叶背色差是影响醇甜香型烟叶风格的关键外观特征指标。

表 5-27　烟叶外观特征指标分值与常规化学成分指标的相关性

指标	烟碱含量	总氮含量	还原糖含量	总糖含量	钾含量	氯含量	淀粉含量	氮碱比	糖碱比	钾氯比	两糖比
底色	−0.204	0.155	0.174	0.062	0.196	0.082	−0.360	0.477*	0.236	−0.155	0.265
厚度	−0.182	−0.106	0.169	0.157	0.158	−0.100	0.092	0.143	0.094	0.213	0.051
蜡质感	0.032	0.137	−0.084	0.000	0.422*	0.428*	0.094	0.091	0.001	−0.061	−0.205
柔韧性	0.022	−0.286	0.493*	0.460*	0.289	0.528**	0.470*	−0.335	0.026	0.010	0.111
叶面叶背色差	0.044	−0.128	−0.238	−0.105	0.142	0.355	0.214	−0.119	−0.015	−0.388	−0.318
叶尖叶基身份差	−0.107	−0.27	0.421*	0.351	0.101	0.324	0.332	−0.195	0.023	0.122	0.171
光泽	0.033	−0.040	−0.243	−0.034	0.134	0.157	0.382	−0.088	−0.039	0.129	−0.486*
叶面组织	0.028	−0.281	0.363	0.414*	0.225	0.431*	0.524**	−0.376	0.000	0.063	−0.108
颜色深浅	−0.141	−0.083	0.366	0.267	0.043	−0.036	0.116	0.148	0.169	0.327	0.255
区域特征总分	−0.091	−0.244	0.416*	0.426*	0.370	0.496	0.469*	−0.135	0.096	0.110	0.002
颜色	−0.112	−0.336	0.439*	0.478*	0.319	0.340	0.401	−0.186	0.112	0.181	−0.072
成熟度	−0.021	−0.152	0.252	0.262	0.280	0.365	0.254	−0.094	0.050	0.039	−0.029
叶片结构	−0.185	−0.263	0.196	0.330	0.414*	0.227	0.268	0.066	0.240	0.018	−0.270
身份	0.128	−0.004	0.138	0.076	−0.062	0.039	0.238	−0.207	−0.165	0.208	0.132
油分	0.024	−0.297	0.552**	0.462*	0.164	0.450	0.507*	−0.392	−0.049	0.117	0.221
色度	−0.061	−0.290	0.331	0.330	0.195	0.481*	0.461*	−0.271	−0.014	−0.042	−0.004
外观质量总分	−0.037	−0.299	0.446*	0.436*	0.272	0.439	0.484*	−0.271	0.019	0.116	0.031

表 5-28 烤烟外观特征指标分值与常规化学成分指标的逐步回归及通径分析

因变量	回归方程	直接通径系数（间接通径系数总和）		R^2	P
还原糖	$Y_{还原糖}=24.935+1.396X_{油分}-1.414X_{光泽}$	$P_{iy\,油分}=0.643$（−0.091）	$P_{iy\,光泽}=-0.391$（0.148）	0.450	0.002

注：P_{iy}表示第i个自变量对因变量Y的通径系数。

表 5-29 烤烟外观特征指标分值与感官风格特征指标分值的相关性

指标	干草香	醇甜香	木香	青香	辛香	焦香	焦甜香	香型	悬浮	浓度	劲头
底色	0.105	−0.149	−0.190	0.050	0.105	0.127	0.121	0.073	0.027	0.010	−0.023
厚度	−0.102	−0.080	−0.134	0.219	−0.020	0.041	0.164	−0.030	0.010	−0.028	−0.080
蜡质感	−0.030	0.213	0.013	0.245	0.453*	−0.421*	−0.411*	0.457*	0.440*	−0.064	0.036
柔韧性	0.116	0.190	−0.100	0.453*	0.255	−0.465*	−0.133	0.303	0.226	−0.080	0.005
叶面叶背色差	−0.033	0.706**	−0.180	0.300	0.415*	−0.375	−0.765**	0.563**	0.585**	−0.071	−0.076
叶尖叶基身份差	−0.148	0.091	−0.143	0.196	0.041	−0.308	0.120	0.065	0.003	−0.262	−0.177
光泽	−0.209	0.023	−0.082	0.267	0.107	−0.316	−0.354	0.307	0.359	0.003	−0.064
叶面组织	0.019	−0.074	0.048	0.330	−0.051	−0.420*	−0.035	0.123	0.060	−0.157	−0.139
颜色深浅	0.442*	−0.184	0.041	0.183	−0.056	0.155	0.323	0.014	−0.025	0.089	0.072
区域特征总分	0.059	0.121	−0.132	0.503*	0.240	−0.452*	−0.129	0.362	0.307	−0.132	−0.088
颜色	−0.020	−0.218	0.252	0.034	−0.109	−0.051	0.210	−0.163	−0.228	−0.389	−0.123
成熟度	−0.014	−0.020	0.110	0.024	0.186	−0.086	−0.010	0.019	−0.026	−0.243	0.037
叶片结构	−0.040	−0.010	0.253	0.240	0.000	−0.285	−0.058	−0.123	−0.128	−0.284	−0.202
身份	−0.080	−0.063	−0.385	0.384	0.066	−0.043	0.126	0.150	0.209	−0.087	−0.110

（续）

指标	干草香	醇甜香	木香	青香	辛香	焦香	焦甜香	香型	悬浮	浓度	劲头
油分	0.007	−0.011	−0.227	0.337	0.081	−0.253	0.087	0.160	0.149	−0.298	−0.082
色度	−0.241	0.111	−0.244	0.226	0.011	−0.252	−0.147	0.190	0.207	−0.408*	−0.197
外观品质总分	−0.080	−0.043	−0.084	0.275	0.059	−0.213	0.052	0.073	0.060	−0.376	−0.137

表 5-30　烤烟外观特征指标分值与感官品质特征指标分值的相关性

指标	香气质	香气量	透发性	生青气	枯焦气	木质气	细腻柔和程度	圆润感	刺激性	干燥感	余味
底色	−0.104	0.027	0.339	0.187	0.156	−0.039	−0.182	0.173	0.227	−0.065	−0.036
厚度	0.140	0.083	0.155	0.042	−0.208	0.149	0.058	−0.028	−0.089	−0.114	0.126
蜡质感	0.187	0.088	0.141	−0.016	−0.216	−0.077	0.329	0.084	−0.144	0.191	0.101
柔韧性	0.466*	0.176	0.144	0.387	−0.592**	−0.327	0.537**	0.452*	−0.346	−0.284	0.348
叶面叶背色差	−0.064	−0.067	0.013	0.014	−0.216	−0.002	0.510*	−0.015	−0.370	0.025	0.313
叶尖叶基身份差	0.373	−0.055	−0.027	0.130	−0.484*	0.042	0.249	0.040	−0.155	−0.004	0.156
光泽	0.054	0.043	−0.070	0.055	−0.281	0.155	0.206	−0.160	−0.457*	0.203	−0.080
叶面组织	0.415*	0.046	−0.144	0.341	−0.512*	−0.244	0.420*	0.294	−0.420*	−0.095	0.101
颜色深浅	0.443*	−0.073	0.477*	0.168	−0.210	−0.413*	0.188	0.157	−0.188	−0.348	0.440*
区域特征总分	0.505*	0.082	0.214	0.324	−0.627**	−0.221	0.535**	0.280	−0.432*	−0.162	0.349
颜色	0.450*	0.217	0.033	0.312	−0.246	−0.395	0.447*	0.227	−0.200	−0.083	0.195
成熟度	0.306	0.387	0.084	0.172	−0.053	−0.360	0.372	0.288	−0.119	−0.034	0.185
叶片结构	0.224	0.156	−0.090	0.293	−0.281	−0.324	0.575**	0.202	−0.329	−0.221	0.181

（续）

指标	香气质	香气量	透发性	生青气	枯焦气	木质气	细腻柔和程度	圆润感	刺激性	干燥感	余味
身份	0.185	−0.093	0.204	0.137	−0.385	0.076	0.202	−0.123	−0.149	−0.061	0.029
油分	0.479*	0.098	0.099	0.281	−0.550**	−0.198	0.400	0.180	−0.273	−0.052	0.154
色度	0.245	−0.046	−0.071	0.114	−0.478*	0.045	0.424*	−0.192	−0.278	0.210	0.033
外观品质总分	0.433*	0.158	0.067	0.284	−0.453*	−0.247	0.517**	0.130	−0.290	−0.038	0.169

表 5-31　烤烟外观特征指标分值与感官品质指标分值的逐步回归及通径分析

因变量	回归方程	直接通径系数（间接通径系数总和）		R^2	P
醇甜香	$Y_{醇甜香}=-2.418+0.951X_{叶面叶背色差}-0.321X_{光泽}+0.161X_{厚度}-0.153X_{颜色}$	$P_{iy\,叶面叶背色差}=1.113$（−0.407） $P_{iy\,光泽}=-0.507$（0.530）	$P_{iy\,厚度}=0.353$（−0.433） $P_{iy\,颜色}=-0.280$（0.062）	0.807	0.000
焦甜香	$Y_{焦甜香}=10.519-1.275X_{叶面叶背色差}-0.394X_{底色}+0.256X_{颜色}$	$P_{iy\,叶面叶背色差}=-0.970$（0.205）	$P_{iy\,底色}=-0.335$（0.456） $P_{iy\,颜色}=0.304$（−0.094）	0.765	0.000
香型	$Y_{香型}=0.038+0.388X_{叶面叶背色差}+0.178X_{底色}-0.154X_{叶片结构}$	$P_{iy\,叶面叶背色差}=0.956$（−0.393）	$P_{iy\,底色}=0.489$（−0.416） $P_{iy\,叶片结构}=-0.404$（0.281）	0.623	0.001
悬浮	$Y_{悬浮}=0.252+0.375X_{叶面叶背色差}+0.155X_{底色}-0.153X_{叶片结构}$	$P_{iy\,叶面叶背色差}=0.960$（−0.375）	$P_{iy\,底色}=0.443$（−0.416） $P_{iy\,叶片结构}=-0.417$（0.289）	0.627	0.000
圆润感	$Y_{圆润感}=3.099+0.060X_{柔韧性}-0.087X_{色度}$	$P_{iy\,柔韧性}=0.772$（−0.320）	$P_{iy\,色度}=-0.603$（0.411）	0.465	0.001
余味	$Y_{余味}=1.381+0.202X_{叶面叶背色差}+0.093X_{颜色深浅}-0.071X_{光泽}$	$P_{iy\,叶面叶背色差}=0.853$（−0.540）	$P_{iy\,颜色深浅}=0.766$（−0.326） $P_{iy\,光泽}=-0.402$（0.322）	0.637	0.000

五、西南部分清甜香型产区烤烟外观特征

清甜香型是全国烤烟烟叶香型最新划分的八大香型之一，产自西南高原生态区。本部分利用2016—2017年度四川凉山、攀枝花，以及云南曲靖、大理、文山、普洱、红河、临沧、昭通、丽江、楚雄等11个产区（地级市）的烤烟C2F（上限、中限、下限）烟叶样品共计66份，采用相关分析、逐步回归分析和通径分析方法，探讨了清甜香型烤烟外观特征（质量、区域）及其与常规化学成分和感官质量的关系，旨在为利用外观特征（质量、区域）对优质特色烟叶识别归类，以及选择评价指标对烟叶质量预判和指导产区定向生产提供依据。

（一）烟叶外观特征

烟叶外观区域特征为底色白，厚度中等，蜡质感弱，叶片较柔软至柔软，叶面叶背色差小，叶尖叶基身份差小、少量偏中，光泽亮，叶面组织细腻至较细腻，颜色浅橘黄至深橘黄；烟叶外观区域特征可简要总结为“白、细、柔、匀”，具体为“底色白、组织细腻、叶片柔软、叶面叶背颜色及叶尖叶基身份均匀一致”。外观质量为颜色橘黄（多为金黄），烟叶成熟，叶片结构疏松，身份中等，油分有，油润感强，色度中至强；烟叶外观质量特征可简要总结为“金、中、柔、润”，具体为“颜色金黄、身份适中、结构疏松柔而不僵、烟叶油分色度润而不燥”。

变异程度的划分：变异系数＜10％为弱变异，10％～100％为中等变异，变异系数＞100％为强变异。烟叶外观区域特征指标变异系数在4.53％～15.43％范围内较稳定，区域特征总分、蜡质感、叶面叶背色差、叶面组织属弱变异，底色、叶尖叶基身份差、柔韧性、光泽、颜色、厚度属中等变异，其中光泽、颜色深浅、厚度变异相对稍大。外观质量指标变异系数为4.74％～12.56％，其中油分、色度属中等变异，变异系数相对较大（表5-32）。可见，西南高原生态区内外观质量特征各指标表现较稳定，一致性较强。

表5-32 烟叶外观特征指标分值

指标	最小值	最大值	平均值	标准差	变异系数/％
底色	4.0	6.2	5.45	0.57	10.46
厚度	3.5	6.5	4.69	0.72	15.43
蜡质感	7.2	8.5	8.11	0.42	5.17
柔韧性	5.0	8.5	5.96	0.72	12.07

（续）

指标	最小值	最大值	平均值	标准差	变异系数/%
叶面叶背色差	7.0	8.5	7.97	0.41	5.17
叶尖叶基身份差	4.7	8.0	7.38	0.87	11.85
光泽	4.0	7.0	6.09	0.80	13.16
叶面组织	5.0	7.5	6.56	0.57	8.65
颜色深浅	4.0	6.5	4.85	0.67	13.90
区域特征总分	52.4	63.0	57.07	2.58	4.53
颜色	7.0	8.7	7.91	0.46	5.82
成熟度	7.0	8.5	8.06	0.39	4.85
叶片结构	7.0	8.7	8.08	0.38	4.74
身份	6.0	8.7	7.90	0.61	7.67
油分	4.7	7.5	6.10	0.67	10.94
色度	4.0	7.2	5.93	0.75	12.56
外观质量总分	38.7	48.8	43.97	2.52	5.72

（二）烟叶外观特征与常规化学成分的关系

烟叶外观特征（质量、区域）与常规化学成分及其派生指标值总体关系一般，仅颜色深浅、厚度、颜色与常规化学成分关系相对密切，其中颜色深浅与钾含量呈极显著负相关，厚度与烟碱含量呈显著正相关，颜色与氮碱比、糖碱比呈极显著负相关（表 5－33）。

在相关分析的基础上，以烟叶常规化学成分各项指标为因变量分别进行逐步回归分析，筛选出适合的回归方程并对进入方程的烟叶外观特征（质量、区域）指标分别统计其对因变量的直接和间接通径系数（表 5－34）。厚度对烟碱含量有显著的直接正向影响；颜色深浅对总氮含量有显著的直接正向影响，对钾含量有直接负向影响；底色对淀粉含量有显著的直接正向影响。另外，蜡质感对烟碱含量，色度对总氮含量、淀粉含量也有一定影响。因此，颜色深浅、厚度为影响常规化学成分的关键外观特征指标。

（三）烟叶外观特征与感官品质的关系

烟叶外观特征（质量、区域）与感官质量总体关系密切，达到显著水平的指标多为正相关，其中清甜香与底色、蜡质感、叶面叶背色差、光泽呈极显著正相关，表明烟叶外观特征（质量、区域）分值的提高有利于清甜香风格的彰显。叶面叶背色差与香型、飘逸、细腻柔和程度、余味呈极显著正相关，厚度与浓度、木质气呈极显著正相关，劲头与底色、蜡质感呈极显著负相关，叶片结构与香气量、圆润感呈极显著正相关，叶尖叶基身份差与干燥感呈极显著正相关（表5-35，表5-36）。

清甜香主要受蜡质感、叶面叶背色差的直接正向影响，即蜡质感越弱、叶面叶背色差越小，清甜香风格就越突出；香型、细腻柔和程度、余味主要受叶面叶背色差的直接正向影响；浓度、木质气主要受厚度的直接正向影响，香气质主要受厚度的直接负向影响；圆润感主要受叶片结构的直接正向影响。另外，柔韧性对香型，颜色深浅对浓度，身份对香气质、木质气、细腻柔和程度，叶面叶背色差对圆润感均有一定影响。可见，叶面叶背色差、蜡质感、厚度是影响感官质量的关键外观特征（质量、区域）指标（表5-37）。

（四）结论

（1）烟叶外观区域特征“白、细、柔、匀”，具体为“底色白、组织细腻、叶片柔软、叶面叶背颜色及叶尖叶基身份均匀一致”；烟叶外观质量特征“金、中、柔、润”，具体为“颜色金黄、身份适中、结构疏松柔而不僵、烟叶油分色度润而不燥”。

（2）烟叶外观特征（质量、区域）与常规化学成分总体关系一般，仅颜色深浅、厚度、颜色与其关系相对密切，其中颜色深浅与钾含量呈极显著负相关，厚度与烟碱呈显著正相关，颜色与氮碱比、糖碱比呈极显著负相关。通径分析表明，颜色深浅有直接负向影响，厚度有直接正向影响。

（3）烟叶外观特征（质量、区域）与感官质量总体关系密切，其中叶面叶背色差、蜡质感与清甜香，叶面叶背色差与香型、飘逸、细腻柔和程度、余味，厚度与浓度、木质气均呈极显著正相关。通径分析表明，叶面叶背色差、蜡质感、厚度有直接正向影响。因此，厚度、蜡质感、叶面叶背色差、颜色深浅是影响清甜香型烟叶风格及质量的关键外观质量特征指标。

第三节　土壤和烟叶硫含量对品质相关指标的影响

硫是烟草生长必需的中量营养元素之一，是烤烟生长过程中氨基酸和蛋白质的组成成分，为烟草细胞膜结构和原生质等形成所必需的元素，对烟草的生长、发育起着重要的生理作用。硫在蛋白质、维生素、酶和香气物质合成方面起着必不可少的作用，是继氮、磷、钾后植物第四大营养元素。植物体内大约90%的硫存在于氨基酸及其代谢产物中，因此在蛋白质结构的形成、叶绿素的合成及酶活性的激活等方面起着重要作用。硫有助于植物蛋白的合成，并且是叶绿素合成的必需元素。施用硫肥能够促进作物生长，使作物地上生物量增加。

表 5 - 33 烟叶外观特征指标分值与常规化学成分指标的相关性

指标	烟碱含量	总氮含量	还原糖含量	总糖含量	钾含量	氯含量	淀粉含量	氮碱比	糖碱比	钾氯比	两糖比
底色	−0.193	−0.191	0.112	0.240	−0.130	−0.170	0.461*	0.202	0.299	0.305	−0.316
厚度	0.475*	0.381	−0.215	−0.184	−0.210	−0.053	−0.117	−0.266	−0.239	0.082	−0.009
蜡质感	0.353	−0.353	0.272	0.409*	0.106	−0.305	0.371	0.332	0.445*	0.291	−0.404*
柔韧性	0.181	0.332	−0.065	−0.246	0.282	−0.038	−0.471*	0.069	−0.171	−0.098	0.398*
叶面叶背色差	−0.250	−0.132	−0.060	0.010	0.060	−0.171	0.157	0.324	0.258	0.205	−0.131
叶尖叶基身份差	0.077	−0.157	0.006	0.050	−0.048	0.240	0.144	−0.134	0.050	−0.300	−0.069
光泽	−0.208	−0.337	0.345	0.438*	0.022	−0.361	0.204	0.060	0.241	0.372	−0.336
叶面组织	0.094	−0.012	0.071	0.017	0.075	0.246	−0.035	−0.107	−0.09	−0.119	0.096
颜色深浅	0.433*	0.415*	0.040	−0.028	−0.631**	0.208	0.411*	−0.180	−0.122	−0.259	0.140
区域待征总分	0.139	0.027	0.116	0.150	−0.140	−0.062	0.235	−0.002	0.105	0.063	−0.117
颜色	0.405*	0.235	−0.179	−0.164	−0.220	0.047	−0.163	−0.521**	−0.525**	0.129	0.042
成熟度	0.170	0.109	−0.002	−0.065	−0.142	0.031	−0.104	−0.292	−0.333	0.131	0.109
叶片结构	0.170	0.102	0.019	0.003	−0.129	−0.086	−0.096	−0.237	−0.256	0.201	0.007
身份	0.036	−0.150	0.016	0.150	−0.337	−0.089	0.204	−0.075	0.097	0.255	−0.283
油分	0.017	0.021	−0.019	0.101	−0.097	−0.248	0.029	0.185	0.176	0.312	−0.267
色度	0.418*	0.246	−0.339	−0.271	−0.069	0.031	−0.338	−0.466*	−0.480*	0.246	−0.036
外观质量总分	0.263	0.118	−0.132	−0.057	−0.209	−0.078	−0.104	−0.284	−0.259	0.291	−0.124

注：* 表示达到 5%显著水平；** 表示达到 1%显著水平。

表 5-34　烟叶外观特征（质量、区域）指标分值与常规化学成分指标的回归方程及通径系数

因变量	回归方程	直接通径系数（间接通径系数总和）		R^2	P
烟碱	$Y_{烟碱}=1.171+0.413X_{厚度}-0.627X_{蜡质感}+0.484X_{颜色}$	$P_{iy\ 厚度}=0.522$（-0.047）	$P_{iy\ 蜡质感}=-0.459$（0.812） $P_{iy\ 颜色}=0.388$（0.017）	0.567	0.000
总氮	$Y_{总氮}=0.135+0.271X_{颜色深浅}+0.119X_{柔韧性}+0.236X_{色度}-0.231X_{身份}$	$P_{iy\ 颜色深浅}=0.635$（-0.220） $P_{iy\ 身份}=-0.485$（0.335）	$P_{iy\ 色度}=0.611$（-0.365） $P_{iy\ 柔韧性}=0.298$（0.034）	0.585	0.000
钾	$Y_{钾}=3.133-0.254X_{颜色深浅}$	$P_{iy\ 颜色深浅}=-0.631$（0）		0.663	0.000
淀粉	$Y_{淀粉}=4.286-0.692X_{柔韧性}-1.177X_{色度}+1.634X_{底色}+0.817X_{颜色深浅}$	$P_{iy\ 底色}=0.497$（-0.036） $P_{iy\ 颜色深浅}=0.294$（0.117）	$P_{iy\ 色度}=-0.468$（0.130） $P_{iy\ 柔韧性}=-0.266$（-0.205）	0.634	0.000

注：P_{iy}表示第i个自变量对因变量Y的通径系数。

表 5-35　烟叶外观特征（质量、区域）指标分值与感官风格特征指标分值的相关性

指标	干草香	清甜香	青香	木香	香型	飘逸	浓度	劲头
底色	−0.148	0.618**	0.148	−0.075	0.473*	0.419*	−0.011	−0.588**
厚度	0.122	−0.024	−0.110	0.122	−0.119	−0.150	0.659**	0.222
蜡质感	−0.113	0.670	0.354	−0.127	0.352	0.299	−0.024	−0.587**
柔韧性	−0.067	−0.336	−0.057	0.150	−0.479*	−0.401*	0.119	0.219
叶面叶背色差	−0.176	0.668**	0.459*	−0.226	0.687**	0.618**	−0.135	−0.129
叶尖叶基身份差	0.228	0.039	−0.241	0.078	0.007	−0.040	0.233	−0.070
光泽	−0.076	0.525**	0.282	−0.221	0.384*	0.317	−0.101	−0.569**
叶面组织	0.177	0.013	−0.007	−0.158	−0.086	−0.081	0.160	−0.294

（续）

指标	干草香	清甜香	青香	木香	香型	飘逸	浓度	劲头
颜色深浅	0.143	−0.180	−0.108	−0.047	−0.157	−0.077	0.577**	0.294
区域待征总分	0.067	0.383*	0.093	−0.086	0.166	0.133	0.423*	−0.310
颜色	0.221	−0.193	−0.049	−0.226	−0.095	0.034	0.271	−0.312
成熟度	0.076	0.148	0.206	−0.393*	0.319	0.387*	0.080	−0.335
叶片结构	0.108	0.217	0.155	−0.385*	0.403*	0.426*	0.143	−0.370
身份	0.143	0.482*	0.279	−0.272	0.362	0.359	0.235	−0.489**
油分	0.002	0.389*	0.156	−0.137	0.263	0.229	0.295	−0.329
色度	0.140	−0.113	−0.148	−0.102	−0.010	0.011	0.275	−0.197
外观质量总分	0.145	0.206	0.111	−0.293	0.247	0.282	0.300	−0.428*

表 5-36　烟叶外观特征（质量、区域）指标分值与感官品质特征指标分值的相关性

指标	香气质	香气量	透发性	木质气	细腻柔和程度	圆润感	刺激性	干燥感	余味
底色	0.206	0.411*	0.292	−0.176	0.545**	0.562**	−0.180	−0.153	0.462*
厚度	−0.427*	0.262	0.298	0.620**	−0.088	−0.213	−0.296	−0.136	−0.177
蜡质感	0.205	0.330	0.273	−0.180	0.485*	0.408*	−0.305	−0.192	0.304
柔韧性	−0.099	−0.033	−0.102	0.115	−0.261	−0.319	−0.030	−0.129	−0.162
叶面叶背色差	0.014	0.152	0.207	−0.154	0.620**	0.625**	−0.492**	−0.397*	0.592**
叶尖叶基身份差	0.206	0.038	0.114	−0.010	0.005	−0.142	0.242	0.503**	−0.107
光泽	0.337	0.296	0.303	−0.321	0.376	0.509**	−0.005	0.126	0.314
叶面组织	0.428*	0.374	0.304	−0.235	0.158	0.181	0.370	0.188	0.144
颜色深浅	−0.291	0.250	0.181	0.493**	−0.202	−0.162	−0.182	−0.282	−0.352
区域特征总分	0.126	0.485*	0.444*	0.087	0.301	0.249	−0.145	−0.025	0.152

（续）

指标	香气质	香气量	透发性	木质气	细腻柔和程度	圆润感	刺激性	干燥感	余味
颜色	0.283	0.448*	0.269	−0.195	0.118	0.245	0.179	0.072	0.061
成熟度	0.315	0.490**	0.375	−0.225	0.361	0.607**	0.116	0.021	0.467*
叶片结构	0.292	0.561**	0.478*	−0.247	0.457*	0.671**	0.066	−0.001	0.516**
身份	0.330	0.471*	0.407*	−0.070	0.496**	0.457*	−0.272	−0.039	0.370
油分	−0.034	0.316	0.355	0.110	0.398*	0.320	−0.455*	−0.259	0.298
色度	0.015	0.329	0.275	0.027	0.143	0.204	0.120	0.108	0.214
外观质量总分	0.220	0.538**	0.454*	−0.088	0.414*	0.497**	−0.090	−0.030	0.393*

表 5-37　烟叶外观特征（质量、区域）指标分值与感官质量指标分值的回归方程及通径系数

因变量	回归方程	直接通径系数（间接通径系数总和）		R^2	P
清甜香	$Y_{\text{清甜香}}=-7.961+0.655X_{\text{蜡质感}}+0.663X_{\text{叶面叶背色差}}$	$P_{iy\,\text{蜡质感}}=0.484$（0.186）	$P_{iy\,\text{叶面叶背色差}}=0.482$（0.186）	0.646	0.000
香型	$Y_{\text{香型}}=0.505+0.446X_{\text{叶面叶背色差}}-0.152X_{\text{柔韧性}}$	$P_{iy\,\text{叶面叶背色差}}=0.623$（0.064）	$P_{iy\,\text{柔韧性}}=-0.370$（−0.109）	0.605	0.000
浓度	$Y_{\text{浓度}}=0.980+0.158X_{\text{厚度}}+0.134X_{\text{颜色深浅}}+0.114X_{\text{叶面组织}}$	$P_{iy\,\text{厚度}}=0.541$（0.118）	$P_{iy\,\text{颜色深浅}}=0.427$（0.150） $P_{iy\,\text{叶面组织}}=0.307$（−0.147）	0.652	0.000
香气质	$Y_{\text{香气质}}=2.170-0.286X_{\text{厚度}}+3.313X_{\text{身份}}$	$P_{iy\,\text{厚度}}=-0.770$（0.343）	$P_{iy\,\text{身份}}=0.706$（−0.376）	0.562	0.000
木质气	$Y_{\text{木质气}}=0.950+0.137X_{\text{厚度}}-0.107X_{\text{身份}}+0.060X_{\text{颜色深浅}}$	$P_{iy\,\text{厚度}}=0.744$（−0.124）	$P_{iy\,\text{身份}}=-0.487$（0.417） $P_{iy\,\text{颜色深浅}}=0.303$（0.190）	0.644	0.000
细腻柔和程度	$Y_{\text{细腻柔和程度}}=-0.823+0.341X_{\text{叶面叶背色差}}+0.161X_{\text{身份}}$	$P_{iy\,\text{叶面叶背色差}}=0.533$（0.087）	$P_{iy\,\text{身份}}=0.370$（0.126）	0.514	0.000
圆润感	$Y_{\text{圆润感}}=-0.070+0.213X_{\text{叶片结构}}+0.171X_{\text{叶面叶背色差}}$	$P_{iy\,\text{叶片结构}}=0.515$（0.156）	$P_{iy\,\text{叶面叶背色差}}=0.444$（0.181）	0.623	0.000
余味	$Y_{\text{余味}}=-0.475+0.243X_{\text{叶面叶背色差}}+0.196X_{\text{叶片结构}}$	$P_{iy\,\text{叶面叶背色差}}=0.469$（0.123）	$P_{iy\,\text{叶片结构}}=0.351$（0.165）	0.459	0.001

在植烟土壤有效硫含量为 20.07 mg/kg 时，不施硫肥烤烟叶片的最大叶面积和叶绿素含量显著降低，从而导致净光合速率（Pn）、蒸腾速率（Tr）、气孔导度（Gs）、叶面蒸汽压力亏缺（VPD）显著降低，气孔限制值（Ls）、瞬时水分利用率（WUE）和潜在水分利用率（WUEi）明显升高。但过量施硫（200 kg/hm^2）也会使烤烟的最大叶面积、节间距、叶绿素含量、Pn、Tr、Gs、VPD 显著降低。在施硫量为 50～100 kg/hm^2 时，烤烟最大叶面积显著增加，叶绿素含量、Pn、Tr、Gs、VPD 明显提高，促进了烤烟正常的生长发育和光合作用。由于植物对养分的吸收受土壤条件、农田气候及作物特性等综合因素的影响，即使植烟土壤有效硫含量在适宜范围的上限，也应该对植烟土壤增施硫肥，但硫肥的用量不宜过高，以 50～100 kg/hm^2 较为适宜。

过量硫对烟叶品质产生的负影响早就受到人们的关注。法国、以色列也有烟叶中硫过量引起烟叶燃烧性变差的报道。一般认为，烟叶硫含量占其干重的 0.20%～0.70%，烟叶硫含量超出适宜范围会对烟叶质量产生不良影响，当烟叶硫含量超过适宜范围时就会使烟叶质量和工业可用性变差，影响烟叶燃烧性、灰色和吸食质量，杂气与余味变差，因此烟叶中硫对烟叶品质的不良影响逐渐受到卷烟工业和产区公司的重视。

美国等国已明确规定烟叶中的硫含量不得超过 0.7%，所施用肥料中的硫含量不得超过 5%，而我国对烟叶及烟草肥料中的硫含量还没有明确规定。我国烤烟生产过程中施用的烟草专用复合肥、硫酸钾、过磷酸钙等肥料均含有一定量的硫，其中硫酸钾肥料的含硫量高达 18%。近年来，部分烟叶产区烤烟生产为了补充钾肥，大量施用硫酸钾，从而导致了烟叶硫含量超标。2001—2002 年的调查结果显示，河南土壤仅有 7.2%缺硫，66.6%的土壤含硫丰富。然而，迄今为止，又经过 20 多年含硫肥料的连续大量施用，土壤硫过量的问题可能更加严峻，对烟叶生产的影响也可能更大。

近年来，国内也陆续发现硫过量能够影响烟叶外观质量、化学成分和评吸质量等品质特性。有研究表明，在增加相同量的情况下，无机硫对烟叶质量产生的不良影响甚至会超过氯。有研究发现，施硫过多时，烟叶产量达到最高，但烟叶的均价和上等烟比例显著降低，烟叶产值有所降低，且随硫施用量增加，烟叶身份增厚，油分增多，色度变深；在一定的范围内，随着硫施用量增加，烟叶叶片结构的疏松程度增加、吸食品质提高，超过一定的范围，疏松程度和吸食品质均变差。有研究通过对河南 5 个烟叶产地 150 份烟叶样品的检测分析发现，烟叶硫含量与河南烟叶浓香特征彰显程度之间存在极显著的负相关关系，当烟叶硫含量小于 0.30%时，烟叶浓香特征彰显程度较高；当硫含量大于 0.35%时，烟叶浓香特征彰显程度较低。过高的土壤有效硫含量，将使烟叶中的硫含量增加，减少烤烟燃烧的持续时间，显著降低烟叶质量，必须控制含硫化肥（包括普通过磷酸钙和硫酸钾等）的施用，以利于优质烟叶的生产。

本节选取河南烟区初烤烟叶来研究烟叶硫含量及其对烟叶品质的影响，摸清河南烟叶硫含量状况，确定河南烟区烟叶硫含量的适宜区间，从而为卷烟工业和产区公司有效控制烟叶硫含量提供重要依据。

一、河南植烟土壤、烟叶硫含量及二者的相关性

（一）植烟土壤硫含量

河南主要烟区土壤有效硫含量见表 5－38。宜阳土壤有效硫含量平均为 58.3 mg/kg，不同烟田的土壤有效硫含量在 10.8～243.2 mg/kg 范围内波动，变异系数为 116.7％，有效硫含量在＜16 mg/kg、16～30 mg/kg 和＞30 mg/kg 范围的分别占 20.0％、25.0％和 55.0％。郏县土壤有效硫含量平均为 102.4 mg/kg，不同烟田的土壤有效硫含量在 25.0～193.0 mg/kg 范围内波动，变异系数为 54.4％，有效硫含量在 16～30 mg/kg 和＞30 mg/kg 范围的分别占 5.0％和 95.0％。临颍土壤有效硫含量平均为 73.1 mg/kg，不同烟田的土壤有效硫含量在 23.1～187.1 mg/kg 范围内波动，变异系数为 54.4％，有效硫含量在 16～30 mg/kg 和＞30 mg/kg 范围的分别占 5.0％和 95.0％。内乡土壤有效硫含量平均为 62.4 mg/kg，不同烟田的土壤有效硫含量在 23.3～230.6 mg/kg 范围内波动，变异系数为 97.2％，有效硫含量在 16～30 mg/kg 和＞30 mg/kg 范围的分别占 45.0％和 55.0％。泌阳土壤有效硫含量平均为 150.6 mg/kg，不同烟田的土壤有效硫含量在 31.4～442.2 mg/kg 范围内波动，变异系数为 77.7％，有效硫含量均在 30 mg/kg 以上。这表明，在所调查的五个县中，泌阳的土壤有效硫含量最高，郏县其次，临颍和内乡再次，宜阳的土壤有效硫含量最低；泌阳不同烟田的土壤有效硫含量差异最大，内乡其次，泌阳较小，郏县和临颍差异最小。

表 5－38　河南主要烟区土壤有效硫含量

烟区		宜阳	郏县	临颍	内乡	泌阳
范围/％		10.8～243.2	25.0～193.0	23.1～187.1	23.3～230.6	31.4～442.2
中位数/％		34.0	96.0	72.7	37.5	105.2
均值/％		58.3	102.4	73.1	62.4	150.6
变异系数/％		116.7	54.4	54.4	97.2	77.7
分布范围/％	＜16 mg/kg	20.0	0	0	0	0
	16～30 mg/kg	25.0	5.0	5.0	45.0	0
	＞30 mg/kg	55.0	95.0	95.0	55.0	100.0

（二）烟叶硫含量

河南主要烟区烟叶全硫含量见表5-39。临颍烟叶含硫量最低，平均为0.15%，且在临颍，不同烟田的烟叶含硫量在0.10%～0.29%范围内波动，含硫量<0.2%和在0.2%～0.3%范围内的分别占85.0%和15.0%，变异系数为33.1%，烟田烟叶含硫量变异最大。泌阳烟叶含硫量最高，平均为0.69%，不同烟田的烟叶含硫量在0.37%～0.95%范围内波动，含硫量在0.3%～0.4%、0.5%～0.6%、0.6%～0.7%、0.7%～0.8%、0.8%～0.9%和0.9%～1.0%范围内的分别占5.0%、10.0%、40.0%、30.0%、10.0%和5.0%，变异系数为17.9%。宜阳烟叶含硫量范围为0.23%～0.52%，均值为0.35%，含硫量在0.2%～0.3%、0.3%～0.4%、0.4%～0.5%和0.5%～0.6%范围内的分别占25.0%、45.0%、25.0%和5.0%，变异系数为21.6%。郏县烟叶含硫量范围为0.28%～0.49%，均值为0.39%，含硫量在0.2%～0.3%、0.3%～0.4%和0.4%～0.5%范围内的分别占5.0%、55.0%和40.0%，变异系数为14.7%。内乡烟叶含硫量范围为0.19%～0.47%，均值为0.34%，含硫量<0.2%和0.2%～0.3%、0.3%～0.4%、0.4%～0.5%范围内的分别占5.0%、30.0%、35.0%和30.0%，变异系数为24.7%。这表明，在所调查的五个县中，临颍烟叶含硫量最低，但不同烟田之间烟叶含硫量差异最大；泌阳烟叶含硫量最高，不同烟田烟叶差异较小；宜阳、郏县和内乡烟叶含硫量接近，且郏县烟田间烟叶含硫量差异最小，宜阳和内乡居中。

表5-39　河南主要烟区烟叶全硫含量（%）

烟区		宜阳	郏县	临颍	内乡	泌阳
范围		0.23～0.52	0.28～0.49	0.10～0.29	0.19～0.47	0.37～0.95
中位数		0.33	0.38	0.13	0.34	0.67
均值		0.35	0.39	0.15	0.34	0.69
变异系数		21.6	14.7	33.1	24.7	17.9
分布范围	<0.2	0	0	85.0	5.0	0
	0.2～0.3	25.0	5.0	15.0	30.0	0
	0.3～0.4	45.0	55.0	0	35.0	5.0
	0.4～0.5	25.0	40.0	0	30.0	0.0
	0.5～0.6	5.0	0	0	0	10.0
	0.6～0.7	0	0	0	0	40.0
	0.7～0.8	0	0	0	0	30.0
	0.8～0.9	0	0	0	0	10.0
	0.9～1.0	0	0	0	0	5.0
	>1.0	0	0	0	0	0

（三）土壤有效硫含量与烟叶全硫含量的相关性

土壤有效硫含量与烟叶硫含量呈极显著正相关关系，相关系数为 0.357。

二、硫对烟叶品质相关指标的影响

（一）施硫量对烤烟农艺性状和生理特性的影响

1. 农艺性状叶 SPAD 值 在一定的范围内（24～144 kg/hm²）随着施硫量增加，株高和最大叶宽无显著变化，超过一定的范围（>144 kg/hm²），株高降低、最大叶宽减小，达到最小时，分别显著（$P<0.05$）低于其他各硫肥处理和 S1 处理；在一定范围内（24～96 kg/hm²），沿硫肥施用梯度的增加，茎围也无显著变化，超过一定的范围（>96 kg/hm²），茎围逐渐降低，在 S5 处理下达到最小，达到最小时，显著小于 S1、S2 和 S3 处理；叶片数和最大叶长在各硫肥梯度间无显著差异；叶 SPAD 值随施肥量的增加逐渐增大，在 S5 处理下达到最大，达到最大值时是 S1 处理的 1.15 倍，且差异显著。在临颍，株高和叶片数基本表现为较低硫条件下较高、较高硫条件下较低；茎围在各硫肥梯度间无显著差异；随着施硫量的增加，最大叶长和最大叶宽均基本呈现逐渐增加的趋势；叶 SPAD 也表现为较中、高硫条件下（S3 和 S5）较大，低硫条件下（S1 和 S2）较小，达到最大值时是 S1 处理下的 1.08 倍，且差异显著（表 5-40）。

表 5-40 硫对旺长期烤烟农艺性状和叶 SPAD 值的影响

烟区	处理	株高/cm	茎围/cm	叶片数/片	最大叶长/cm	最大叶宽/cm	叶 SPAD 值
内乡	S1	131.2±1.8a	9.2±0.1a	20.8±0.2a	65.8±2.3a	33.6±0.7a	35.9±1.4b
	S2	129.7±1.7a	8.9±0.1ab	20.0±0.6a	64.0±3.1a	30.6±2.1ab	36.4±1.5b
	S3	131.3±1.8a	9.2±0.2a	20.0±0.6a	63.1±1.0a	31.7±0.7ab	39.8±1.1ab
	S4	129.7±1.2a	8.4±0.3bc	19.7±0.7a	64.8±0.4a	32.0±0.8ab	40.4±1.5ab
	S5	112.3±0.3b	8.0±0.2c	20.3±0.3a	62.2±0.3a	29.3±0.6b	41.3±2.0a
临颍	S1	139.5±0.9a	11.8±0.1a	22.5±0.3a	73.5±0.6b	42.0±0.6b	44.2±0.2c
	S2	130.0±2.1bc	10.8±0.5a	21.3±0.3b	73.8±1.6b	42.8±2.1b	44.7±0.1bc
	S3	132.0±0.0b	11.5±0.3a	22.5±0.3a	69.5±0.3c	41.0±0.0b	47.8±0.3a
	S4	123.5±2.0c	10.8±0.1a	20.0±0.6c	75.7±0.5ab	47.5±1.4a	46.0±1.1b
	S5	129.0±1.2bc	11.3±0.6a	21.0±0.0bc	78.2±0.1a	48.5±0.9a	47.7±0.1a

注：内乡和临颍的土壤类型分别黄褐土和潮土。土壤有效硫含量分别为 78.68 mg/kg 和 27.04 mg/kg。根据内乡、临颍当地烟田的施肥配方和所施肥料的含硫量，确定内乡、临颍的施硫量分别为 127.2 kg/hm²、144.9 kg/hm²。根据该施硫量设置 5 个硫肥施用量处理 S1、S2、S3、S4 和 S5，分别为 24 kg/hm²、48 kg/hm²、96 kg/hm²、144 kg/hm² 和 192 kg/hm²。

2. 叶氮（N）平衡指数 在过去的几十年，为避免肥料的过度施用，提出并流行的精准养分管理带来了显著的环境和经济效益。为确定N肥施用量，需要对植物N营养状态进行精确监测。在这方面叶绿素仪应用最广泛，但它只能测定某特定位点，并且读数受叶片部位影响，因此需要进行多次测定来提高测定结果的准确性，这限制了叶绿素仪的广泛应用。近年来，基于光激发条件下作物冠层的荧光指数被用来评估叶绿素和多酚含量。叶绿素含量与N含量显著正相关，是反应作物N营养状态的一个重要指标。另外，C-N平衡假说认为，在低N有效性条件下，植物将过多的C用于合成多酚，因此，多酚含量与N含量负相关，是作物N状态的另一个潜在指标。作物的N营养状态对叶绿素和多酚的影响作用相反，因此，叶绿素与多酚的比值，即氮平衡指数（nitrogenbalance index，NBI），可以反映作物N亏缺水平，且该指标是在冠层水平基于荧光的指数，可以避免叶片部位和叶片年龄对测定结果的影响。土壤类型为潮土且有效硫含量处于中等水平时，在施硫量为24～96 kg/hm^2 条件下，随着施硫量的增加，NBI增大，当施硫量超过96 kg/hm^2 时，NBI减小；当土壤类型为黄褐土且有效硫含量丰富时，高施硫量条件下的NBI一般低于低施硫量（图5-4）。这表明土壤硫水平和施硫量均能够影响植物的N营养水平。当土壤含硫量较低时，适当增加施硫量能够促进植物对N的吸收、提高植物叶N含量、改善植物的N营养状态，但当施硫量较高时，虽然叶SPAD值有所增加，但硫增加对C代谢的影响可能比对N吸收更大，因此植物的NBI降低、N营养状态降低。土壤有效硫含量较高时，增加施硫量，植物的NBI和N营养状态的降低可能是由土壤营养的不均衡引起烤烟植株体内生理代谢失调所致。

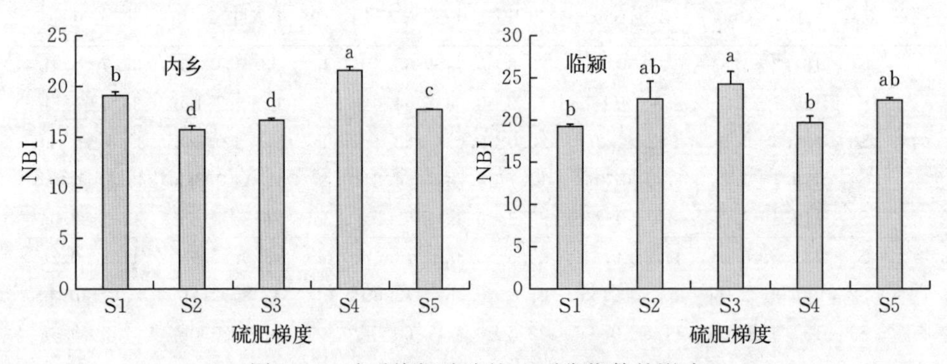

图5-4　硫对烤烟叶片的N平衡指数的影响

3. 土壤呼吸特性 施用化肥不仅减少了土壤养分矿化，还能够通过改变土壤pH、渗透压和有机物料的输入影响土壤微生物。土壤微生物数量和种类的改变反过来能够影响土壤过程，从而影响植物养分循环、农药和污染物的降解、土壤结构的维持、害虫的控制等，影响农业的可持续发展。当土壤有效硫含量较低时，适当增加硫肥施用量能够增强土壤呼吸，但施硫量过大时土壤呼吸减弱；土壤含硫丰富时，增施硫肥，土壤呼吸减弱。原因可能是，土壤缺硫时，适当增施硫肥能够刺激作物生长，增加根系分泌物，从而对土壤微生物有利。但土壤含硫量较高或者过度施用硫肥时，因土壤酸度和渗透压增加，土壤溶液中可溶性有机碳含量减少，C对微生物的有效性降低，土壤微生物的数量和多样性减少，土壤呼吸受到抑制。

4. 叶光合特性 硫是铁氧还蛋白的重要组分，为叶绿素的合成和三磷酸腺苷（ATP）磺酰的活性所必需，在光合作用及氧化物如亚硝酸根的还原中起着电子转移的作用，缺硫使叶片气孔开度减小，羧化效率降低，叶绿素和二磷酸核酮糖羧化酶蛋白含量降低、二磷酸核酮糖（RUBP）酶活性下降、硝酸盐积累，对光合作用产生不利影响，且硫缺乏的叶片更容易受光抑制。另外，硫还有促进植物硝酸还原酶的生成和激活的作用，对植株体内的氮代谢有很大的影响，进而影响植物的光合速率。因此，在硫缺乏地区，适量的硫肥添加能够提高作物叶绿素含量和光合速率。但是，施硫量过高时，作用相反。本研究结果表明：土壤含硫量较低时，适量增加硫肥施用量会一定程度地提高烤烟叶片的光合速率，但施硫量过大时，光合速率下降；土壤含硫量丰富的条件下，增施硫肥会导致作物的光合速率逐渐下降（表5-41）。原因可能是：土壤硫过多或施硫量过大会导致土壤养分不均衡，从而引起植物体内生理代谢失调。另外，土壤中过多的硫可能会转变为大量的亚硫酸盐，抑制 CO_2 的同化、基质二磷酸酯酶活性、核酮糖-1,5-二磷酸羧化酶/加氧酶（Rubisco）活性、光合磷酸化和磷酸丙糖转运蛋白活性，从而抑制植物的光合作用。

表5-41 硫对叶片光合特性的影响

烟区	处理	胞间 CO_2 浓度/(μmol/mol)	气孔导度（Gs）/[mmol/(m²·s)]	净光合速率/[μmol/(m²·s)]	蒸腾速率/[μmol/(m²·s)]	水分利用效率/(μmol/mmol)
内乡	S1	134.00±11.55a	209.33±18.85a	18.07±1.25a	4.79±0.13a	3.76±0.16ab
	S2	96.67±12.35ab	175.00±37.98a	17.90±1.95ab	4.23±0.47a	4.23±0.03a
	S3	99.00±20.84ab	159.33±18.26ab	15.93±1.09ab	4.07±0.24a	3.94±0.29a
	S4	121.67±6.33a	142.33±7.69ab	12.13±0.84bc	3.99±0.13a	3.04±0.14b
	S5	53.67±6.64b	74.67±4.67b	9.97±0.78c	2.64±0.10b	3.76±0.14ab
临颍	S1	259.33±2.33a	447.00±20.21ab	27.73±0.34a	5.64±0.20ab	4.93±0.14ab
	S2	254.67±6.01a	442.00±22.14ab	27.90±1.47a	5.87±0.12a	4.75±0.20ab
	S3	254.67.±12.24a	425.67±41.01ab	27.13±0.57a	5.71±0.07ab	4.76±0.15ab
	S4	256.00±5.69a	469.33±39.30a	28.63±0.28a	5.75±0.17ab	4.98±0.14a
	S5	261.33±3.48a	349.33±30.44b	23.33±1.67b	5.29±0.16b	4.41±0.26b

（二）施硫量对烟叶硫含量及品质相关指标的影响

1. 烟叶硫含量

（1）成熟鲜烟叶硫含量。在内乡，随着施硫量的增加，中部和上部成熟鲜烟叶硫含量均基本呈现先增加后降低的趋势，最大值均出现在 S3 处理，达到最大值时显著高于其他各处理；各处理下，上部成熟烤前烟叶的硫含量均显著高于中部，且二者硫含量的差异基本呈先增大后减小的趋势（表 5-42）。

表 5-42 施硫量对成熟鲜烟和烤后烟叶硫含量的影响

产区	部位	施硫量	成熟鲜烟叶/%	烤后烟叶/%
内乡	中部	S1	0.15	0.241
		S2	0.08	0.236
		S3	0.24	0.259
		S4	0.15	0.300
		S5	0.18	0.248
	上部	S1	0.22	0.259
		S2	0.21	0.287
		S3	0.44	0.319
		S4	0.42	0.289
		S5	0.24	0.332
临颍	中部	S1	0.31	0.20
		S2	0.33	0.17
		S3	0.35	0.23
		S4	0.40	0.21
		S5	0.43	0.22
	上部	S1	0.16	0.21
		S2	0.22	0.25
		S3	0.27	0.23
		S4	0.32	0.22
		S5	0.35	0.22

在临颍，沿硫梯度增加，中部和上部成熟烤前烟叶硫含量均呈逐渐增加的趋势，在 S5 处理下达到最高；各处理下，中部成熟烤前烟叶的含硫量均显著高于上部，但随着施硫量的增加，中部和上部成熟烤前烟叶硫含量的差异逐渐减小。

结果表明，土壤有效硫丰富时，适当增加硫肥施用量能够促进烟株对硫的吸收，增加烟叶的硫含量，但施硫量过大时，反而不利于烤烟的硫吸收，烟叶硫含量下降；与中部烟相比，上部烟对硫的利用能力更强，更有利于硫的积累。土壤有效硫含量中等时，在24～192 kg/hm^2 范围内增加硫肥施用量会不断提高烟叶硫含量；硫被植物吸收后，优先被中部烟叶利用，随着施硫量增加，土壤供硫能力增强，上部烟叶可利用的硫增加，中上部含硫量差异减小。

(2) 烤后烟叶硫含量。在内乡，随着硫肥施用量的增加，中部和上部烟叶硫含量均基本呈现先增加后降低的趋势，最大值出现在S4和S3处理。在临颍，基本呈现为，增加硫肥适量能够在一定程度上提高中、上部烟叶的含硫量。这表明，土壤含硫丰富时，适当的硫肥施用量能够促进烤烟对硫的吸收，提高中、上部烟叶硫含量，但施硫量过高，反而不利于硫吸收，烟叶硫含量下降。土壤有效硫含量为中等水平时，在24～192 kg/hm^2 范围内增加硫肥施用量，能够促进植物硫吸收，在一定程度上提高中、上部烟叶的硫含量。

2. 单叶重 在内乡，随着硫肥施用量的增加，中部烟叶单叶重呈逐渐减小的趋势，上部烟叶单叶重无显著的变化。在临颍，随着硫肥施用量的增加，中部烟的单叶重无明显的变化趋势，上部烟的单叶重在较高施硫量条件下随着施硫量的增加，单叶重减小（表5-43）。这表明，土壤有效硫丰富时，增加硫肥施用量不利于烟叶干物质的积累，且对中部烟叶的影响更大；土壤含硫量中等时，在较低施硫量范围内，增加硫肥施用量对中上部烟叶干物质的积累影响不大，但在较大施硫量范围内增加硫肥施用量，对上部烟叶干物质的积累不利。

表5-43 施硫量对单叶重的影响

产区	部位	施硫量	单叶重/g
内乡	中部	S1	13.27
		S2	11.89
		S3	10.12
		S4	10.92
		S5	9.79
	上部	S1	9.80
		S2	8.99
		S3	9.76
		S4	9.74
		S5	9.08

（续）

产区	部位	施硫量	单叶重/g
临颍	中部	S1	19.09
		S2	16.07
		S3	17.41
		S4	15.73
		S5	17.18
	上部	S1	18.36
		S2	15.42
		S3	20.64
		S4	19.58
		S5	16.01

3. 外观质量 在内乡，中部烟表现为S2处理最好，其次为S1处理，S3、S4和S5的外观质量排序为：S3＞S4＞S5；上部烟表现为：S3和S4处理最好，其次为S1和S2处理，S5处理最差。在临颍，中部烟的外观质量表现为：S2、S3＞S4＞S1、S5，上部烟表现为：S3＞S2＞S4＞S1＞S5。这表明，土壤有效硫丰富时，增加硫肥施用量能够对烟叶的外观质量产生不利的影响，对中部烟的影响比对上部烟的影响大。土壤有效硫含量中等时，适当增加硫肥施用量有利于提高烟叶的外观质量，但施硫量过大，对烟叶外观质量不利，48～96 kg/hm^2 的施硫量对外观质量最好。

4. 感官质量 施硫量对烟叶感官质量的影响见表5-44。在临颍，随着施硫量的增加，中部烟叶的香气质、香气量基本呈现逐渐下降的趋势，杂气基本呈现逐渐增加的趋势，S1处理下的香气质和香气量最好、杂气最少，S4处理香气质和香气量最少、杂气最多；浓度和劲头在S2和S3处理下最好，在S4处理下最差；余味和灰色在S5处理下最差。总体表现为，S1处理香气量欠、余味刺激性轻、浓度淡，S2处理香味浓、感官质量较好，S3处理一般，S4处理余味、杂气、刺激略大，S5处理余味、刺激大，杂气较重，因此临颍中部烟感官质量排序为：S2＞S1＞S3＞S4＞S5。临颍上部烟叶的感官质量基本表现为表现为：S1处理香气质、香气量足、劲头大；S2处理香味较好，但有杂气；S3处理香味较好，但刺激性略大；S4处理刺激略大、辛辣、余味欠、杂气略重；S5处理刺激性大、杂气重、辛辣、余味欠。因此，临颍上部烟叶感官质量排序为：S1＞S2＝S3＞S4＞S5。这表明土壤有效硫含量中等时，中部烟叶的感官质量在适量的硫肥施用量条件下最好，低于和高于该施用量均会降低中部烤烟的感官质量；上部烟叶的感官质量在最低硫条件下最好，施硫量越大，上部烟叶的感官质量越差；施硫量对上部烟叶的感官质量影响更大。

在内乡，随着施硫量的增加，中部烟表现为香气量减少、香气质变差、浓度变淡、杂气变重、刺激性变大，烟叶感官质量总体表现为S1处理下最好、S5处理下最差，各处理的排序为：S1＞S2＞S3＞S4＞S5；上部烟表现为香气量减少、香气质变差、杂气变重、刺激性变大、燃烧性变差、灰色变差，烟叶感官质量总体表现为S1处理下最好、S4和S5处理下最差，各处理的排序为：S1＞S2＝S3＞S5＞S4。这表明土壤有效硫丰富时，增加硫肥施用量能够降低中、上部烟叶的感官质量。

表5-44　施硫量对烟叶感官质量的影响

产区	部位	处理	香气质	香气量	浓度	杂气	劲头	刺激性	余味	燃烧性	灰色
临颍	中部	S1	6.4	6.1	6.6	6.0	6.3	5.9	5.9	7.0	6.8
		S2	6.3	6.0	6.7	5.9	6.4	5.8	6.0	6.9	6.9
		S3	6.2	6.0	6.7	5.8	6.5	5.7	5.9	7.0	6.9
		S4	6.1	5.8	6.6	5.7	6.2	5.7	5.6	7.0	6.9
		S5	6.3	5.9	6.6	5.8	6.3	5.8	5.7	7.0	6.7
	上部	S1	6.3	6.3	6.7	6.1	6.6	6.0	6.0	6.7	6.7
		S2	6.2	6.3	6.8	5.9	6.6	5.9	5.9	6.7	6.8
		S3	6.2	6.3	6.8	5.8	6.7	5.8	5.9	6.7	6.8
		S4	6.1	5.9	6.5	5.7	6.5	5.7	5.8	6.6	6.9
		S5	6.2	6.0	6.7	5.8	6.7	5.8	5.8	6.6	6.7
内乡	中部	S1	6.2	6.3	6.8	6.0	6.3	6.0	6.2	6.3	6.1
		S2	6.1	6.2	6.5	6.1	6.1	6.1	6.1	6.3	6.3
		S3	6.1	6.1	6.5	6.0	6.2	5.9	6.1	6.4	6.2
		S4	6.0	6.0	6.5	5.8	6.1	5.6	5.9	6.4	6.1
		S5	6.0	6.0	6.5	5.7	6.1	5.6	5.8	6.3	6.3
	上部	S1	5.8	6.0	6.5	5.8	6.5	5.8	5.9	6.5	6.0
		S2	6.0	6.3	6.8	6.3	6.3	5.9	6.3	5.8	6.1
		S3	6.0	6.4	6.5	5.6	7.0	5.8	6.0	6.5	2.9
		S4	5.9	6.1	6.5	5.8	6.5	6.1	6.0	6.5	6.1
		S5	5.8	6.1	6.6	5.8	6.6	5.6	6.0	6.4	5.1

5. 硫与单叶重、外观质量和感官质量的相关性 单叶重、香气质、燃烧性、灰色和感官质量总评分与烟叶全硫含量均呈极显著负相关关系，相关系数分别为−0.774、−0.805、−0.631、−0.746和−0.788。外观质量与烟叶全硫含量呈显著负相关，相关系数为−0.598。烟叶硫含量的增加能够降低烟叶单叶重，降低烟叶香气质和燃烧性，使烟叶外观质量和感官质量变差。

三、结论

（1）土壤有效硫含量中等时，在24～192 kg/hm² 范围内增加硫肥施用量，最大叶长和最大叶宽逐渐增加；烟叶氮平衡指数在24～96 kg/hm² 范围内随着施硫量的增加逐渐增加，施硫量超过96 kg/hm² 时，烟叶氮平衡指数下降；土壤呼吸在24～144 kg/hm² 范围内随着施硫量的增加逐渐增加，施硫量超过144 kg/hm² 时，土壤呼吸减弱。土壤有效硫含量丰富时，在24～192 kg/hm² 范围内增加硫肥施用量，株高、茎围和最大叶宽减小、烟叶氮平衡指数下降、土壤呼吸减弱、光合速率下降。因此，土壤硫状况不同，施硫对烤烟农艺性状和生理特性的影响也不同。

（2）土壤有效硫含量中等时，在24～192 kg/hm² 范围内增加硫肥施用量，中、上部烟叶的硫含量增加。土壤有效硫含量丰富时，适量（96～144 kg/hm²）的硫肥施用量能够增加中上部烟叶的硫含量，施硫量低或过高均会降低中、上部烟叶的硫含量。在24～192 kg/hm² 范围内增加硫肥施用量。

（3）土壤有效硫含量中等时，增加硫肥施用量对中部烟叶的干物质积累无显著影响；在较低施硫量范围内（24～96 kg/hm²），增加硫肥施用量对上部烟叶干物质的积累影响也不大，但在较大施硫量范围内（96～192 kg/hm²），增加硫肥施用量，对上部烟叶干物质的积累不利。土壤有效硫含量丰富时，在24～192 kg/hm² 范围内增加硫肥施用量，对上部烟叶的干物质积累影响不大，但对中部烟叶的干物质积累不利，且施硫量越大，影响越大。

（4）土壤有效硫含量中等时，适当增加硫肥施用量有利于提高烟叶的外观质量，但施硫量过大，对烟叶外观质量不利，在雨水条件下，48～96 kg/hm² 施硫量范围内，中、上部烟叶的外观质量最好。土壤含硫丰富时，24～48 kg/hm² 施硫量范围内，中部烟叶的外观质量最好，上部烟在96～144 kg/hm² 的施硫量条件下外观质量最好。

（5）土壤有效硫含量中等时，中部烟叶的感官质量在适量（48～96 kg/hm²）的硫肥施用量条件下最好，低于和高于该施用量均会降低中部烤烟的感官质量；上部烟的感官质量在最低硫条件下（24 kg/hm²）最好，施硫量越大，上部烟的感官质量越差。土壤含硫丰富时，在24～192 kg/hm² 范围内增加硫肥施用量，中、上部烟叶的感官质量均下降。

（6）在一定的范围内，烟叶硫含量增加能够增加单叶重，改善烟叶外观质量和提高烟叶感官质量；超过一定的范围，烟叶硫含量增加反而降低烟叶单叶重、外观质量和感官质量。云烟 87 中部烟叶含硫量在 0.24%左右烟叶产质量最好，上部烟叶含硫量在 0.27%左右烟叶产质量最好，中烟 100 中、上部烟叶含硫量在 0.2%左右烟叶产质量最好。

第六章　基地单元新型职业烟农队伍培育

2012年，上海烟草集团有限责任公司联合中国烟草总公司安徽省公司及中国农业科学院烟草研究所共建沪皖现代烟草农业高科技示范园（以下简称沪皖科技园），通过十多年的工、商、研融合创新，在烟叶原料保障、生产方式转型升级、产业融合发展等方面成果丰硕。为了发挥沪皖科技园的引领作用，本章系统总结了皖南烟区的新型职业化烟农培育探索之路，尝试回答行业“谁来种烟、如何种烟”的“时代之问”，同时也为其他基地单元在稳定产区、培育职业烟农方面提供借鉴。

第一节　新型职业烟农队伍培育之迷茫、寻找篇

烤烟在皖南烟区的种植历史还要追溯到20世纪70年代初，1974年，安徽省烟草公司将宣城县、郎溪县等丘陵地区列为新辟的烟区并进行试种，宣城县黄渡乡试种的45亩烤烟获得成功。21世纪初“北烟南移”发展战略，为皖南地区利用生态优势发展特色优质烟叶带来了机遇。2003年“宣州烟叶”被选送参加在福建厦门召开的“全国烟叶生产技术研讨会烟叶样品评吸会”，喜获全国第一名，自此宣州烟叶响彻全国。

2004年底，国家烟草专卖局、安徽省烟草专卖局在体制机制上大胆改革，整合宣城、芜湖、黄山三地市的自然资源、人力资源，对烟叶生产、技术研发、烟叶购销、品牌塑造和市场拓展进行集中统一管理，全国烟草行业第一个跨地区的股份制专业化烟叶生产企业，行业的“小岗村”，安徽皖南烟叶有限责任公司由此诞生。其成立本身就自带着“创新”的气息，但是起步阶段面临的各种困难，不会因区域和架构的调整就戛然而止，依然横亘在面前，“谁来种烟、在哪种烟、怎么种烟”，是摆在时任皖南公司总经理王道支面前的难题。

生产集约化程度不高、规模化水平低，土地流转程度低，烟农种烟积极性低，烟叶种植分散、基础设施条件差，生产机械化水平低、生产管理粗放等一系列问题急需解决。育苗环节当时还是采用皖北烟区的传统育苗方法，也就是俗称的“撒播育苗法”，生产主要是劳动密集型，生产各环节农事操作主要依靠人力和畜力。皖南公司成立之初，烟农户均农机还不足1台，烤房也是用土

坯或砖石砌筑成烟道的自然通风烤房，从远处看就像是一座小炮楼，被形象地称为“碉堡炕”。作为行业试点的“小岗村”，经济发达的烟区还是按照传统农业模式理念种烟肯定行不通，那么面对这些种烟路上的“拦路虎”，该如何去破解？

皖南烟叶公司全体上下拧成一股绳，分析现状，积极探索，在迷茫中寻找出路，想要摆脱传统农业模式理念，走产业化道路，必须依靠科技，而科技兴烟关键在人，烟区要发展，就必须紧紧依靠烟农队伍，并且皖南邻近江浙沪地区，随着市场经济的发展和农村整体生活水平的提高，农产品价格上涨和农民外出务工政策环境的优化，烟农种烟积极性呈下降趋势，再加上烟农队伍水平参差不齐的烟叶生产发展现状，以上种种客观因素已经成为制约皖南烟叶生产可持续发展的“瓶颈”，对于皖南公司来说，突出职业化烟农队伍建设，探索新型生产组织模式更是迫在眉睫，2005 年，皖南公司首次在行业正式确立“职业化烟农”的理念。

一条皖南烟区新型职业烟农培育之路缓缓铺开。

第二节　新型职业烟农队伍培育之孕育、诞生篇

为了扎实推进职业化烟农队伍建设，皖南公司开创行业先例，专门单独成立了烟农服务中心，成立之初的首要任务就是提高种烟面积、推动规模化种植水平，秉承“真诚服务、亲情相处”的理念，深入到烟农群体中去，回应烟农的需求和期盼。

“你怎么年年就种这几亩烟，明年能不能多种点，种个 10 亩看看，多种才能多赚钱嘛。再说，你们背后有烟草公司在兜底，受灾了可以给点补贴，丰产了又全收，种烟还怕啥。”一句句饱含希冀与鼓励的声音在公司和烟农之间不停回荡。

“种不了那么多的，你看我家就 4 口人，孩子还要上学读书，就我们夫妻俩是主劳力，也就几亩田，其余都是山坡地，再说我家也就一个炕房（普炕），种多了，没地方烤。”烟农程泽海说出了当时很多烟农的心声。是啊，在徽韵故里的江南水乡，基本都是山地丘陵地貌，水田地块小不说，还不连片，也没有那么多的劳动力，想把烟区做大真的太难了。

病症算是找到了，可是又该如何对症下药呢？皖南公司党组集体决议：“给租地烟农补贴青苗费，减轻他们流转土地的成本；给省局汇报，要密集烤房的建造计划，满足烟农扩大种植面积的烘烤需要。”很多烟农心里盘算着，青苗费补贴基本就抵扣了自己的租地费，扩大面积后其他新增成本也就第一年掏点钱买肥料，不过下年产后兑现的肥料就够本了，越想越觉得这事挺划算

的。于是，脑子转变较快的人，有的向烟站申请8亩合同，有的向烟站申请12亩合同，这批烟农在种植规模上慢慢变大了。

规模变大了，急人的事又发生了。原来种几亩地，家人齐上阵，劳动力够用了，哪怕在移栽和采摘最忙时候也能应付，大不了慢慢栽慢慢采。现在突然增加到10亩左右，人手从哪里找？再说这么多田地，又要冬耕、又要起垄，一头耕牛累坏了也忙不过来呀，就算能忙得过来，用牛起垄的高度远远不能达到生产好烟叶的垄体高度要求，再用人工进行返工增加垄高吧，成本又增加了。关键时候，皖南公司替他们出了点子：可以请亲戚朋友帮忙，也可以大家互助合作，还可以去周边不种烟的村请闲散劳动力。对于适合丘陵山区的小型起垄机，皖南公司之前就同农机厂家对接好了，在组织烟农实地参观农机田间适应性作业效果后，大家喜笑颜开，纷纷赞叹这个机子真是大户种烟的好帮手。由于农机比较贵，公司又主动帮助烟农申请购机补贴，协助完善各种手续，大力减轻了他们的种烟麻烦。

借助农机高质量起垄，烟是栽下去了，田间长势也非常喜人，烟农怀揣喜悦的心情采摘、编杆装炕后，心里又在犯嘀咕。第一次面对4 m、6 m、8 m规格密集烤房，各种顾虑再上心头，这种密集烤房怎么烤？一下子装那么多能不能烤出好烟？为了稳定烟农情绪，皖南公司组织烟技员执行驻村服务，24 h提供技术指导。把点火时加多少煤球、温度升高又要加多少煤球、什么时间排湿、风机中速和高速什么时间切换、烟叶变化成啥样才转火等技术手把手教给烟农。靠着大家的共同努力，看到烤后出炉的黄灿灿烟叶，这让普炕那些小户羡慕不已。在这种示范引领下，其他烟农也尝到了甜头，扩大种植规模的可行性得到了充分验证，小户变大户在皖南烟区逐渐演变为常态。

前进一小步的规模化种植坚定了皖南烟叶人的信心，皖南公司找准烟农队伍这一核心要素，让打造“职业化烟农”队伍从理念变成了现实，孕育诞生了职业烟农，可是在初建的职业烟农应具备的基本条件、可享受的福利待遇以及要遵循的规范管理方面又是一片空白，皖南公司又该如何探索前行呢？

第三节　新型职业烟农队伍培育之探索、前行篇

规模种植带来让人惊喜的高收入，让皖南烟区一部分烟农心里有了底，原本还有的几分畏怯几近消失，继续扩大种植面积的声音开始在耳边萦绕，从10亩、20亩，一跃成长为50亩的“烟老板”。这期间当然有很多层出不穷的棘手问题，皖南烟叶公司都想方设法帮他们一一解决，从而彻底稳定了他们的种烟信心，让职业烟农队伍前进的步履更加铿锵有力。

“张站长，我想在20亩的基础上明年多种点，最好能批给我40亩合同，

因为我的大儿子快要结婚了，小儿子也要考大学了，我一个农民，也没有其他手艺，现在只有种烟能让我家庭多点收入。可是地不好租，你们烟站能帮忙想想办法吗?”尝到规模种植甜头的黄山烟站烟农傅跟云在2008年收购后直接跑到烟站问。类似的询问声在皖南烟区其他9个烟站彼此起伏。

集中连片的烟田怎么租赁成为皖南烟区广大烟农持续扩大种植规模的第一道拦路虎。公司各级领导为此频繁开会研究，急需找到最有效的破冰策略，最终决定采取“三步走”的方式，这才使得问题得以圆满解决。首先，公司持续延续兑现租地补贴的政策，鼓励烟农自主寻找适合种烟的优质田地，实现户内规模扩张的需要；其次，公司出面集中流转土地，签订转租协议，包给种烟大户，满足他们迫切种烟的希望；最后，紧紧依靠群众，以群众带动群众，注重发挥乡村干部、村里能人以及员工的地方影响力，解决土地租赁过程中的难点和矛盾。通过以上方式，掀起了土地租赁高潮，扩大规模种植的第一难关成功通过。

“要是通往烟田的路是水泥路那该有多好啊，是砂石路也行呀，这样运输就方便了，再也不用下雨天在山间走泥泞不堪的湿滑路了。”团山烟站烟农刘立军感慨地说出了当时全体烟农的心声。

皖南烟区通往烟田的道路都是泥土路，在小户种植时代，哪怕是阴雨连绵季节，农药、化肥、地膜、鲜烟等物资运输工作靠手提肩挑就可以解决。随着种烟面积扩大，所需烟用物资成倍增加，靠人工运输不再现实，机械化运输配套无形中被提上了日程。因此，摆在让烟农轻松种烟面前的最大障碍就是急需修建机耕路。10个烟站都要发展，全体烟农都想最先享受发展红利。公司党组运筹帷幄，做出优先给潜力村、连片田、稳定户上马基建项目的科学决定，灵活采取稳扎稳打、分批推进的方式，上下齐心，全力保障整个烟区尽早实现机耕路无缝对接到所有烟田，极力推动传统农业向现代烟草农业的快速转变。这个时候，原来户均1台农机再也不能满足现代化生产模式的需要了，农用运输车、中型犁铧机、起垄机、盖膜机、轮式株距定位仪、成穴机、浇水机等不同机型机械顺着修建的机耕路一开到田，铺天盖地在烟田齐鸣，热火朝天的农事作业场景描绘了职业烟农奋进新时代的画面。

再值采烤季，这时候烤房已经更新迭代到群组时代，型煤和散煤两种能源模式同步存在，集约化烘烤成为当时主流。“原来伺候一个烤房，白天配置好加煤时间，下地采烟一点也不耽搁，现在一下烤3～4个烤房，哪还有时间顾大田的事啊，这不愁坏人了吗?”烟农翟光宝充满了忧愁。得知这一情况，公司党组及时调整驻村服务的指令，合理提出住炕管理的模式，火速给全体技术员工采购凉床、蚊帐、防暑降温药品等物资，白天在管辖片区巡查指导，晚上和烟农同住烤房群，一方面进行夜间烘烤工艺落实的巡查，随时为在烤烟农提供技术指导，另一面妥善应对停电、忘加煤、火灾等突发情况，再次给烟农们吃一颗强力定心丸。

“没想到我一个农民，能有机会在大学教室里上课，还拿了个结业证书。”在参加完皖南烟叶公司组织的脱产培训后，烟农何全兵兴致勃勃地说道。在皖南像何全兵这样的烟农有很多，随着规模种烟高效益的虹吸，越来越多的烟农忠贞不贰地爱上了种烟。然而作为农民出身的他们，受文化水平限制，生产管理上是越来越吃力了，这给职业烟农队伍稳定带来了潜在风险。为此，公司花大力气，联合合肥、南京、宣城等地高校培训机构为职业烟农提供系统的脱产培训，在种烟的 69 个乡镇、428 个行政村，共建烟农学校 40 所，根据烟农所需，提供生产技术、农机维保、烘烤工艺、用工管理、政策解读、保险购置、现代农业等方面课程，倾力打造传统烟农向职业烟农的华丽转身之路。

“爸爸，汪昌隆家的汪渺渺都去参加夏令营，你啥时候能带我去啊？”略带羡慕和渴求的问话在皖南烟区没种烟的家庭响起了。“哎，这不咱们家里忙吗，爸爸和妈妈没空，再说汪昌隆他家女儿去夏令营是烟草公司组织的！这样，爸爸明年也种烟，你就可以去啦。”一方面是为了宠爱孩子，满足他们的愿望，另一方面是没有种烟的村民看到身边种烟的同村人种了几年烟就盖起了新楼房，买上了小汽车，心里也是痒痒的，还有皖南烟叶公司给烟农的种种福利待遇那是真让人羡慕不已。

为了让烟农“种烟安心”，政策保障也必须要能跟得上，皖南烟叶公司充分发挥政策扶持引导，细化和落实保障政策，让真正“想种烟、能种烟”的烟农享受到更多的福利。定期组织外出考察、享受免费体检、定制工装、发定额话费充值卡、孩子上大学给奖金、直系亲属红白喜事等一系列基础福利已经让很多农民主动走上了职业种烟之路；优化生产投入政策，为规模户配套质量结构奖励和用工补贴，引导烟农扩大规模，这又是一笔除卖烟款外的丰厚收入；同时皖南烟叶公司还联合政府建立烟叶种植保险、用工保险和烟农意外伤害险，政府、企业和烟农个人按照一定比例，投入购买商业保险，赔付款最高可达 1 500 元/亩。值得一提的是，“三重”保险机制由于精准契合了农户的“急难愁盼”，很大程度上解决了烟叶规模户用工难、用工险的问题，一经推行，反响强烈，让其他作物种植户心动不已，改行种烟的人也越来越多了。

在职业烟农队伍建设的探索前行中，规模化种植带来的规模效益在皖南显现，有了经济效益的保证，“烟农种烟积极性在提高、技术在进步、面积在扩张”，截至 2011 年，皖南烟区户均规模已达 57 亩，这也让他们在接下来的创新、开拓中有了更多的期待。

第四节　新型职业烟农队伍培育之创新、开拓篇

为进一步稳固烟叶生产基础，统筹规模扩张下的烟叶生产与烟区“三农”的协同发展，解决工业需求与烟叶生产的结构性矛盾，2012 年上烟集团、中国农科院烟草所和皖南烟叶公司联合共建沪皖科技园，拟带动烟叶产业经营主体专业化、标准化、集约化生产，推动烟叶生产全环节升级、全链条增值。在此平台下孵化的全程管服体系，给“如何种烟”指明了方向。

在全程管服体系的运营下，职业化烟农在育苗、整地、起垄、移栽、浇水、盖膜、植保、采收、烘烤和分级全环节都能享受到专业化的服务。谢再山是郎溪县十字镇十字村的家庭农场主，今年种了 100 亩烟叶。他说：“以前种 100 亩是想都不敢想的事，现在有农业合作社帮忙，种烟、种水稻都不用发愁了。”

谢再山所说的农业合作社是郎溪县徽映烟叶专业合作社，它是在皖南烟叶公司烟农服务中心指导下成立的。对烟叶种植大户来说，要实现由传统农业向现代农业的转变，专业技术和管理水平是制约发展的“瓶颈”。皖南烟叶公司将烟农专业合作社定位为综合服务型合作社，实施烟叶生产的全程服务，积极开展烟叶设施的综合利用。同时，明确了烟农专业合作社的主要职责：组织专业化服务队伍开展机耕、育苗、起垄移栽、植保、采烤和分级等劳务服务，并将业务进一步扩展到封穴、运输等业务；建立起以规模种植户、“三师一手”（农技师、烘烤师、分级师和农机操作手）为主，以服务经理和相关人员为辅的服务队，其中“三师一手”是从事专业化服务的骨干力量；加强专业化服务人员的培训，提高其技术水平；按照依法、自愿、平等、协商、有偿的原则开展土地流转工作；组织社员利用密集烤房、育苗大棚等开展多元化经营，积极联系各类超市销售所产的水果蔬菜，初步实现了农超对接。截至 2013 年，全区“三师一手”队伍共计 2 960 人，烟农专业合作社主导下的专业化育苗服务比例达到 100%，机耕达到 70%，起垄移栽和植保达到 60%。

经过持续探索实践，皖南烟区的烟农专业合作社运行机制逐步完善，建立了包括社员代表大会、理事会、监事会、成员管理、财务资产管理、社务公开以及盈余分配等相关制度。皖南烟区逐步建成综合服务型合作社 8 个，在这些合作社的推动下，烟叶种植规模百亩以上的种烟大户达到 669 户。规模化种植和以合作社为主导的专业化服务给烟农带来了可观的经济效益，减轻了种烟压力，为他们插上了致富的“金翅膀”。

皖南烟区身处江南鱼米之乡，盛产优质稻米，畅销全国。皖南烟叶公司因地适时创构了新型种植模式，旨在进一步稳定烟叶种植土地资源，稳步扩大烟

田轮作水平和规模化经营能力，提升烟叶质量，促进烟农增收，实现烟叶生产高质量发展。新型种植模式要求签订至少 10 年的长期土地流转合同，在土地流转区域内烟叶与水稻种植面积比例不高于 1∶1，户均种植规模不低于 100 亩，并提供烟后稻种植的全程管服服务，进而实现土地稳定、烟农稳定、烟农和公司合作关系稳定。

2014 年全国烟叶收购暨现代烟草农业建设现场会在宣城召开，时任国家烟草专卖局副局长杨培森给予皖南烟区“农工商合作的典范、品牌导向的典范、应用成果的典范”的赞誉，充分肯定了皖南烟区在现代烟草农业建设各方面取得的成绩。

在行业严控烟叶规模的大背景下，面对高位运行的户均种植规模，伴随着烟农群体年龄的逐年增大，皖南烟叶公司党组创新提出融合发展战略，确保在做精烟叶主业的同时，结合烟叶生产设施综合利用和绿色循环模式，积极对多元化生产进行探索，对利用隔年轮作田块种植优质水稻、利用育苗大棚的闲置期开展瓜果设施栽培等方面进行了初步的研究。

宣城市宣州区文昌镇福川村烟农茆雪辉，2014 年烟叶种植面积已达到 150 亩，到了 2015 年他的烟叶种植面积降到了 120 亩。烟叶种植面积的减少，随之而来的就是收入的下降。已经在烟叶种植上取得成功的茆雪辉并没有安于现状，也没有退缩，听说公司正在积极开发多元化产品，他积极加入了多元化增收队伍。在合作社的帮助下，他有效利用流转的土地，开始稻田鸭养殖，当年就养殖稻田鸭 2 600 多羽，实现净利润 3 万多元。其养殖的稻田鸭由于是在自然环境下放养长大，多以稻谷、虫子、杂草为食，不含有害激素，烹饪后不仅鲜香无腥味，而且营养价值还丰富，一度出现供不应求的局面。茆雪辉的成功转型，对农民脱贫致富起到了较强的示范带动作用，当地村民纷纷加入多元化增收队伍里。

“现在种烟是真方便，只要拿出种烟成本，协助烟站管好服务队员就行，而且我算过，种烟投入成本回报也是很可观呢。”宣州区烟农王力在和片区服务经理聊天时说道。是的，从收入的角度看，种烟是一个不错的产业，但作为烟草人，我们还要考虑到卷烟工业对烟叶质量的刚性需求。

让烟农种出的优质烟叶进入知名卷烟配方，必须以卷烟品牌需求为导向，有市场需求才能争取更多的种烟计划，以此形成良性互补互助驱动循环。皖南烟叶公司积极主动转化沪皖科技园的科技成果，不断精进优化生产技术：施肥方面，推广精准施肥与水肥一体化，购置浇水机 1 786 台，100%实现机械浇水，有力促进了“中棵烟”培育，亩均浇水用工成本降低了 10 元；采烤方面，皖南烟区全面推广三次采收、自动化烘烤与采烤一体化技术，为 2 400 座烤房安装了温湿度自动监测设备，在 80%的烟区实现烘烤大服务，提高了烤后烟叶质量，户均增收 2 000 元；专业化植保方面，皖南烟叶公司创新统防模式，推广以“一蜂、一检测、一预报、病毒防治剂统防＋N”为核心的防治模式，继续推广蚜茧蜂防治烟蚜技术，实现烟田 100%覆盖，利用无人机进行统防，有效提高了防治效率与效果。这些先进适用种烟技术一经投入，皖南烟叶质量便得到了很大的提高，持续受到多家工业客户的瞩目和喜爱，烟农脸上也洋溢出了满意、自豪的笑容。

皖南烟叶公司秉承创新开拓精神，不断科学调整发展战略，为职业烟农培育增添新动力，寻找更具动能、更加普惠、更可持续的高质量发展新引擎，新一轮的“融合、发展”即将上映。

第五节　新型职业烟农队伍培育之融合、发展篇

“社稷之首农桑重”，于皖南烟叶公司而言，烟农稳，则烟叶稳。随着烟叶高质量发展的深入推进，巩固烟叶支柱产业地位、提高烟叶种植水平、构建新型经营体系、力推烟叶产业转型升级，是皖南烟叶公司在融合发展战略中必须要答好的一张新“考卷”。

2018 年，全国烟农增收工作现场会在宣城召开，国家烟草专卖局充分肯定皖南烟叶公司在科技引领产业发展、职业烟农队伍培育、为烟农高质量增收方面所做出的努力，这也大大坚定了皖南烟叶公司走产业化道路，推动烟叶产业转型升级发展的信心。

一、家庭农场化稳烟农队伍

培育一个带头人，一个地方产业发展就有了主心骨。2020 年开始，皖南烟叶公司提出了培育“四有”新型职业化烟农的新举措。按照“有可供隔年轮作的土地、有长期稳定的专业化服务队、有全程配套的农机具、有融合发展的多种产业”的标准，通过对全区 1 154 户烟农“四有”情况进行摸排，经初步审核，满足“四有”条件的烟农达到 387 户。“四有”标志着职业化烟农队伍开始出现新的变化。

何良弟作为宣州区城区烟站的“四有”新型职业化烟农的代表，来自芜湖市南陵县弋江镇凤洲村东方红组，在宣州区城区烟站种烟。自 2015 年开始种烟，共流转土地 678 亩，其中 200 亩种烟。为满足家庭农场经营需要，共配有 15 台（套）机械，其中大型拖拉机 2 台、收割机 1 台、无人机 1 台、开沟机 2 台、中耕培土机 2 台、浇水机 2 台、手扶拖拉机 2 台，打穴机 2 台。在烟叶生产上，每亩投入约 14 个人工，亩产 142.5 kg，均价约 28.6 元/kg，亩均收益在 1 200 元左右。

借助非烟种植土地资源，何良弟一手创办起来的“凤洲牌”农产品品牌已走出安徽，小红米、小籽花生等招牌产品打开了上海、深圳等外地市场，产品供不应求。在城区烟站举行的年终烟农表彰大会上，何良弟发言：“每年收入能达到近百万元，主要来自于烟稻轮作，烟叶和小红米的收入占大头，其他七七八八也能挣个十来万元。家庭农场在农村开创了一条发家致富的新路，不用去经济发达的江浙沪城市打工，一样能过体面的日子”。

二、产业综合体促烟农增收

依托生态条件优越的宣城现代功能农业科创园，皖南烟区产业综合体建设硕果累累，形成了以烟叶为主导、多种农业元素相结合，以农业合作社为主要载体、烟农充分参与和受益，集成循环农业、创意农业和农事体验于一体的产业群，努力打造成“烟香果甜”的烟区产业综合体。

宣城龙兴产业综合体，除了烟＋稻组合外，还有烟＋食用菌，稻＋龙虾、麻鸭，烟＋茶，烟＋果林、果蔬，烟＋禽蛋，烟＋垂钓、花卉、旅游等，利用烟叶生产管理和技术服务经验，引导非烟产业生产方式逐步向集约化、产业化、专业化方向发展，形成了初具规模的茶场、食用菌场、经济果木林场、果蔬基地、禽蛋基地，并逐步向产业链两端延伸，向新产品开发、技术改良、设施设备改造等纵深发展。2020 年 10 月，全国烟区产业综合体评估暨建设座谈会在四川凉山召开，经现场评选、公布，龙兴产业综合体作为云、贵、川大烟区外唯一代表入围前十，喜获全国第 4 名。

上烟集团郎川河基地单元，坐落在风光秀丽的郎川河两岸，新和村就是其中的一颗明珠。新和村位于素有“绿茶之乡”美誉的郎溪县十字镇东部，是一个以农业生产为主的村庄，产业布局定位为“烟叶＋油茶＋苗木”综合产业。

新和产业综合体在时代背景下应运而生，成了发展集体经济，给村民带来实惠的聚宝盆。村委会积极盘活现有资产，资源变成资产、资金变成股金、村民变成股民，对村集体的耕地、水塘、山场等资产发包租赁，大力发展“烟＋N”产业，增加集体经济收入。新和村被评为安徽省级美丽乡村建设村、安徽省“一村一品”示范村、安徽省“3・15”示范工程品牌创建村，连续四年成功举办郎溪县农民丰收节、郎溪县樱花文化嘉年华等文旅活动。2021 年，村集体经济收入达到 70 余万元。

三、信息化融合助转型发展

皖南烟区规模不大，年生产优质烟叶 30 万担左右，地处经济发达的长三角经济圈，主业稳定是烟农不流失的“压舱石”。为此，推动数字技术与烟叶产业深度融合，助力烟叶产业数字化转型升级提上日程。

近年来，积极构建以“一个平台（现代烟草农业信息化管理平台）、两大系统（烟叶生产动态管理系统、烟农专业合作社管理系统）、三大中心（数据中心、管控中心和服务中心）”为主要内容的现代烟草农业信息化体系，把烟叶生产“全局可视、全程可控、全面可研”的建设目标，从一纸蓝图逐渐转化为美好现实。

自2017年烟叶信息化建设实施以来，徽映城区烟农合作社各服务部陆续完成了育苗大棚、烤房和分级点物联网设备的安装，还在宣州区文昌镇福川村和杨柳镇新龙村建设了2个小型气象监测站，数据上传到云端，可以对示范点大棚、烤房的温湿度进行智能控制及异常预警，实现苗棚、烤房的可视化管理。同时，制作流转烟田和稻田电子鱼鳞图，建立烟农基础档案，把种植最小管理单元由烟农细化到烟田。经安徽省烟草专卖局（公司）推荐，皖南烟叶“三可”智慧农业项目成功入选行业“互联网＋”先进案例。

按照“信息化、数字化、一体化”工作要求，在全力推动烟叶生产经营信息化建设之外，还开发了日程管理、日清管理、风险防控等信息化应用并上线使用，有力促进了管理与信息化的融合。下一步，皖南烟叶公司作为行业烟叶一体化平台项目试点单位之一，将积极主动做好项目试点与验证工作，并以行业烟叶一体化平台为统领，全面提升皖南烟叶信息化水平，以两化融合助力公司转型发展，稳住基本盘。

皖南烟叶公司以“市场化、现代化、特色化”为发展战略，以现代化生产方式进行探索研究，推动烟叶生产更加“智慧”、烟农队伍更加稳定、烟农效益更有保障、烟叶质量更高提升。皖南烟区新型职业烟农培育的“体系、未来”正向我们走来。

第六节　新型职业烟农队伍培育之体系、未来篇

烟叶稳，则行业稳；烟农稳，则是烟叶稳的磐石。烟农队伍建设是一项系统且长期的工程，在新形势新阶段下，皖南烟叶公司深刻认识到稳固烟农队伍是推动烟叶高质量发展的坚实保障。为此，在稳定种烟效益、稳定基本烟田、稳定烟农队伍上精准发力，皖南烟叶公司再出“组合拳”，打好稳固烟叶基础攻坚战，开创职业烟农培育新体系。

一、“一户一规”再开融合发展新篇章

皖南烟叶公司根据每户烟农情况，与烟农一道厘现状谋未来，量身定制，制定产业发展规划，将涉及烟农队伍建设的各项工作有机整合、串联，积极寻求烟叶稳定、烟农增收的新发力点。2019年，“一户一规”理念的提出，是对

皖南烟区历年来烟农队伍建设工作的系统总结，更是对未来烟农队伍建设工作的深入谋划。

宣州区向阳镇鲁溪村家庭农场主张明胜就是典型代表。他从当地经营粮油的小贩到米厂厂长，再到浙江省优秀种粮大户，最后返乡种烟种稻成为远近闻名的家庭农场主。2010 年，他返乡创业，到鲁溪村流转了一千亩土地，一半种烟，一半种稻，引进现代化农机设备，建成标准化育秧工厂、粮食烘干中心，实现了生产、加工、销售一条龙。

前些年，烟叶种植计划逐年调减，张明胜积极响应烟草行业号召，带头缩减烟叶种植面积，同时大力发展多元化生产经营，实现户内多产业综合性发展。皖南烟叶公司烟农服务中心的杜军主任亲自上门，手把手地帮助他制定“烟＋N”产业规划，当年各项产业效益显现。2019 年烟叶种植 170 亩，净利润 23.8 万元；水稻种植 550 亩，净利润 15.4 万元；油菜种植 120 亩，净利润 4.2 万元；新引进天目小香薯种植 160 亩，净利润 10.8 万元。

“下一步，我们要帮扶张明胜着力打造以休闲、观光、农副产品的精加工和深加工为一体的现代农业示范农场，同时做好农机、农艺的试验示范和新技术的推广，还要种上果树和花卉，让城里人来观光旅游，花园看花、果园看果。”杜军满怀憧憬地畅想未来。

皖南烟区探索开展“一户一规”，推动烟农从烟叶种植者转变为农场经营者，截至目前全区实施“一户一规”的烟农达 671 户，占比 58.1%，种烟面积为 86 308 亩，户均规模 128.6 亩；土地经营规模为 221 530 亩，户均土地经营规模为 330 亩；拥有固定服务人员 5 430 人，户均拥有固定服务人员 8 人。2022 年，皖南烟叶公司继续对烟农产业进行合理布局，已规划的 671 户烟农，372 户增加了种植面积，占比为 55.4%；197 户面积维持不变，占比为 29.5%；671 户烟农 2022 年计划种植面积较 2021 年净增加 2 631 亩，为落实行业“稳烟区、稳烟农、稳烟田”的战略找到了新方法。

二、“123345”创职业烟农培育新体系

回顾皖南烟叶公司 20 年来的职业化烟农队伍建设过程，始终在行业发展战略基础上，充分结合皖南烟区实际，不断开拓创新，全面致力现代烟草农业高质量发展，科学探索出“123345”职业烟农培育新体系。

“1”就是一条时间的历程线；“2”就是构建“两个共同体”，利益共同体和命运共同体；第一个“3”就是烟农队伍建设轴、烟叶产业发展轴和烟农规划引领轴；第二个“3”就是发展的三个时代，即：2010 年前的人盯人时代、2011—2020 年的模式创新时代和 2021 年及以后的数字时代；“4”就是四个阶段：传统烟农，注重的是以规模扩张为目的的属性强调阶段；“四有”烟农，

这时注重的是以稳定为基础的特征配给阶段；家庭农场，注重的是以质量为前提的经营管理阶段；产业综合体，这时注重的是以协同提升为目标的融合发展阶段；“5”就是五位一体，即烟农队伍建设的四个阶段和公司发展是五位一体的关系。

“十四五”时期，“三农”工作的重心已转向全面推进乡村振兴，烟农主体建设尤为重要。“截至2022年，皖南烟区的规模达到113亩，我们要更加突出烟农主体地位，做好顶层设计；将‘四有’烟农培育与烟农星级评定有机融合，优化星级烟农评定办法，引导烟农争当标杆烟农；突出抓好‘四有’烟农培育，深入推进‘一组一户、一户一规’，不断扩大户均种植规模，尽早达到户均150亩的阶段目标；不断推进新型种植模式，大力推动产业综合体建设，力争‘十四五’末，完成100个产业综合体建设工作；持续做好智慧农业总体设计，扩大互联网思维及大数据、人工智能等新技术应用范围，为现代烟草农业的发展插上雄健有力的翅膀。”皖南烟叶公司副总经理周强说。

三、转型增能、技术强能、创新活能的未来

未来，在职业烟农培育体系的运行中，皖南烟叶公司瞄准烟叶高质量发展的目标，主动融入乡村振兴战略，全面推进“三化”融合发展战略。突出转型增能，大力推进高标准烟田建设，聚焦永久基本烟田保护，稳住优质烟区、稳定优质烟田。持续推进“规模种植，烟稻轮作，长期稳定，全程管服”的新型种植模式，确保烟农和土地长期稳定，实现优质区域种烟面积占比、新型种植模式占比和户均种植规模“三提升”。以产业综合体建设为切入点，落实好“一组一户”生产力布局规划，探索落实“一户一规”在实际生产中的应用。

聚焦起垄、施肥、移栽、植保等关键生产环节，开展小型轻便农机和中型高效农机等机械的引进和改进优化工作，加快机械研究定型。运行“重构宜机化农艺、提升农机适配性、改造宜机化设施、配套全方位服务、打造融合示范点”的农机化推广工作机制，探索以制定宜机化烟草农业标准技术规程、优化提升关键设备适配性、持续改造宜机化设施、优化完善农机化服务配套为重点，稳步提升全程机械化水平。

系统谋划烟叶产业与多元化产业的融合发展，新增培育“四有”烟农队伍，进一步促进烟农由烟叶种植者向农场经营者转变；强化烟农技术技能培训，紧紧围绕技术、技能、素能三大领域，以培训效果为导向，开展全环节、全覆盖培训，并积极创新培训形式，结合新媒体创新工作室创建，探索开展直播，提高培训效率和效果；按照覆盖全体烟农的要求，持续开展烟农产业发展规划。开展多元化产品引种试验示范，引导烟农开展多元产业，高水平构建“烟叶＋N”现代农业产业体系，以产业兴旺促进农业增效、农民增收。

皖南烟区新型职业烟农培育的探索之路，从迷茫寻找、孕育诞生、探索前行、创新开拓、融合发展到体系未来，从传统烟农、“四有”烟农、家庭农场、产业综合体到“一户一规”，是方式和举措的逐步升级，是皖南烟叶公司砥砺前行，结出的一个个硕果。

职业化烟农队伍培育之路，是稳烟农之路，也是稳烟叶之路，更是烟叶原料保障之路，产区所面临的“谁来种烟、如何种烟”的问题也是上烟集团“中华”原料“谁来保障、如何保障”的问题，为了发挥好基地单元“中华”原料保障作用，盘活各地烟叶基地资源，本书选取在职业烟农队伍培育较为完善的皖南烟区来做系列报道，尝试回答“谁来种烟、如何种烟”的时代之问。

上烟集团基地单元建设一直致力于目标宣贯、评估反馈、技术服务、技术培训、科技创新、人才培养等六大工作任务，在稳烟农、提技术、保质量等方面，与产区积极开展相应的科技项目合作，做实做优基地单元，努力推进上烟集团烟叶基地单元建设更高质量、更可持续的发展。

附　录

APPENDIX

烟蚜茧蜂防治烟蚜技术规程

一、烟蚜茧蜂繁育

（一）繁蜂方法选择

烟蚜茧蜂繁育方法选择如下：

（1）烟株繁蜂法：保种或烤烟种植分散的地方扩繁宜用烟株繁蜂法。

（2）烟苗繁蜂法：集约化生产程度高的地方扩繁宜用烟苗繁蜂法。

（二）烟株繁蜂法

1. 设施及材料

（1）繁蜂棚。繁蜂棚应建立在交通便利、有洁净水源、便于烟蚜茧蜂运输与投放的场所。

繁蜂棚应采用木材或金属作框架，框架外覆盖塑料薄膜（或其他透明材料）和遮阳网。

繁蜂棚应具备通风、透光、遮阳、隔离性能。

繁蜂棚分为繁蜂大棚和繁蜂小棚。繁蜂大棚内设繁蜂室，用孔径 250 μm（60 目）防虫网间隔；繁蜂小棚用孔径 250 μm（60 目）防虫网与外界间隔。

（2）植烟容器。植烟容器的直径为 25～30 cm，高为 24～28 cm。

（3）接蚜笔。选用不损伤烟蚜的毛笔或类似工具作为接蚜笔。

2. 繁蜂烟株培育

（1）品种选择。选用抗病毒病较强、烟蚜喜食的烟草品种作为寄主植物。

（2）育苗。寄主烟草移栽前按《烟草集约化育苗技术规程》（GB/T 25241）的规定培育无病虫壮苗。

（3）繁蜂烟株培育方法。

① 根据大田烟蚜发生期，在烤烟大田移栽前 7～15 d，选择 5～6 片真叶的无病虫烟苗移栽。

② 在用植烟容器培育烟株的情况下，每 1 000 kg 植烟土加入 300 kg 腐熟

农家肥（氮含量1%～4%、有机质含量15%～25%）、20 kg钙镁磷肥（P_2O_5含量14%～18%），拌匀，堆捂发酵20～30 d后，装土至植烟容器约2/3处。

③ 不用植烟容器培育烟株的情况下，翻挖平整土地、碎垡、起垄，沟深应大于或等于15 cm，起垄方向应便于管理。

④ 使用小棚繁蜂时，于移栽后接蚜前建棚，烟株距棚边应大于或等于25 cm。

⑤ 加强烟株水肥管理，保持烟株叶色嫩绿。

3. 烟蚜繁育

（1）接蚜时间。烟株长到6～8片有效叶时接蚜。

（2）种蚜选择。选用3龄、4龄未被寄生的无翅若蚜。

（3）接蚜数量。每株烟接种烟蚜20～30头。

（4）接蚜方法。

① 挑接法。用接蚜笔轻轻刺激烟蚜尾部，挑取烟蚜接在繁蜂烟株中间部位叶片偏叶基部的背面。

② 放接法。将带有烟蚜的叶片剪成不大于2 cm^2的小片，放在繁蜂烟株中间部位叶片正面距茎秆约1/3处。

（5）繁蚜管理。

① 繁蜂棚内温度宜为17～27 ℃，相对湿度宜为50%～80%。棚内无病原和其他虫源。

② 烟株应健康幼嫩，无病虫害。

③ 在温度为17～27 ℃，相对湿度为50%～80%的条件下，繁育烟蚜15～20 d。

④ 接蚜后3～5 d，视蚜虫数量及分布情况补接烟蚜；接蚜7 d后，防止蚜霉菌侵染。

⑤ 繁蚜期间应按照《烟草病虫害分级调查方法》（GB/T 23222）的规定调查蚜量及虫态，监测繁蚜效果。

4. 烟蚜茧蜂繁育

（1）种蜂准备。将烟蚜茧蜂僵蚜放在试管内羽化，剔除重寄生蜂后群体交配24 h。也可从保存种蜂的繁蜂棚或繁蜂间直接吸取成蜂备用。以浓度5%～10%的蜂蜜水作为烟蚜茧蜂种蜂的补充食物。

（2）接蜂时机。

① 单株烟株上烟蚜数量达到2 000头以上时接蜂。

② 种蜂收集与接蜂的时间间隔不宜超过30 min。

（3）接蜂量及方法。按蜂蚜比（1∶50）～（1∶100）将收集的种蜂放入繁蜂室内，烟蚜茧蜂自主寻找烟蚜寄生。

（4）繁蜂管理。繁蜂棚内温度宜为 17～27 ℃，相对湿度宜为 50%～80%，大棚繁蜂需繁育 10～20 d，小棚繁蜂需繁育 20～25 d。

（三）烟苗繁蜂法

1. 设施及材料

（1）繁蜂棚。宜选用烤烟育苗工场的塑料大棚，沿育苗池搭建小拱架，覆盖孔径 250 μm（60 目）防虫网。

（2）植烟容器。宜选用育苗池和漂浮盘作为植烟容器。

（3）接蚜杆。由绳和杆组成，用于固定带种蚜或蜂蚜种的烟苗，换位方便。

2. 品种选择 选用抗病毒病较强、烟蚜喜食的烟草品种作为寄主植物。

3. 蜂蚜分接

（1）繁蜂烟苗培育。

① 育苗。于田间烟蚜发生初期前 2～3 个月播种，按《烟草集约化育苗技术规程》（GB/T 25241）的规定培育无病虫壮苗，烟苗密度不超过 450 株/m^2。

② 烟苗管理。应符合下列要求：

A. 烟苗长至 5 叶 1 心时剪叶，剪掉的叶片不超过最大叶片的 1/2。

B. 对剪叶工具进行全程消毒，剪叶后及时防控病毒病等病害。

C. 棚内温湿度及烟苗营养管理执行 GB/T 25241 的规定，保持苗齐苗壮、叶色嫩绿，棚内应无病虫害。

（2）烟蚜繁育。

① 接蚜时间。烟苗 5 叶 1 心至 6 叶 1 心时接蚜。

② 种蚜选择。应选择生长正常、健壮无病、不含寄生蚜和僵蚜的烟蚜。

③ 接蚜数量。每株烟苗接 9～11 头种蚜。

④ 接蚜方法。将带有种蚜的叶片背面向下，平铺在烟苗上，采用换位方法使烟蚜分布均匀一致。

⑤ 繁蚜管理。应符合下列要求：

A. 接蚜时，收起遮阳网；接蚜后罩孔径 250 μm（60 目）防虫网，覆盖遮阳网。

B. 棚内温度宜为 18～27 ℃，相对湿度宜为 55%～75%。

C. 保持棚内无病虫害，不应使用杀虫剂。加强烟苗水肥管理，保持烟苗幼嫩。

D. 漂浮育苗应保持育苗水池深度大于等于 15 cm。

E. 接蚜后 3～5 d，清除种蚜叶，视蚜虫数量及分布情况补接烟蚜。

F. 接蚜 5 d 后，防止蚜霉菌侵染。

G. 繁蚜期间应按照 GB/T 23222 的规定调查蚜量及虫态，监测繁蚜效果。

（3）烟蚜茧蜂繁育。

① 接蜂时机。当每株烟苗上的烟蚜数量达到 150 头时接蜂。

② 接蜂量及方法。将携带烟蚜茧蜂僵蚜的烟苗移入罩网内，烟苗根部保持湿润，蜂蚜比为（1∶50）～（1∶100）。

③ 繁蜂管理。应符合下列要求：

A. 繁蜂期间温湿度、水肥等条件与上页“⑤繁蚜管理”要求一致。

B. 接蜂后罩孔径 250 μm（60 目）防虫网并加盖遮阳网，不施用任何药剂。

C. 按照 GB/T 23222 的规定，调查烟蚜、寄生蚜和僵蚜的数量，监测繁蜂效果。

4. 蜂蚜同接

（1）育苗。按照 GB/T 25241 育苗，烟苗密度不超过 450 株/m^2。

（2）接种时间。烟苗 4 片真叶时接种。

（3）蜂蚜种选择。选择生长正常、健壮无病的蜂蚜种，种蚜被寄生的比例为 40%～60%。

（4）接种量。每百株烟苗平均接种 250 头蜂蚜种。

（5）接种方法。接种应按照下列要求进行：

A. 将携带有蜂蚜种的烟苗等距离固定在接蚜杆上，接蚜杆放置在待接蜂蚜种烟苗上。

B. 采用换位方法使烟苗上蜂蚜种均匀分布。

C. 24 h 后收取接蚜杆及其携带的烟苗或叶片。

（6）繁育管理。

① 前期繁蚜管理。应按下列要求进行：

A. 接种 36 h 内降低饲养室内光照强度，36 h 后加强光照并保持良好通风。

B. 按照《烟草病虫害分级及调查方法》（GB/T 23222）的规定调查蚜量及虫态，监测繁蚜效果。

② 后期繁蜂管理。应按下列要求进行：

A. 接种 10 d 后，当烟蚜的数量繁殖到平均每株 50 头时，降低繁蜂棚光照强度，保持繁蜂棚内良好通风。

B. 按照 GB/T 23222 的规定，调查烟蚜、寄生蚜和僵蚜的数量，监测繁蜂效果。

二、烟田放蜂

（一）设施及材料

1. 收蜂装置 采用简易吸蜂器、电动吸蜂器或烟蚜茧蜂自动收集装置收集烟蚜茧蜂。

2. 容蜂器 采用孔径 180 μm（80 目）防虫网缝制成的纱网袋或具备透气性的容器作为容蜂器。

3. 僵蚜苗散放装置 用树木枝条、藤条、芦苇等作篷架，篷顶覆盖挡雨膜和遮阳网，篷壁至少两面敞开通风。

（二）收蜂

1. 收蜂准备 收蜂前对容蜂器和烟蚜茧蜂运输工具进行消毒。

2. 成蜂收集

（1）应于中午 12 点前用吸蜂器或烟蚜茧蜂自动收集装置收集棚内成蜂。

（2）容蜂器内温度应小于或等于 30 ℃，成蜂保存时间应小于或等于 3 h。

3. 僵蚜收集 收集附着僵蚜的烟苗或叶片。

（三）放蜂

1. 放蜂要求 放蜂前后 3 d 内大田烟株不喷施杀虫剂。

2. 放蜂时机 烤烟大田移栽后开始观测，于烟蚜始发期进行第一次放蜂，此后根据烟蚜发生情况进行后续放蜂。

3. 放蜂量 根据烟田蚜量确定放蜂量，蚜量调查执行 GB/T 23222 的规定。烟蚜发生程度对应放蜂量参照见附表 1。

附表 1 烟蚜发生程度对应放蜂量参照

田间每株烟上的烟蚜数量/头	每公顷烟田的放蜂量/头	放蜂方式
1～5	3 000～7 500	点状放蜂[a]
6～20	7 500～15 000	面状放蜂[b]
21～30	15 000～18 000	区域性放蜂[c]

a. 对有蚜烟株顶点释放烟蚜茧蜂。

b. 对有蚜田块释放烟蚜茧蜂。

c. 对田间有蚜区域释放烟蚜茧蜂。

4. 放蜂方式

（1）放成蜂。

①吸蜂散放。大棚繁蜂放蜂和小棚繁蜂前期放蜂使用吸蜂散放方法，具体要求如下：

A. 用吸蜂器收集成蜂，装入容蜂器运至烟田，打开容蜂器，移动放蜂。

B. 收蜂、放蜂宜在上午进行，雨天不放蜂。

②自然散放。小棚繁蜂后期使用自然散放方法，具体要求如下：烟株上部叶片70%～80%的烟蚜形成僵蚜时，清除棚内有翅烟蚜，掀开防虫网，烟蚜茧蜂自然羽化迁飞。

（2）放僵蚜。

①挂放僵蚜叶片或其他形式僵蚜产品。烟株繁育法放僵蚜时采用挂放僵蚜叶片或其他形式僵蚜产品的方法，具体要求如下：

A. 叶片上70%～80%的烟蚜形成僵蚜时，一次采下部、中部、上部叶片，清除叶片上未被寄生的烟蚜和有翅蚜，直接挂放到烟田。

B. 也可收集叶片上的僵蚜，置于载体上，制成其他形式僵蚜产品，挂放到烟田。

C. 挂放7 d后，清理烟田中僵蚜载体。

②散放僵蚜苗。烟苗繁蜂法放僵蚜苗时采用散放僵蚜苗的方法，具体要求如下：

A. 烟苗上表观寄生率大于或等于35%时，清除僵蚜苗上的有翅蚜，收集僵蚜苗，保持根部湿润。

B. 运输过程中应遮阳，保持运输工具通风透气。

C. 将僵蚜苗放置于田间，或搭建僵蚜苗散放装置，距烟株50 cm以上，防止日晒雨淋。

D. 10～15 d后，清理烟田中已干枯的僵蚜苗。

三、防治效果调查

（一）调查时间

（1）从大田移栽至采烤结束调查化学杀虫剂使用情况。

（2）分别于放蜂当天，放蜂后第10天、第20天、第30天调查蚜虫种群数量。

（二）调查内容及方法

（1）按照GB/T 23222的规定，调查田间烟蚜、寄生蚜、僵蚜数量，计算有蚜株率、蚜情指数和寄生率。

（2）调查记录区域内不少于10户烟农化学杀虫剂使用情况，统计杀虫剂种类、数量，计算防蚜成本。

四、保种

（一）保种时间

烟田放蜂结束后进行烟蚜和烟蚜茧蜂保种。

（二）保种寄生植物

根据当地条件选择烟草、萝卜等适宜的寄生植物。

（三）保种管理

（1）采用寄生植物保种时，保种环境温度宜为17～27 ℃，相对湿度宜为50％～80％。

（2）采用僵蚜低温保种时，僵蚜在5 ℃的恒温箱内保存时间应小于或等于30 d。

（四）提纯、复壮、脱毒

（1）采集田间烟蚜接种至无病、无虫的烟株、萝卜等寄主植物上，剔除老蚜、弱蚜和带病烟蚜，循环进行提纯、复壮、脱毒，培育种蚜。

（2）采集田间成蜂、僵蚜、寄生蚜，循环提纯、复壮，培育种蜂。

白晶，张春雨，丁相鹏，等，2020. 行距配置和覆反光膜对夏玉米产量及光能利用的影响[J]. 中国农业科学，53（19）：3942-3953.

陈富彩，2016. 外源 GA3 和 IAA 对烤烟上部叶碳氮代谢及品质的影响［D]. 杨凌：西北农林科技大学.

窦玉青，张伟峰，刘新民，等，2015. 全国初烤烟叶常规化学成分年度间变化［J]. 中国烟草科学，36（2）：26-31.

高清华，叶正文，李世诚，等，2008. 反光膜对桃树光合特性及根际温度的影响［J]. 中国生态农业学报，16（1）：160-163.

韩锦峰，史宏志，官春云，等，1996. 不同施氮水平和氮素来源烟叶碳氮比及其与碳氮代谢的关系［J]. 中国烟草学报，3（1）：19-25.

姜妮，高海文，金龙飞，等，2013. 地表覆膜对柑橘果实糖积累及蔗糖代谢酶活性的影响[J]. 中国农业科学，46（2）：317-324.

连培康，许自成，孟黎明，等，2016. 贵州乌蒙烟区不同海拔烤烟碳氮代谢的差异［J]. 植物营养与肥料学报，22（1）：143-150.

刘国顺，2003. 烟草栽培学［M]. 北京：中国农业出版社.

刘领，李冬，申洪涛，等，2019. 摘除不适用叶与喷施光碳核肥对烤烟上部叶生理代谢及品质的影响［J]. 烟草科技，52（2）：25-32.

刘世亮，刘增俊，杨秋云，等，2007. 外源糖调节不同碳氮比对烤烟生理生化特性及化学成分的影响［J]. 华北农学报，22（6）：161-164.

吕中显，赵铭钦，赵进恒，等，2010. 烤烟打顶后不同部位烟叶碳氮代谢关键酶活性的动态变化及相关分析［J]. 江西农业大学学报，32（4）：700-704.

宁少君，魏清江，辜青青，等，2020. 反光膜对南丰蜜橘光合特性及果实品质的影响［J]. 江西农业大学学报，42（1）：31-39.

史宏志，韩锦峰，1998. 烤烟碳氮代谢几个问题的探讨［J]. 烟草科技，31（2）：34-36.

杨宇虹，赵正雄，李春俭，等，2009. 不同氮形态和氮水平对水田与旱地烤烟烟叶糖含量及相关酶活性的影响［J]. 植物营养与肥料学报，15（6）：1386-1394.

张艾改，刘国顺，云菲，等，2019. 外源葡萄糖对高温强光下旺长期烤烟光合特性及碳氮代谢关键酶活性的影响［J]. 烟草科技，52（8）：9-15.

张喜峰，张立新，高梅，等，2013. 不同氮肥形态和腐殖酸对陕西典型生态区烤烟化学成分和产质量的影响［J]. 草业学报，22（6）：60-67.

张卓，2019. 透湿性反光膜覆盖对设施甜樱桃树体微环境及果实品质的影响［D]. 上海：

上海交通大学.
周义和，尹启生，宋纪真，等，2021. 中国烟叶质量 [M]. 北京：化学工业出版社.
朱峰，沈始权，耿伟，等，2020. 不同采收模式对烤后烟叶产质量的影响 [J]. 贵州农业科学，48 (6)：14-17.
朱峰，沈始权，孙福山，等，2013. 安康烤烟的烘烤特性及适宜成熟度研究 [J]. 湖南农业大学学报（自然科学版），39 (2)：145-149.

图书在版编目（CIP）数据

烟叶基地技术服务 / 任杰等著. -- 北京：中国农业出版社，2024. 12. -- ISBN 978-7-109-32885-3

Ⅰ. TS45

中国国家版本馆 CIP 数据核字第 2024LM1371 号

烟叶基地技术服务

YANYE JIDI JISHU FUWU

中国农业出版社出版

地址：北京市朝阳区麦子店街 18 号楼

邮编：100125

责任编辑：全　聪　　文字编辑：徐志平

版式设计：王　怡　　责任校对：吴丽婷　　责任印制：王　宏

印刷：北京印刷集团有限责任公司

版次：2024 年 12 月第 1 版

印次：2024 年 12 月北京第 1 次印刷

发行：新华书店北京发行所

开本：700mm×1000mm　1/16

印张：17.5

字数：333 千字

定价：98.00 元
